中继卫星系统
链路传输特性与仿真技术

Link Transmission Characteristics and Simulation
Technology of Relay Satellite System

单长胜　郑　哲　漆小刚　尹曙明　编著

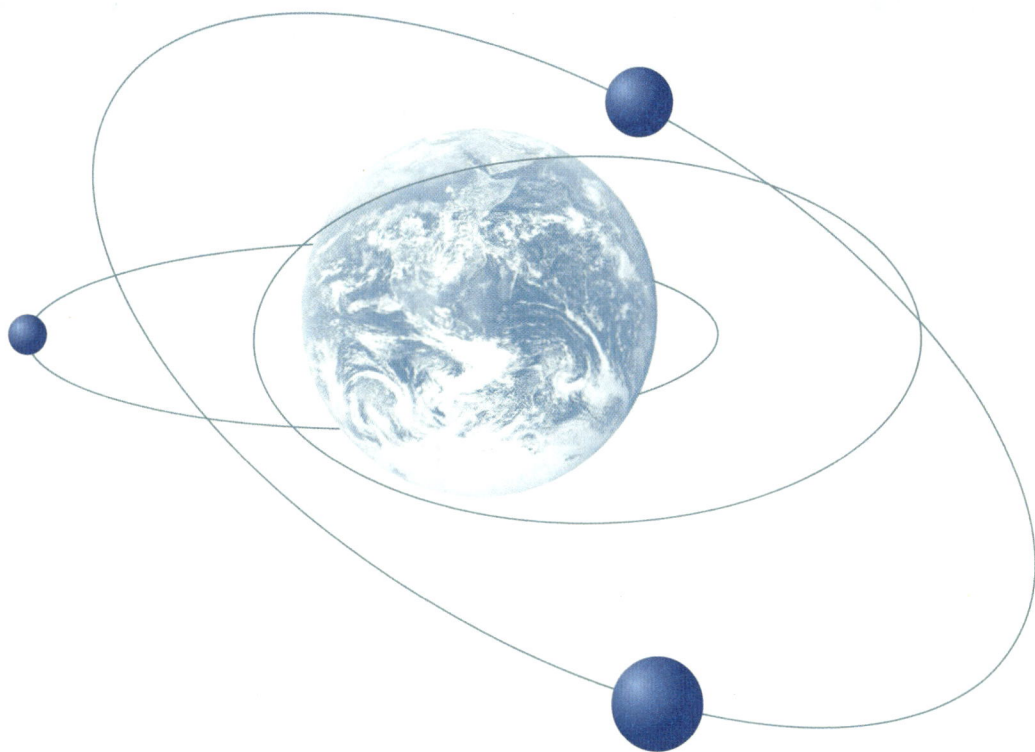

北京航空航天大学出版社
BEIHANG UNIVERSITY PRESS

内 容 简 介

本书主要介绍链路传输特性分析方法与仿真技术在中继卫星系统中的应用,全书共分为7章,首先简要介绍了中继卫星系统的基础知识,并对该领域内专业术语进行了定义;其次按照分段拆分、同类归并、系统整理的思路,具体分析了中继卫星系统链路传输特性及其对系统性能的影响;最后重点介绍中继卫星系统链路传输特性仿真的原理方法、实现手段及应用研究。由于本书是相关领域的专业书籍,未对基础概念进行详细解释,因此阅读本书需要有通信原理和信号处理等方面的基础知识。

本书可为中继卫星系统设计建设、控制管理、系统应用等工程技术和管理人员提供参考,也适用于从事航天测控和卫星通信的相关人员。

图书在版编目(CIP)数据

中继卫星系统链路传输特性与仿真技术 / 单长胜等编著. -- 北京 : 北京航空航天大学出版社,2024.11.
ISBN 978 - 7 - 5124 - 4490 - 4

Ⅰ. TN927

中国国家版本馆 CIP 数据核字第 2024SW9170 号

中继卫星系统链路传输特性与仿真技术
单长胜 郑 哲 漆小刚 尹曙明 编著
策划编辑 刘 扬 责任编辑 杨国龙

＊

北京航空航天大学出版社出版发行

北京市海淀区学院路 37 号(邮编 100191) http://www.buaapress.com.cn
发行部电话:(010)82317024 传真:(010)82328026
读者信箱: qdpress@buaacm.com.cn 邮购电话:(010)82316936
北京雅图新世纪印刷科技有限公司印装 各地书店经销

＊

开本:710×1 000 1/16 印张:12.25 字数:261 千字
2024 年 11 月第 1 版 2024 年 11 月第 1 次印刷
ISBN 978 - 7 - 5124 - 4490 - 4 定价:99.00 元

目　　录

第1章

中继卫星系统概述

中继卫星系统是利用高轨道卫星为中低轨道航天器等用户目标进行跟踪测轨和数据转发的空间信息传输系统,其具有覆盖范围广、数据传输速率高、实时性强以及多目标同时支持等特点,是重要的空间信息传输基础设施。本章主要介绍中继卫星系统的相关基本概念、系统组成及特点,分析了国内外中继卫星系统的发展现状,使读者能够了解该系统的特点和发展趋势。

1.1　相关基本概念

中继卫星是用户目标与地面终端站之间的中转节点,除了地面终端站与中继卫星之间的通信链路外,还有中继卫星与各用户目标之间的通信链路。为了避免与一般卫星通信在概念上混淆,下面给出了本书中一些常用的与用户目标通信相关的物理层上的术语。

1. 用户的概念

（1）用户或中继用户

用户或中继用户是指需要中继卫星系统提供数据中继业务服务的申请方或用户目标的操作者。

（2）用户目标或用户平台

用户目标或用户平台是指卫星数据中继业务的服务对象,与中继卫星建立星间链路的用户终端及其载体的总称,包括航天类用户目标和非航天类用户目标。

（3）用户终端或中继终端

用户终端或中继终端是指安装在用户目标(或用户平台)上的与中继卫星建立星间链路和保持跟踪通信的终端设备。当用户终端接入卫星数据中继系统运行时,它是中继卫星系统全程链路的一个重要组成部分,参与星间链路的捕获跟踪和数据传输。

（4）用户应用中心

用户应用中心是指通过中继卫星系统与用户目标之间进行各类数据传输的用

户方的地面数据处理设备和设施。

2. 链路的概念

（1）星地链路

星地链路是指中继卫星与地面终端站之间的传输链路。

（2）星间链路

星间链路是指中继卫星与用户目标之间的传输链路。

（3）前向链路

前向链路是指地面终端站→中继卫星→用户目标的传输链路。

（4）返向链路

返向链路是指用户目标→中继卫星→地面终端站的传输链路。

（5）地面链路

地面链路是指地面终端站↔运控中心↔用户应用中心之间的传输链路。

（6）空间链路

空间链路是指用户目标↔中继卫星↔地面终端站之间的传输链路，包括星间链路和星地链路，亦称"星-星-地"链路。

3. 单址和多址的概念

中继卫星系统的传输链路按照传输链路数量还可分为单址（SA）和多址（MA）。

（1）单址链路

单址链路是指一次只能连接一个用户目标的通信链路。一般情况下，单址链路可以是 S 频段也可以是 Ka/Ku 频段。在 S 频段，称之为 S 频段单址（SSA）；在 Ka/Ku 频段，称之为 Ka/Ku 频段单址（KSA）。

（2）多址链路

多址链路是指可同时连接多个用户目标的通信链路。在 S 频段，称之为 S 频段多址（SMA）；在 Ka/Ku 频段，称之为 Ka/Ku 频段多址（KMA）。

1.2 中继卫星系统组成及特点

中继卫星系统由中继卫星、地面运控系统和用户终端3部分组成，也可称为空间段、地面段和用户段，如图1-1所示。

空间段是指空间的中继卫星星座。地面段主要包括地面终端站、模拟测试站、测距转发站以及中继系统运行控制中心（简称运控中心）。用户段是指中继卫星系统的服务对象，主要包括航天器类用户（如空间站、遥感卫星等）和非航天器类用户

前　言

支持高速数传的中继卫星系统是空间信息传输的有效手段,也是空间信息获取系统与空间资源应用管理、航天工程支持、地面应用等系统的纽带和桥梁。世界主要航天大国和区域组织均发展了自己的中继卫星系统,其中,我国中继卫星系统经过二十年的发展也已初具规模,其为载人航天工程等多个领域用户提供了天基测控和数据中继支持,作用非常显著。

中继卫星系统全程链路传输受到设备失真、空间损耗和衰落、空间环境、捕获特性等的影响,因此,系统的信号特性与理论情况有很大差距。为保证用户数据传输具有较强的可用性,则需要对接入中继卫星系统的链路传输特性及仿真技术进行研究,分析各航天器用户是否能够在中继卫星系统下正常工作,也可进一步分析用户目标在中继卫星系统空间边界条件下的性能,以得到任务数据空间传输的可靠度。

作者及其团队成员多年来致力于中继卫星系统链路传输特性研究,本书是在以往工作基础上并结合国内外研究成果完成的,主要包括中继卫星系统传输链路的研究背景、传输特性及其影响、仿真方法等,共分为7章:第1章介绍了中继卫星系统的相关基本概念、组成和特点,以及国内外的发展现状;第2章介绍了中继卫星系统的体制和原理;第3章介绍了中继卫星系统链路传输特性;第4章介绍了中继卫星系统链路特性对系统性能的影响;第5章介绍了中继卫星系统链路传输特性仿真模拟方法;第6章介绍了中继卫星系统链路传输特性模拟实现原理;第7章介绍了基于信道模拟器的入网验证测试。

参与本书编写的有单长胜、郑哲、漆小刚、尹曙明、张永秀、张永顺、周扬、张天齐等同志,其中,单长胜负责本书的统稿和定稿,参与本书校对和排版的有满莉和王文超。另外,刘强等同志也为本书的编写做出了贡献。同时,相关科研院所也为本书的编写提供了相关技术支持,在此一并致以衷心感谢。

本书在编写过程中,力求全面反映中继卫星系统链路传输特性,满足实用性的要求,努力做到内容完整、层次分明、重点突出。但由于书中涉及专业范围广、内容多、技术新,加之作者水平有限,书中难免有不妥、疏漏甚至错误之处,诚请批评指正。

作　者
2024 年 10 月

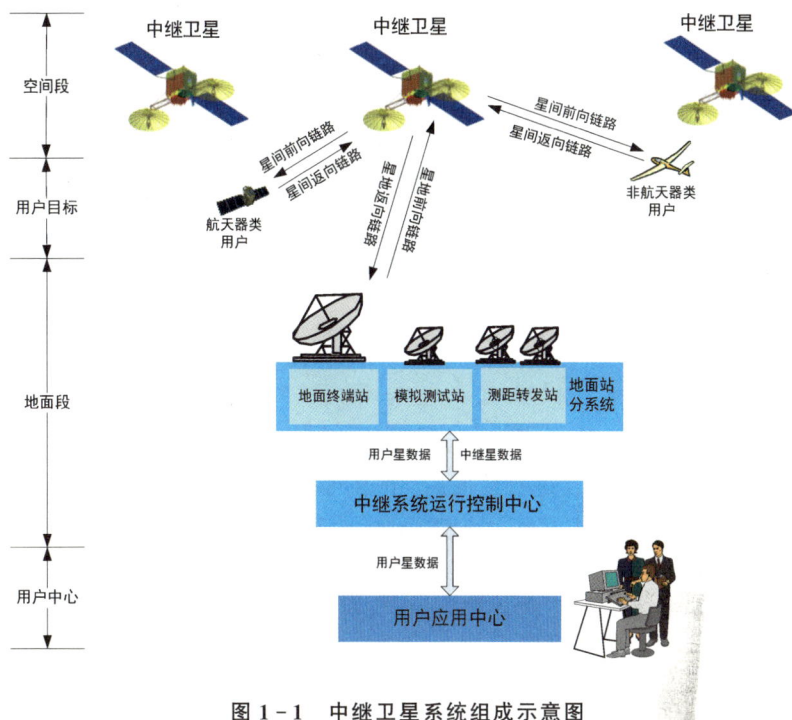

图1-1 中继卫星系统组成示意图

(如运载火箭、无人机等)及其应用中心。

中继卫星系统的显著特点有：

(1) 对用户目标实现了较高的测控覆盖率

计算表明，利用一颗高轨中继卫星，对轨道高度为 200 km 的用户航天器跟踪覆盖率可达到 50% 以上，对轨道高度为 2 000 km 的用户航天器跟踪覆盖率可达到 60% 以上。如果使用两颗经度相隔130°的中继卫星，对轨道高度为 200 km 的用户航天器跟踪覆盖率可达到 80% 以上。如果三星组网，对轨道高度为 1 200～2 000 km 的用户航天器，则能达到百分百的轨道覆盖率，如图 1-2 所示。中继卫星系统应用到载人航天工程，可保证地面与航天员不间断通信，并随时监视空间站、载人飞船和航天员状态，增加航天活动规划的灵活性。

(2) 可实现高速数据的数据中继传输

中继卫星采用高增益高频段星间链路天线，在与用户航天器通信时，首先完成中继卫星与用户航天器之间的目标捕获，然后一直保持跟踪状态，传输的数据速率高达几百 Mbps 甚至几 Gbps。

(3) 可同时为多个用户目标服务

中继卫星一般采用星载相控阵天线和多波束形成等新技术，可产生多个波束分别对准不同的用户航天器，跟踪多目标，实现多目标数据传输和指令信息传输。

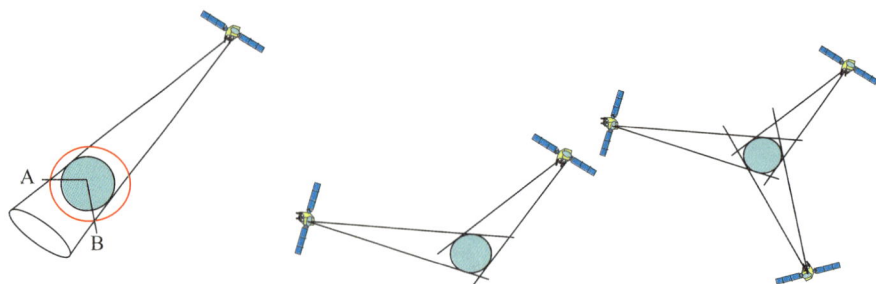

图 1-2　中继卫星系统对用户目标轨道覆盖示意图

（4）可对用户目标提供轨道测量与确定

当需要确定用户航天器轨道时，从地面终端站发送伪码测距信号，经前向链路到用户航天器，在用户航天器进行转发后，沿返向链路回到地面终端站，利用伪码测距原理可测得地面↔中继卫星↔用户航天器的双向距离及距离变化率信息。当中继卫星轨道位置精确已知后，从这些信息中扣除地面到中继卫星的相关测量数据，可得到以中继卫星为参考的距离及其变化率，再利用动力学定轨方法可确定用户航天器的轨道。

由于中继卫星系统具备高覆盖率、高速率数据传输、多目标同时支持等特点，使它可对多个用户航天器进行集中管理，并可取代全球布站，大大减少地面测控站数量及其维护费用。中继卫星系统的这些优势，使它的应用范围越来越广，可以面向遥感卫星、资源卫星、空间站、运载火箭、无人机、舰船等各类用户目标提供数据中继、在轨管控等服务。

1.3　国外中继卫星系统发展现状

1.3.1　美国中继卫星系统

目前，美国的中继卫星系统主要包括两部分：一是由美国航空航天局（National Aeronautics and Space Administration，NASA）进行管控的跟踪与数据中继卫星系统（Tracking and Data Relay Satellite System，TDRSS），主要用于民用，但军方也在使用；二是由美国空军和国家侦察局共同进行管控的卫星数据系统（Satellite Data System，SDS），属于军用中继卫星系统。

1. 跟踪与数据中继卫星系统

美国的 TDRS 系统也称天基网，是 NASA 三大测控网之一。NASA 从 20 世纪 80 年代初开始部署该系统，到 90 年代中期完成系统配置，建成完全实用的系统。到目前为止,先后完成了三代 TDRS 的部署,共计 13 颗,具体发射与在轨运行情况如表 1-1 所列。目前共有 9 颗在轨运行的 TDRS,包括一代 TDRS 4 颗、二代 TDRS 2 颗、三代 TDRS 3 颗,其典型轨道位置可分为西工作节点(大西洋区域)、盲区工作节点(印度洋区域)、东工作节点(太平洋区域)以及备份节点。在正常情况下,每个工作节点部署两颗工作星,其余的卫星则位于备份节点。

表 1-1　美国 TDRS 发射与在轨运行情况(截至 2023 年 06 月)

条　件	卫　星	发射日期	轨道位置	状　态
第一代 TDRS	TDRS-1	1983.04.04	—	退役(2010.06)
	TDRS-2	1986.01.28	—	发射失败
	TDRS-3	1988.09.29	48.87°W	在轨备份
	TDRS-4	1989.03.13	—	退役(2011.12)
	TDRS-5	1991.08.02	166.88°W	在轨备份
	TDRS-6	1993.01.13	46.31°W	工作
	TDRS-7	1995.07.13	84.10°E	工作
第二代 TDRS	TDRS-8	2000.06.30	89.32°E	工作
	TDRS-9	2002.03.08	62.06°W	退役(2023.01)
	TDRS-10	2002.12.04	171.20°W	工作
第三代 TDRS	TDRS-11	2013.01.31	174.44°W	工作
	TDRS-12	2014.01.24	40.79°W	工作
	TDRS-13	2017.08.18	11.40°W	工作

（1）第一代 TDRS

1983—1995 年,NASA 共部署了 6 颗 TDRS 且都可操作使用,目前 TDRS-1 和 TDRS-4 已经离轨报废,其余 4 颗仍在轨。

（2）第二代 TDRS

根据中低轨道航天器,特别是当时"自由"号空间站发展的需要,并考虑第一代 TDRS 的寿命问题,NASA 共发射了 3 颗第二代 TDRS(TDRS-8～10)。这 3 颗卫星用来补充和增强第一代 TDRS 的功能,并提供带宽更宽、频率选择更灵活的数据中继支持,代替寿命到期的卫星。目前 TDRS-9 已退役,其余仍工作。与第一代 TDRS 相比,第二代 TDRS 的功能远远强于第一代 TDRS,它大大增强了 S 频段多址能力(采用星上波束形成),增加了 Ka 频段单址业务和卫星自主工作的能力,扩展了工作频率范围,提高了下行链路的质量。

（3）第三代 TDRS

为了继续维持 TDRS 天基网在未来 10 年星座的完整性,NASA 于 2010 年开始第三代 TDRS 的研制,即 TDRS-11~13,并于 2017 年 8 月完成发射部署。第三代 TDRS 的性能与第二代 TDRS 基本相同,不同点主要是:卫星设计寿命提高到 15 年;星上电子设备更为先进,提升了星上指令和遥测链路的安全性;SMA 天线返向波束形成采用地面波束形成方案;安装了可提供更高功率的高性能太阳帆板等。为配合第三代 TDRS 的发射并解决地面系统陈旧的问题,NASA 启动了天基网地面段增强计划(SGSS),对地面系统进行更新升级,并新建布洛索姆(Blossom Point)地面站,以满足未来航天保障的需要。

TDRSS 由空间段和地面段两部分组成。空间段是指在轨运行的 TDRS。地面段是整个系统的"心脏",主要包括 TDRSS 运控中心、4 个地面站(白沙地面站、第二白沙地面站、布洛索姆角地面站、关岛地面站)、4 个双向测距转发站(白沙、阿森松、埃利斯·斯普林斯、关岛)和澳大利亚 S 频段测控站。地面段的主要功能是:确保星上所有系统的配置正确且在规定的参数范围内运行;进行前返向链路通信,将返向数据发送至 NASA 综合业务网;监视指定 TDRS 的健康状态并对其进行控制;测量每颗指定 TDRS 相对于地面终端的距离;模拟用户航天器,以进行系统性能评估等。天基网三代 TDRS 共存局面的出现,增加了整个系统操作运行的复杂性。

美国 TDRS 虽然已发展了三代,但是提供数据中继服务的有效载荷配置都是 2 副 S/Ku(第一代)或 S/Ku/Ka(第二、三代)单址天线和 1 副 S 频段多址相控阵天线,只是天线具体性能参数存在差异。第一、二代 TDRS 具体性能指标如表 1-2 所列,第三代 TDRS 的性能与第二代 TDRS 基本相同。

表 1-2　美国一、二代 TDRS 具体性能指标

参　数		第一代 TDRS 性能指标	第二代 TDRS 性能指标
相控阵天线		30 个螺旋天线阵元,其中 12 个阵元收发共用,视场±13°	共 47 个贴片天线阵元,15 个前向,32 个返向,视场±13°
单址天线		直径 4.9m;径向肋式可展开反射器;视场:东西±22°,南北±28°	直径 4.6m;柔性回弹式可展开反射器;指向变化:东西±22°,南北±28°,扩展模式下东西指向可向星体外侧提高到 +76.8°,南北可扩展至 30.5°
前向链路	S 频段多址	链路数:1 路;最大数据速率:300 kbps;EIRP:34.0 dBW	链路数:1 路;最大数据速率:300 kbps;EIRP:40.0 dBW
	S 频段单址	链路数:2 路;最大数据速率:7 Mbps;EIRP:43.6~46.3 dBW	
	Ku 频段单址	链路数:2 路;最大数据速率:25 Mbps;EIRP:46.5~48.5 dBW(自动跟踪),44.0~46.0 dBW(程序跟踪)	
	Ka 频段单址	无	链路数:2 路;最大数据速率:50 Mbps;EIRP:63 dBW(自动跟踪),56.2 dBW(程序跟踪)

参 数		第一代 TDRS 性能指标	第二代 TDRS 性能指标
返向链路	S 频段多址	链路数：20 路；最大数据速率：50 kbps；G/T（最小值）：2.2 dB/K	链路数：5 路；最大数据速率：3 Mbps（1/2 速率编码）；G/T（最小值）：3.2 dB/K
	S 频段单址	链路数：2 路；最大数据速率：12 Mbps，升级后最大 16 Mbps（SQPSK），23.6 Mbps（8PSK）；G/T（最小值）：9.5 dB/K	
	Ku 频段单址	链路数：2 路；最大数据速率：300 Mbps（未编码），升级后最大 410 Mbps（SQPSK），600 Mbps（8PSK）；G/T（最小值）：24.4 dB/K（自动跟踪），18.4 dB/K（程序跟踪）	
	Ka 频段单址	无	链路数：2 路；最大速率：1.0 Gbps（7/8 编码率，SQPSK），1.2 Gbps（7/8 编码率，8PSK）；G/T（最小值）：26.5 dB/K（自动跟踪），19.1 dB/K（程序跟踪）

2. 卫星数据系统

卫星数据系统（SDS）是美军高度保密的军用数据中继卫星系统，由美国空军和国家侦察局负责管理。根据现有公开资料，SDS 与 TDRSS 部署主要有两方面不同：

① SDS 中继卫星运行轨道包括地球同步轨道（GEO）和"闪电"（Molniya）型大椭圆轨道（HEO）。其中，"闪电"轨道的倾角为 63°，远地点位于北极上空，高度约 39 000 km，这样的轨道设置有利于卫星在北极地区具有较长的停留时间，从而为北极地区的空间飞行器提供通信保障。

② SDS 中继卫星除配置有数据中继载荷外，还搭载通信载荷和红外预警载荷，以填补静止轨道通信卫星的覆盖盲区，为美国军用卫星提供数据中继传输服务，为美军作战部队，特别是核力量提供通信支持。

目前，美军已发展了四代 SDS 卫星，其中前两代已经全部退役。截至目前，至少有 5 颗 GEO 型 SDS 卫星在轨（3 颗第三代 SDS、2 颗第四代 SDS）。

1.3.2 俄罗斯中继卫星系统

俄罗斯数据中继卫星系统与美国相似，也由民用中继卫星系统和军用中继卫星系统两部分构成。

1. 民用中继卫星

民用中继卫星系统称为"射线"（Luch）系统，由 3 颗"射线"卫星和相应地面系统组成。苏联/俄罗斯从 20 世纪 70 年代末开始研制"射线"系列中继卫星，1985—1995 年间先后发射的 5 颗第一代"射线"中继卫星，现已全部退役。第二代"射线"卫星于 2011—2014 年间相继发射了 3 颗，分别为"射线-5A""射线-5B""射线-5V"，位于东、西、中三个节点（167°E、16°W 和 95°E），初步形成了三星全球覆盖星座。

"射线-5A""射线-5B""射线-5V"采用最新的 Ekspress-1000 平台,有 2 副 S/Ku 频段天线,设计寿命为 10 年。"射线-5A"上有 6 个 S 和 Ku 转发器;"射线-5B"上有 4 个 S 和 Ku 转发器,还有 1 个激光-微波链路;"射线-5V"上有 8 个 S 和 Ku 转发器,性能与"射线-5A"卫星基本相同。

"射线"系统提供 S 频段和 Ku 频段单址前/返向业务,S 频段返向最高数据速率为 5 Mbps,Ku 频段返向最高数据速率为 150 Mbps。该系统主要用途是为国际空间站俄罗斯舱段、联盟号系列载人飞船、低轨道卫星、运载火箭提供测控支持和双向数据传输,同时还可以用于电视转播、电视会议和应急通信。

2. 军用中继卫星

军用中继卫星系统称为"急流"(Potok)系统,使用的卫星称为"喷泉"(Geizer)卫星。该系统主要为光电成像侦察、海洋监视等军用卫星提供服务。登记的轨道位置有 3 个,即 80°E、192°E 和 13.5°W,其中,192°E 位置没有使用。自 1982 年以来共发射 10 颗"喷泉"卫星,最后 1 颗"喷泉"卫星于 2000 年 7 月发射,2009 年停止工作。

2011 年 9 月,俄罗斯成功发射了首颗新型"鱼叉"(Garpun)数据中继卫星。2015 年 12 月,成功将"鱼叉"-2(Garpun-2)军用中继卫星送入地球同步轨道,定点位置为 80°E,取代了"急流"系统的"喷泉"卫星,以保障侦察卫星数据的实时传输。

1.3.3   欧盟中继卫星系统

1989 年,欧洲航天局(European Space Agency,ESA)批准了数据中继技术任务计划。该计划分为两部分:高级中继和技术卫星(Artemis,阿蒂米斯)和数据中继卫星(DRS)。

1. 阿蒂米斯试验型卫星数据中继系统

2001 年,ESA 发射了第一颗主要用于技术试验的地球静止轨道中继卫星阿蒂米斯(Artemis),该星安装有 4 种有效载荷,即 S/Ka 频段数据中继载荷、光学数据中继载荷、L 频段通信载荷和导航增强载荷。该卫星主要用于对地观测卫星、极轨平台以及其他科学卫星的数据中继,提供 S 频段、Ka 频段单址业务以及激光通信业务服务,并进行 L 频段导航和移动通信试验。Ka 频段前向链路最高数据速率为 10 Mbps,Ka 频段返向链路最高数据速率为 3×150 Mbps。激光前向链路速率为 2 Mbps,激光返向链路速率为 50 Mbps。

Artemis 卫星发射后,先后为法国的光学卫星(SPOT-4)和 ESA 的雷达卫星(Envisat)提供高速数据中继任务。其中,SPOT-4 使用 Artemis 的激光中继链路,而 Envisat 使用的是 Ka 中继链路。2005 年 12 月,Artemis 与日本的轨道间光学通信工程试验卫星(OICETS)成功进行了双向激光通信链路实验。2006 年 12 月,Artemis 还与飞行在 6~10 km 的 Falcon-20 飞机上的激光通信终端开展中继实验并取得成功。2010 年,Artemis 卫星到达设计寿命末期。

2. 欧洲卫星数据中继系统

2008 年 ESA 提出建设欧洲数据中继系统（European Data Relay System，EDRS），并于 2016 年 1 月发射首星 EDRS - A，定点于 9°E。EDRS - A 卫星配置 2 副单址天线，分别提供激光和 Ka 频段星间链路，激光返向链路通信速率最高可达 1.8 Gbps，Ka 频段通信速率可达 300 Mbps。2019 年 8 月发射 EDRS - C，该卫星只有激光通信终端，指标与 EDRS - A 卫星相同，具体指标如表 1 - 3 所列。

表 1 - 3 EDRS 提供的中继通信业务指标

业 务		数 据 率	备 注
EDRS - A	激光 前向	500 bps/4 kbps	数据可加密
	激光 返向	600 Mbps/1.8 Gbps	
	Ka 频段 前向	1 Mbps	带宽 2 MHz
	Ka 频段 返向	300 Mbps	带宽 400 MHz
EDRS - C	激光 前向	500 bps/4 kbps	数据可加密
	激光 返向	600 Mbps/1.8 Gbps	

EDRS 的主要用途包括：将用户遥控指令发送至用户卫星；提高自然灾害监测及响应能力；为政府及安全部门提供加密传输服务；将对地观测卫星和机载平台获取的数据近实时中继传输给地面终端用户。EDRS 的战略意义不仅在于满足欧盟航天活动对空间数据传输速率、传输量、实时性以及测控覆盖率日益增长的需求，还有助于欧盟摆脱对美属地面站的依赖，保持空间活动战略独立性。

1.3.4 日本中继卫星系统

日本于 1993 年确定了分 4 步发展数据中继与跟踪卫星系统的策略。前 3 步主要是利用各种试验卫星对相关技术进行试验，第 4 步是待各项技术成熟后发射实用型中继卫星。2002 年 9 月，日本成功将其首颗数据中继与跟踪卫星（DRTS - 1）送入地球同步轨道，配备 S 和 Ka 频段星间链路，传输速率为 240 Mbps，具体性能如表 1 - 4 所列。DRTS 系统主要用于支持"希望号"载人太空舱与国际空间站的对接。

表 1 - 4 DRTS 中继卫星的主要特性和任务性能

参 数	性 能
星间链路天线	S/Ka 双频段抛物面天线；直径：约 3.6 m；Ka 频段天线指向精度：0.1°（程序跟踪）和 0.043°（自动跟踪）
星间链路频率	S 频段：前向 2 025～2 110 MHz，返向 2 200～2 290 MHz；Ka 频段：前向 23.175～23.54 GHz，返向 25.45～27.50 GHz

参　　数	性　　能
转发器带宽	S 频段：前向 20 MHz，返向 10 MHz； Ka 频段：前向 30 MHz，返向 300 MHz
EIRP 值	S 频段：47 dBW；Ka 频段：60 dBW
G/T 值	S 频段：7 dB/k；Ka 频段：26 dB/k
数据速率	S 频段：前向 300 kbps，返向 3 Mbps； Ka 频段：前向 30 Mbps，返向 300 Mbps
星间链路信道数	S 频段：前向 1 路，返向 2 路； Ka 频段：前向 1 路，返向 1 路

　　2008 年，日本启动了下一代中继卫星激光通信终端的研制，并于 2020 年 11 月发射了光数据中继卫星 1 号（JDRS - 1），该卫星由日本宇宙航空研究开发机构（JAXA）同总务省、文部科学省联合研制，配备激光通信系统（LUCAS）有效载荷，设计寿命 10 年，通信速率可达 1.8 Gbps，兼具军事和民用用途。该卫星在军用方面用来同情报收集卫星（IGS）侦察卫星系列下的最新一代光学和雷达卫星保持通信；在民用方面将替代 2017 年退役的数据中继与跟踪卫星（DRTS），供 JAXA 其他低轨资产使用。

1.4　中国中继卫星系统发展现状

　　我国已成功建成和应用第一代和第二代中继卫星系统。我国第一代中继卫星系统有 5 颗卫星，为天链一号 01 星～05 星，现天链一号 01 星～03 星已退役。2019 年开始发射和应用第二代中继卫星，现已建成天链二号 01 星～03 星系统。3 颗天链二代中继卫星与 2 颗天链一代卫星共同组网形成服务能力，大大提升了我国航天测控和空间信息传输能力，为我国载人飞船、货运飞船、空间站等提供数据中继与测控服务，支持空间交会对接任务，同时为我国中低轨的资源系列、高分系列等卫星提供数据中继服务，并为航天器发射提供测控支持。

1.4.1　第一代中继卫星系统：天链一号

　　我国从 20 世纪 70 年代开始进行中继卫星的概念研究，在"九五"期间开展了一系列关键技术攻关，2001 年完成了我国第一代中继卫星系统深化研究和顶层设计，理清了发展我国中继卫星系统的总体思路，为第一代中继卫星系统立项奠定了基础。2003 年 1 月，第一代中继卫星系统工程立项，命名为天链一号卫星系统。天链一号中继卫星系统由天链一号卫星、地面运控系统和配套的用户终端组成。

2008年4月我国首颗中继卫星天链一号01星成功发射并顺利在轨运行,标志着我国在航天领域拥有了第一个自己的天基数据中转站,为我国天基测控与通信系统的发展奠定了坚实的基础。天链一号01星基于东方红三号卫星平台,设计寿命为6年。通信链路采用S频段和Ka频段。其中,S频段主要服务于测控信号。对于星-地高数据率通信则由Ka频段通信链路服务。天链一号01星能够对中、低轨道用户航天器实现50%以上的轨道覆盖,成功为神舟七号载人飞船提供了数据中继和测控业务支持。鉴于天链一号01星的优异表现,我国继续加大了中继卫星系统的建设力度,于2011年7月和2012年7月相继发射了天链一号02星和03星,并与01星组网运行,正式建成比较完备的第一代中继卫星系统,成为继美国之后实现中继卫星系统三星组网、全球覆盖的国家。天链一号04星于2016年11月发射成功,用于替代超期服役的01星,为后续的用户航天器继续提供测控和数据中继支持。根据航天发展需要,为维持第一代中继卫星系统的完整性,满足日益增长的新用户使用需求,2021年7月,天链一号05星发射成功。目前第一代中继卫星共2颗在轨运行。

与国外的中继卫星系统相比,天链一号中继卫星系统拥有以下特点:

① 天链一号中继卫星系统的建设很好地结合了我国的国情,充分利用我国地面光纤网络,通过在国内设置地面终端站,建成了高覆盖率的中继卫星系统。

② 相比国外的中继卫星系统,天链一号首颗卫星发射较晚,但系统建设进度较快,只用了4年多的时间就陆续完成了3颗中继卫星的发射,实现三星组网运行,顺利完成第一代中继卫星系统的建设。

③ 实现了系统关键设备和器件的国产化,系统具备多项自主开发的知识产权。

1.4.2　第二代中继卫星系统:天链二号

天链二号中继卫星系统是我国继天链一号中继卫星系统之后的第二代中继卫星系统,于2010年启动研制工作。天链二号卫星基于东方红四号卫星平台,在充分继承天链一号卫星技术状态的基础上,采用了更加先进的有效载荷技术,配置多副新型天线。天链二号卫星兼容天链一号卫星的工作频率,并扩展了工作带宽和转发器通道数量,最大传输速率提高了一倍,大大提升了系统的数据传输速率和传输效能。天链二号卫星增加了S频段多址相控阵天线,可以同时对多个用户目标提供数据中继服务。

天链二号01星于2019年3月在西昌卫星发射中心成功发射,标志着我国进入两代中继卫星共同组网应用的阶段。2021年12月天链二号02星成功发射,2022年7月天链二号03星成功发射,至此我国第二代中继卫星完成了三星组网的建设,有力推动了我国天基测控与数据传输网络建设的步伐。与天链一号中继卫星系统相比,天链二号中继卫星系统卫星平台能力更强、寿命更长、传输速率更高,系统多目标服务能力、覆盖范围都显著增强,在资源规划、应急响应、多任务支持等方面能力得到了较大提升。

参考文献

[1] 何平江,樊士伟,蔡亚星,等.卫星数据中继系统[M].北京:清华大学出版社,2021.

第 2 章

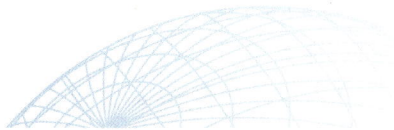

中继卫星系统体制和原理

中继卫星系统体制主要包括中继卫星–运控系统的测控体制和用户目标–中继卫星–运控系统–用户中心的端到端数据传输体制两个部分。测控体制主要适用于对中继卫星的跟踪、遥测遥控、测距定轨等。数据传输体制主要适用于与用户目标之间的信息传输,包括接入方式、信号形式、变换处理等。

2.1　测控体制

中继卫星测控体制既可以沿用成熟的统一载波测控体制,也可以使用更为先进的扩频测控体制。在频段选择上,中继卫星测控一般采用高频和低频相结合的方式,高频频点可与数据传输频段统一设计,低频频点则与已建成或规划的测控网兼容。例如,美国 TDRSS 正常测控时使用精度较高的 Ka 频段标准 TT&C(跟踪、遥测和遥控)体制,应急情况下使用 S 频段标准 TT&C 体制。

中继卫星需要与用户目标完成双向捕获,并支持特定用户目标的测定轨,自身也有精密的定轨需求。为实现对中继卫星的精密定轨,一般采用异地布置测距主站加测距转发站的方式进行多站测距,应急情况下也可使用单站的侧音测距或扩频测距。

2.1.1　标准 TT&C(跟踪、遥测和遥控)

1. 标准 TT&C 体制

标准 TT&C 指空间数据系统咨询委员会(CCSDS)、欧洲航天局(ESA)等国际组织标准规定的 TT&C 体制,采用统一载波测量体制,综合跟踪测轨(包括测距、测速、测角)、遥控、遥测功能。自 20 世纪 60 年代该概念提出以来,由于标准 TT&C 体制将原来分立设计的跟踪测轨、遥测、遥控 3 类设备统为一体,使航天器上设备得以大大减少,电磁兼容问题也更容易解决,因此统一 S/C 频段标准 TT&C 系统已经成为世界航天测控的通用基础设施。

具体到中继卫星系统的特点是:遥测或遥控信号用一个副载波传输(有时也增加话音副载波等其他信号),且一般采用 PCM – PSK – PM 调制(即遥测或遥控的

PCM 信号对副载波进行 PSK 调制,已调副载波再对载波进行 PM 调制)。在 PM 调制中,测距用一组正弦波测距音对载波调相,各副载波调相后尚残留的载波分量用来实现多普勒测速、角跟踪及测角,从而实现了跟踪测轨(包括测距、测速、测角)、遥测和遥控 3 种功能的综合,这就是统一载波测控系统"统一"的基本原理。中继卫星系统标准 TT&C 为单载波工作,载波为一个恒包络信号,信道可非带限工作,故非线性影响很小。从其频谱中可以更直观地看出其频分制的工作原理,其下行频谱的示意如图 2 - 1 所示。

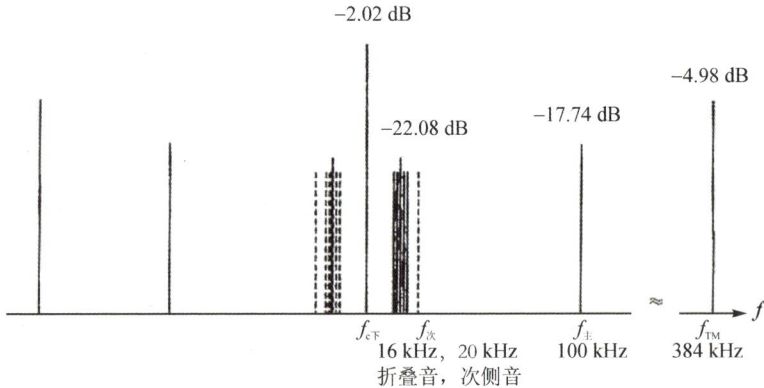

图 2 - 1   标准 TT&C 下行频谱示意图

在标准 TT&C 体制中,对残留载波采用窄带锁相环进行跟踪滤波,可获得极高的信号捕获灵敏度,这是它能完成远距离测控通信的关键。这个被窄带过滤了的残留载波还用作多普勒测速,以完成比幅单脉冲角跟踪测角。由于锁相环的带宽可以做得很窄,大大提高了信噪比,再加上利用锁相环的相干压控振荡器(Voltage Controlled Oscillator,VCO)进行低门限相干检测,因而能在强噪声中检测出弱信号,实际设备可在载噪比低于−20 dB 时检测信号,实现远距离捕获和跟踪测量。

标准 TT&C 体制采用连续波雷达体制和极低频率次侧音,因而作用距离可以很远并实现远距离无模糊测距。标准 TT&C 体制采用单站定位体制(即 A、E、R 定位),这种定位方法随着距离的增加,由测角误差引起的定位误差加大,故对航天器只具有中等定位精度。

2. 实现原理

(1) 测距分系统

测距分系统用于测量地面站与航天器之间的径向距离。在航天测控中采用的连续波测距,是将一定形式的测距信号调制在连续载波上,比较接收测距信号与发射测距信号的时延求得距离。其中,一定形式的测距信号是指具有特殊时刻标志(如正弦波的过零点)或相位标志的信号,目前连续波测距信号主要有 3 种:侧音信号

（正弦单频信号）、伪随机码信号（简称伪码信号或 PN 码）和两者组合而成的音码组合信号。

标准 TT&C 体制采用纯侧音测距，对航天器的定轨采用 A、E、R 单站定轨体制。侧音的时延 τ 和相移 φ 存在关系

$$\varphi = \omega\tau \quad \text{或} \quad \tau = \varphi/\omega \tag{2-1}$$

式中，ω 为测距信号的角频率。因此，可用测相移的方法来求出时延 τ，称这种方法为测相法。另外一种方法是直接测量收、发侧音的相位过零点时延，称之为测时法。从式 2-1 可见，当存在一定的测相误差 $\Delta\varphi$ 时，ω 愈高所引起的时延误差愈小，因此可采用频率高的测距信号来提高测距精度。

由于一个正弦周期信号的相位是以 2π 循环的，因此

$$\text{实际测得的相移 } \varphi = \text{回波相移} + 2n\pi \tag{2-2}$$

式中，n 为 $0,1,2\cdots$，不同的 n 值就有不同的回波相移。这就使得测得的回波相移产生多值性，称这种现象为相位模糊，它所对应的距离就产生距离模糊。

为同时保证测距精度和最大无模糊测量距离，可采用多个不同频率纯正弦波信号构成纯侧音组信号。不同频率纯正弦波信号之间为倍数关系，同时测量同一距离，使用最低粗测频率保证最大测距距离，使用最高精测频率确保测距精度。由于侧音的频率太高或太低，系统实现都会有难度，因此纯侧音体制的测距精度及无模糊距离都比较受限。

最高精测频率的选择取决于测距精度的要求，精度要求愈高精测频率 f_H 也应愈高，即要求

$$f_H \geqslant C \bigg/ \left(4\pi\sigma_R \sqrt{\frac{P}{N}}\right) \tag{2-3}$$

式中，f_H 为所需要的精测频率，C 为光速，σ_R 为要求测距精度，P/N 为信号的判决信噪比。

最低粗测频率的选择取决于最大无模糊距离的要求，距离愈远粗测频率 f_L 愈低，即要求

$$f_L \leqslant C/S_{\max} \tag{2-4}$$

式中，C 为光速，$S_{\max}$ 为最大无模糊距离和。

（2）测速分系统

测速分系统用于测量地面站与中继卫星之间的径向速度，采用载波多普勒频率测速法。雷达测量目标速度的原理是基于多普勒效应的，即当雷达波照射到目标时，目标运动产生的多普勒频率，正比于目标相对于雷达运动的速度而反比于波长 λ。当目标飞向雷达站时，多普勒频率为正值，接收信号频率高于发射频率；当目标背离雷达飞行时，多普勒频率为负值，接收信号频率低于发射频率。载波多普勒测速分为单向多普勒测速、双向多普勒测速和三向多普勒测速。在标准 TT&C 中，采用相干双向多普勒测速时，可达到约 5 cm/s 的测速精度，测速范围可达 ±10 km/s。

　　单向多普勒测速由于信标相位漂移得不到补偿,因此也称非相参测速。由于其测速误差较大,因此仅用于一些不适宜采用双向多普勒测速,或者测速精度要求不高的场合。在单向多普勒测速系统中,运动目标上只要安装一个频率比较稳定的信标机,地面站接收其发射信号,测量接收频率与信标机标称频率的差值,则目标径向速度为

$$v = -\frac{f_d}{f_b}C \qquad\qquad (2-5)$$

式中,f_d 为接收频率,f_b 为信标机标称频率。

　　双向多普勒测速系统由地面发射机、星上双向测速应答机和地面接收机为主构成。在双向多普勒测速系统中,由于频率漂移和相位慢漂可以补偿,因此也称为相干测速,测速误差比单向多普勒测速系统小。在双向多普勒测速系统中,地面发射机和接收机本振均须共用频率源,双向测速应答机一般为锁相相参应答机,相参应答机转发回的地面发射信号,经相干本振混频后可以消除大部分地面频率源的相位漂移,得以提高测速精度;双向测速应答机亦可采用独立本振应答机,也称非相参应答机。当采用独立本振应答机时,为了消除独立本振的相位漂移,双向测速应答机除转发地面站的询问信号外,还应将独立本振的倍频信号同时下发回地面接收机,以便在地面站采取补偿措施,保证测速精度。

　　三向多普勒测速多用于目标与地面站距离特别远的深空系统,当雷达回波返回地面站时,由于地球自转,信号发射站已经不能收到回波信号,只能由另一个地面站接收,因此称之为三向多普勒测速。

　　(3)遥测分系统

　　遥测分系统用于接收和处理中继卫星上遥测设备下发的遥测信号,并恢复遥测数据。这些遥测数据包括反映星上运行状况的参数(称之为工程遥测),以及星上有效载荷的运行状况参数(称之为业务遥测)。对于遥测设备来说,工程遥测与业务遥测基本相同,不同之处只在于遥测数据处理计算机处理的数据量,工程遥测往往有较多参数需要处理。标准 TT&C 的遥测码速率一般为 64~100 kbps,副载波频率一般为 5 kHz~1 MHz,调制方式可以是 PCM-PSK、PCM-DPSK 等。

　　在标准 TT&C 体制中,数字遥测数据的传输是将遥测信息首先变为数字信号,再调制在遥测副载波上(通常采用副载波 PSK 调制),然后再由已调副载波对下行载波进行 PM 调制后向地面发射。因此,遥测调制为 PCM-PSK-PM,遥测帧包括帧同步字、帧序号、校验位和遥测参数等。在接收端,先由微波接收信道接收并转变为 PM 信号,再由锁相接收机解调出已调副载波送到遥测单元,然后遥测单元对 PSK 信号进行解调,并完成位同步、码型变换、帧同步,分离出传送的遥测数据,进行预处理、记录并向测控中心发送。

　　(4)遥控分系统

　　遥控分系统用于接收测控中心送来的(或本地应急产生的)指令或注入数据,并

发送给中继卫星。标准 TT&C 的遥控码速率一般为 100～8 000 bps,副载波频率范围为 2～100 kHz。调制方式有 PCM – ASK、PCM – PSK 和 PCM – MFSK 等。标准 TT&C 除了发送单条指令外,还可以发送指令串和复合指令,并能向中继卫星提前注入数据。

在标准 TT&C 体制中,遥控指令或注入数据先调制到副载波上,再调制到载波上,实时或定时向空间发射到中继卫星应答机;经中继卫星应答机解调出已调副载波,再二次解调出遥控指令或注入数据,从而控制执行部件实现对中继卫星的控制。另外,还能将遥控指令和校验信息经下行遥测信道反馈送回地面站,完成校验作用,称这个功能为大环比对。与大环比对对应的是小环比对,将地面站发射的上行遥控信号,从高功放输出端耦合出一路下变频到中频,送到基带解调出遥控信息,并与测控中心发送到基带的遥控信息进行比对,称这个过程为小环比对。

2.1.2 扩频 TT&C(跟踪、遥测和遥控)

1. 扩频 TT&C 体制

为克服标准 TT&C 体制自身副载波交调干扰和抗外部干扰性能差的缺点,在航天测控中引入扩频通信技术,形成扩频 TT&C 体制。扩频通信系统是指将待传输信息频谱先用某个特定的扩频函数扩展后,成为宽频带信号再送入信道中传输,然后接收端进行解扩处理,从而获取传输信息的通信系统。在扩频通信系统中,信息不再是决定调制信号带宽的一个重要因素,其调制信号的带宽主要由扩频函数决定,传输同样信息所需射频带宽远比常见调制方式要求带宽要宽得多。

扩频方式主要有直接序列扩频(DS)、频率跳变扩频(FH)、时间跳变扩频(TH)3种,也可以由这 3 种方式混合扩频构成 DS/FH、DS/TH、FH/TH 扩频方式。与扩频信号相关的主要数字调制方式是 PSK 和 FSK,PSK 一般在 DS 扩频中应用,而FSK 调制一般用在 FH 扩频中。无论哪种扩频方式,都是使用伪随机序列来控制信号在信息、频率或时间上的变化,在发送端和接收端需要有匹配的伪随机序列。在中继卫星测控中,DS 扩频方式在正常情况下应用较多,DS/FH 扩频方式主要用于特殊情况下的抗干扰测控。下面以 DS 扩频 TT&C 为例说明扩频 TT&C 体制。

在扩频 TT&C 体制中,各种信号不再用不同的副载频来区分,而是采用包式数传或采用时分多路,即将上行遥控、数传数据、其他上行测控数据,以及下行遥测、数传数据、其他下行测控数据等按一定格式分别统一打包再封装成帧,以包头中识别号区分不同信号,或直接封装成帧,以多路复用来区分不同信号。信号封装成帧,统一进行伪码扩频,再对载波进行调制并送入信道进行传输。在该体制中,无论是遥测数据、遥控数据还是通信数据,在传输信号中都以同样的数据形式出现,主要依据帧格式区分。直接序列扩频体制可分为非相干扩频和相干扩频两种,其中,非相干扩频体制下的信息数据时钟和伪随机码时钟异步。直接序列扩频体制作为一种特点突出的测控扩频通信体制,可灵活适应航天测控通信中遥测、遥控的不同要求。

扩频测控一般采用技术成熟、复杂度适中的恒包络 PSK 调制方式和通用的编解码方式。例如,在欧洲电信标准化协会(ETSI)卫星测控标准 v1.3.1 及其补充说明中,遥控和遥测分别采用 PCM - UQPSK 和 PCM - SQPSK 调制,编译码采用 CCSDS 231.0 - B - x 和 CCSDS 131.0 - B - x 标准中推荐的格式,即遥控的 BCH (63,56)、卷积+BCH (63,56)、级联码、LDPC 码等,以及遥测的卷积、RS 码、级联码、Turbo 码、LDPC 码等。

基于扩频技术的扩频 TT&C 体制具有如下特点:

(1) 能够实现抗干扰、低截获和信号隐蔽的要求

由于扩频信号的不可预测性,故扩频系统具有很高的抗干扰能力。对于扩频 TT&C 体制来说,抗干扰能力是利用解扩时乘以扩频序列并对结果滤波来实现的。窄带和宽带两种干扰通过解扩时的相乘都被变为宽带干扰,它们大都被滤波器消除掉;而信号则通过解扩重新恢复成扩频前的窄带信号,从而实现抗干扰,对干扰信号的抑制程度即等于扩频增益。信号经过扩频以后,其能量被均匀地分布在很宽的频率范围内,从而使被传输信号功率密度很低。对于不知道同步扩频信号的接收者而言,扩频信号淹没在噪声中,可实现低截获的要求。

(2) 具有良好的码分多址通信能力和保密性

各用户可以采用不同的扩频码作为自己的地址码,从而实现码分多址通信,并使扩频系统具有一定保密性。利用码分多址技术,使用同一载波频率可实现多个独立的码分信道,只需一个点频即可识别和管理多个不同用户目标。扩频技术既节省了频率资源,又容易解决频分制带来的一系列难于解决的电磁兼容问题,用于测控通信系统时还能够方便地实现多目标同时测控。

(3) 提高了测距精度和灵活性

DS 扩频码的码速率一般为每秒几兆~几十兆码片,比标准 TT&C 体制测距副载波的 100 kHz 高得多。由于距离时延精度值是靠测量收、发码钟相位差实现的,因此扩频 TT&C 体制测距的精度比副载波测距的精度高很多。此外,与侧音测距体制只支持单站测距不同,扩频 TT&C 体制具备支持多站测距的能力,测距更具灵活性。

(4) 可鉴别多径信号

多径信号是由于发射端与接收端间电波传输路径不止一条而产生的。大气层的反射和折射,建筑物对电波的反射都是形成多径信号的原因,不同的传播路径使电波在幅度上衰减不同,到达时间的延迟也不同。由于 PN 码的自相关特性,只要多径信号延迟超过半个 PN 码片,其相关值就很小。采用一定长度 PN 码的扩频 TT&C 体制,能够同步锁定在信号最强的直达路径电波上,其他有延迟的电波在相关解扩下只能起到噪声干扰的效果。

2. 实现原理

(1) 扩频测控系统遥测、遥控功能的实现

地面设备先将遥控信息及其他上行数据信息组帧后注入上行调制器,经过扩频和载波调制获得中频扩频信号,再通过上变频和功率放大等环节,然后经天线发向星上应答机;带有上行测控信息的伪码扩频信号到达应答机天线后,再经过低噪声放大器、下变频后输出中频信号,然后完成伪码捕获和跟踪,跟踪后的伪码与接收信号相关,完成解扩过程;最后进行相干解调获得信息比特,从中得到帧标志和遥控信息及其他上行数据信息。

星上下行遥测及数传信息组帧后,信号经过扩频和载波调制获得中频扩频信号,再通过上变频和功率放大等环节,然后经天线发射出去;地面设备接收来自星上应答机的返回信号,完成伪码捕获、跟踪、解扩、解调,从中得到帧标志和遥测信息、数传信息。

(2) 扩频测控系统测距功能的实现

在直接序列扩频 TT&C 体制中,遥测、遥控、通信等信息都是先以一定的数据帧格式扩频(即与 PN 码模二加)后,然后对载波调制(PSK)形成传输信号,其中,用来扩频的 PN 码同时可用于测距。扩频测距是根据扩频 PN 码可复制且其自相关函数为德尔塔函数这一特点,来测定电波传播时间 τ 的。接收机在本机产生与发射信号相同的 PN 码,不断改变其相位,并与带有噪声的接收信号进行相关计算,当相关函数出现尖锐的相关峰时,表明已完成对接收信号的捕获,此时测量收发 PN 码之间的时延,可得到电波传播时延 τ。由于伪随机编码信号周期较长,且自相关峰非常尖锐,因此采用相关检测方法可以使测距抗干扰能力大大增强。

当扩频 TT&C 体制同时用于遥测、遥控和测距时,采用相干扩频测距方式需要单独设计测距链路,而采用非相干扩频测距方式则可用统一的物理链路、帧格式设计和处理方法,通过双向测伪距实现测距。上、下行信号采用测距帧结构,帧内所传信息是测距信息,上行测距帧可不调制信息,仅用于解距离模糊;下行测距帧调制应答机状态信息、上行伪距、伪多普勒测量信息、星上时间采样信息(用于星地对时)等。测距精度取决于测距支路伪码码元宽度和信号能量,无模糊距离取决于上行帧周期,数据采样率取决于下行测距帧频。

在采用非相干方式双向测距时,上、下行链路的信息帧速率、信息速率及伪码速率 R_{pn} 无须相干,但上行伪码速率是上行信息位速率的整数倍,时钟相干;下行伪码速率是下行信息位速率的整数倍,时钟也相干。非相干扩频双向测距原理示意图如图 2—2 所示。

在地面站将测距帧编帧扩频后,利用上行链路发送到航天器上;航天器接收到上行链路信号后进行解扩、解调、帧同步,再利用自身形成的下行测距信息帧同步对上行信号采样,提取帧计数、位计数、扩频伪码计数、码相位、载波计数、载波相位、测

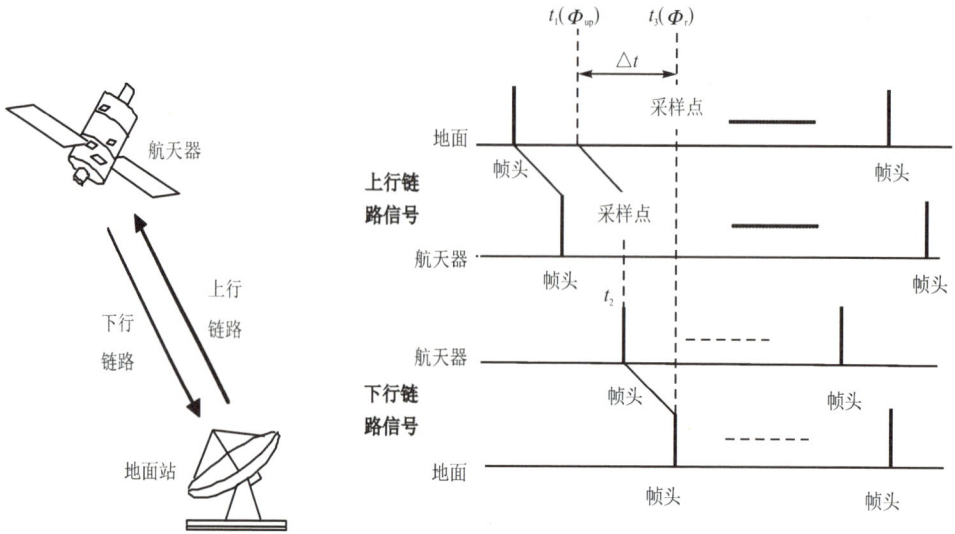

图 2-2 非相干扩频双向测距原理示意图

量多普勒值等测量信息,并采样星上时间,然后将这些采样信息实时放入下行测距帧送至地面站,下行帧频根据测量数据采样率需要而定。

在地面站接收到下行测距链路信号后,先对其进行解扩、解调、帧同步提取得到下行测距帧同步信号,再利用下行帧同步对自身形成的上行信号采样,提取帧计数、位计数、扩频伪码计数、码相位、载波计数(可选)、载波相位(可选)、地面时间(可选),并采样下行多普勒值等测量信息。

地面站将从下行测距帧中获取的帧计数、位计数、扩频伪码计数、码相位、载波计数、载波相位等测量信息(星上采样)与地面站采样获取的帧计数、位计数、扩频伪码计数、码相位、载波计数、载波相位等测量信息进行比较计算,可得到信号在地面站与航天器间传输的双程时间 $\triangle t$,由此可计算出中继卫星与地面站的距离,其计算公式为

$$\Delta t = \frac{\Phi_{up} - \Phi_r}{R_{pn}(1 + \sigma_{地})} \approx \frac{\Phi_{up} - \Phi_r}{R_{pn}} \tag{2-6}$$

$$R = \frac{1}{2} \times \Delta t \times C \approx \frac{(\Phi_{up} - \Phi_r) \cdot C}{2R_{pn}} \tag{2-7}$$

2.1.3 多站测距

1. 多站测距体制

为实现对中继卫星的精密定轨,采用异地布置测距主站加测距转发站的方式进行多站测距。中继卫星多站测距体制采用伪码扩频测距系统,包括相干扩频测距和

非相干扩频测距系统。其中,相干扩频多站测距系统可以与标准/扩频 TT&C 体制独立,而非相干扩频测距系统可以与扩频 TT&C 体制采用统一体制。相干扩频多站测距系统信号特点是:测距主站前向广播扩频调制信号,先由中继卫星透明转发至 n 个测距转发站,然后测距转发站相关转发回中继卫星,测距主站同时接收 1 路中继卫星一次转发信号(伪码与前向信号相同)和 n 路测距转发站二次转发信号(n 个站伪码的各不相同)。

伪码扩频测距也是一种连续波测距,同样需要比较接收测距信号与发射测距信号的时延来求得距离,即利用长码解距离模糊,码钟保证测距精度。长 PN 码测距利用 PN 码周期长的特点来作为解模糊信号,这是提出扩频测距的初衷,但是随着技术的发展,它还展现了抗截获、抗干扰、扩展频谱、码分多址等优点。

2. 实现原理

由于多站测距系统相对独立,为简化测距转发站设计,一般采用相干转发模式,并通过粗、精两次测量法解决无模糊距离和测距精度的矛盾。测距终端的距离时延测量通常采用收发码状态比较的收发"1"时延测量法:以测距采样脉冲作为发"1"脉冲,将发码产生器的瞬时运行状态打入锁存器;将此锁存值与收端码产生器的状态不停地进行比较,当收码状态运行到与锁存器值相同时,比较器立即产生一个符合脉冲即收"1"脉冲,两个收、发"1"脉冲的时间差等于收码相对发码的时延,即目标距离时延 τ。用发码时钟 T_C 填充计数器测量收、发"1"时延,时延中发码码片的个数为粗测值,以码钟周期数 $N \times T_C$ 表示。测量收发码钟的相位差为精测值,用距离采样脉冲选择一个发码时钟的前沿,在此前沿时刻收码时钟 DCO 的瞬时相位打入锁存器中,代表收码时钟相对发码时钟的相位滞后,收、发码钟相位差用 $\Delta\varphi$ 表示。多站测距的粗精取数方法如图 2-3 所示。

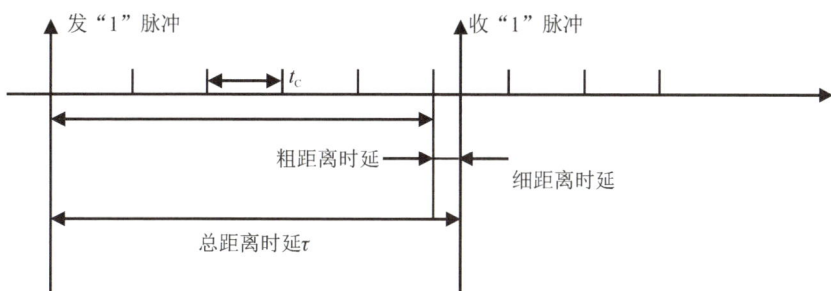

图 2-3　多站测距的粗精取数方法

总距离时延和距离可表示为

$$\tau = (N + \Delta\varphi/2\pi)T_C \qquad (2-8)$$

$$R = C\tau/2 = C(N + \Delta\varphi/2\pi)T_C/2 \qquad (2-9)$$

距离时延精值是靠测量收、发码钟相位差实现的,因此扩频测距的精度由 PN 码码钟速率确定,码速率越高则测量精度越高。测控信号扩频 PN 码码速率可达每秒十几甚至几十兆比特,比侧音测距的精侧音高几个数量级,且分辨率完全由码钟的相位精度确定。

2.2　数据传输体制

中继卫星系统支持的用户目标种类众多,在传输速率、时延、格式等传输要求方面差异巨大,因此其数据传输体制需要能够适应多种信源、多用户目标、多用户中心,实现天地网络互连。自 1982 年以来,CCSDS 制定了一整套空间数据系统的标准建议书,建立的空间数据系统体制得到了广泛应用,各国的中继卫星系统也基本采用该体制。

2.2.1　数传调制和编码技术

1. 调制技术

中继卫星系统为适应用户的不同数据传输速率要求,需要有灵活的调制方式可选。作为带宽和功率都受限的系统,中继卫星系统在传输较高速数据时,调制方式需要有较高的频带利用率和功率利用率。一般地说,对高速数据通信中的调制技术的要求是:信号频谱主瓣要窄、解调门限要低;要有较快的带外滚降和较小的旁瓣,以减小对其他信号的干扰;降低非线性失真影响;能够相干检测也能够非相干检测,两者可进行选择;具有抗衰落性能;能够适应较大的多普勒频移。

调制技术大致有恒定包络调制和非恒定包络调制两大类,一般都可以用于卫星链路的数据传输。但总的来说,传统的恒定包络 PSK 调制方式虽然频带利用率不是很高,但实现起来比较简单,功率利用率较高,是目前数字卫星通信中应用最广泛的调制方式。考虑到星上有效载荷功耗、重量等条件限制,以及高速宽带传输、易于实现、工作可靠等要求,中继卫星系统一般选用技术成熟、复杂度适中的 PSK 调制方式。

中继卫星系统数据传输的特点是:数据速率范围大,速率从每秒一千比特到数百兆比特;低速数据需要进行扩频处理;扩频 PN 码作为测距码实现测距;信息码同 PN 测距码之间的不平衡调制等。因此,PSK 调制解调设备,尤其是地面站的 PSK 调制解调设备需要工作在多种方式。一般地说,数据速率较低时采用 BPSK 和 QPSK,当速率较高时应采用 8PSK 以便降低符号速率,减小高速率用户终端的返向信道数量。

2. 编码技术

在带宽和功率受限的情况下,为满足数据传输的误码率要求,中继卫星系统需要采用编码增益较高的纠错编码技术。随着 Turbo 码、Polor 码和 LDPC 码技术的发展和应用,为进一步提高信道编码增益,中继卫星系统在保留 BCH、卷积、RS、

RS＋卷积级联编码等传统信道编码基础上,逐步扩大了 Turbo 码、Polor 码和 LDPC 码的使用范围。其中,LDPC 码主要适用于长帧长数据编码,Turbo 或 Polor 码主要适用于短帧长数据编码。

2.2.2　数据传输链路

在中继卫星系统数据传输体制中,由于载荷的多样性,一般采用前向数据传输链路和返回数据传输链路的概念,而不是遥测和遥控的概念。中继卫星系统的数据传输链路可以仅传输数据,也可以同时进行数据传输和测距。在仅传输数据时,若信息速率较低,则需由短伪码扩频;若信息速率较高,则不进行扩频。在同时进行数据传输和测距时,若信息速率较低,则可以直接由长伪码扩频同时进行数据传输和测距;若信息速率相对较高,也可以使用 UQPSK＋测距支路扩频的方式由不同支路进行数据传输和测距。当使用 UQPSK 调制时,测距支路与数据传输支路的功率比需要限制在一定范围内,因此数据传输支路传输速率也不能太高。

中继卫星系统一般对用户目标提供 3 种服务:Ka/Ku 频段单址业务(KSA)、S 频段单址业务(SSA)、S 频段多址业务(SMA)。KSA 为 Ka/Ku 频段单用户提供数据服务,SSA 为 S 频段的单用户提供数据服务,SMA 可为多个 S 频段用户同时提供数据服务。

1. 前向数据传输

中继卫星系统的前向数据主要用于传输航天器的遥控指令、载人航天的前向话音和图像、无人机等非航天器的前向控制数据等信息,有的用户目标将遥控数据和话音等业务数据合并为统一数据流进行前向传输。根据用户终端的能力,将用户的前向数据速率(一般为每秒一千比特～数十兆比特)分档,分别使用 SMA、SSA 和 KSA 前向链路进行传输。前向信号可以工作于两种模式:仅传输数据(无测距)、同时进行数据传输和测距。

① 当前向仅传输数据时,低信息速率(1～150 kbps)可采用 BPSK 调制,且要短伪码扩频,其信号表达式为

$$s(t) = \sqrt{2P_I}d(t)c_1(t)\cos \omega_0 t \qquad (2-10)$$

式中,ω_0 为载频,P_I 为信号功率,$d(t)$ 为遥控指令和数据,$c_1(t)$ 为前向伪码。

② 当前向仅传输数据时,较高信息速率(150 kbps 以上)可根据信息速率分别采用 BPSK、UQPSK、SQPSK、QPSK 调制,且数据不扩频。BPSK 信号表达式为

$$s(t) = \sqrt{2P_I}d_1(t)\cos \omega_0 t \qquad (2-11)$$

QPSK/UQPSK 信号表达式为

$$s(t) = \sqrt{2P_I}d_1(t)\cos \omega_0 t + \sqrt{2P_Q}d_Q(t)\sin \omega_0 t \qquad (2-12)$$

SQPSK 信号表达式为

$$s(t) = \sqrt{2P_I}d_1(t)\cos \omega_0 t + \sqrt{2P_Q}d_Q(t-T_C/2)\sin \omega_0 t \qquad (2-13)$$

式中,ω_0 为载频,P_I 为 I 路信号功率,$d_I(t)$ 为 I 路遥控指令和数据,P_Q 为 Q 路信号功率,$d_Q(t)$ 为 Q 路遥控指令和数据。当 BPSK 调制时,遥控指令和数据在 I 路传送;当 UQPSK/SQPSK/QPSK 调制时,遥控指令和数据分别在 I 路和 Q 路传送。在式(2-12)中 I、Q 功率相等时为 QPSK 调制,不等时为 UQPSK 调制。当 SQPSK 调制时,Q 支路滞后 I 支路半个符号宽度。

③ 当前向同时进行数据传输和测距时,采用低信息速率(150 kbps 以下)的 UQPSK 调制,I 支路调制数据以短伪码扩频,Q 支路仅调制长伪码序列,其信号表达式为

$$s(t) = \sqrt{2P_I}\,d_I(t)c_I(t)\cos\omega_0 t + \sqrt{2P_Q}\,c_Q(t)\sin\omega_0 t \qquad (2-14)$$

式中,ω_0 为载频,P_I 为 I 路功率,P_Q 为 Q 路功率,$d_I(t)$ 为 I 路遥控指令和数据,$c_I(t)$ 为遥控指令扩频码,$c_Q(t)$ 为测距码。I、Q 支路功率比可选。

2. 返向数据传输

中继卫星系统的返向数据主要用于传输航天器的遥测信息、载人航天的返向话音和图像、无人机等非航天器的返向数据等信息,有的用户目标将平台遥测数据和业务数据合并为统一数据流进行返向传输。返向链路需传送的信号种类较多,速率也涵盖了低、中、高各种速率,将返向数据速率(一般为每秒一千比特~数百兆比特)分档,分别使用 SMA、SSA 和 KSA 返向链路进行传输。如果用户终端使用 S 频段,而且终端性能满足使用 SMA 返向链路的条件,多采用 SMA 返向链路传输。

① 当返向仅传输数据时,低信息速率(1~150 kbps)可采用 BPSK 调制,且要短伪码扩频。其信号表达式参见式(2-10),区别仅在于下行信号加调的信息为遥测、话音、图像等数据。较高信息速率(150 kbps 以上),根据信息速率分别采用 BPSK、SQPSK、QPSK、UQPSK 和 8PSK 调制等,且数据不扩频。其中,BPSK、SQPSK、QPSK、UQPSK 调制的信号表达式分别参见式(2-11)、式(2-12)、式(2-13),区别仅在于下行信号加调的信息为遥测、话音、图像等数据;8PSK 调制的信号表达式为

$$s(t) = \sqrt{2P}\cos(\omega_0 t + \phi_k), \qquad \phi_k \in \left\{ \frac{2\pi}{M}(m-1) \mid m = 1, 2 \cdots, 8 \right\} \qquad (2-15)$$

式中,ω_0 为载频,P 为信号功率,ϕ_k 为调制相位。8PSK 调制有 8 种调制相位,调制相位由下行信号加调的信息映射而来,用 3 比特信息来作相位映射,一共 8 种组合对应 8 个相位。BPSK、QPSK、8PSK 星座图如图 2-4 所示。

② 当返向同时进行数据传输和测距时,低信息速率(150 kbps 以下)可采用 BPSK 调制,且对下行传输的数据进行扩频,信号表达式参见式(2-10),区别在于扩频码选择长伪码,可以利用长周期码进行测距。较高信息速率(150 kbps 以上)采用 UQPSK 调制,I 支路调制长伪码序列和速率小于 150 kbps 的数据,Q 支路仅调制 150 kbps 以上数据,信号表达式为

$$s(t) = \sqrt{2P_I}\,d_I(t)c_I(t)\cos\omega_0 t + \sqrt{2P_Q}\,d_Q(t)\sin\omega_0 t \qquad (2-16)$$

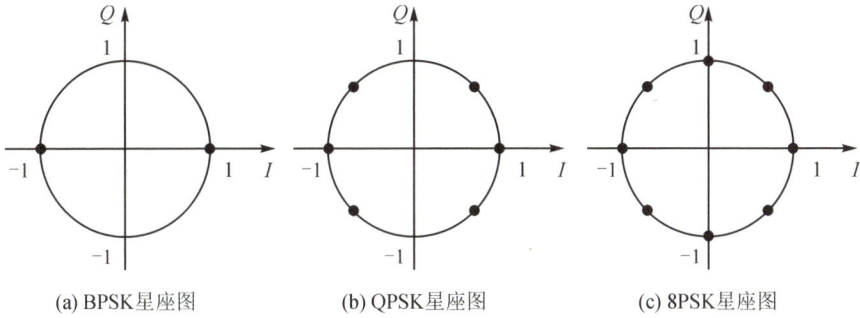

(a) BPSK星座图　　　　(b) QPSK星座图　　　　(c) 8PSK星座图

图 2 - 4　BPSK、QPSK、8PSK 星座图

式中，ω_0 为载频，P_I 为 I 路功率，P_Q 为 Q 路功率，$d_I(t)$ 为 I 路下行数据，$c_I(t)$ 为遥控指令扩频码，$c_Q(t)$ 为 Q 路下行数据。I、Q 支路功率比可选。

3. 用户目标测距

中继卫星系统的用户目标测距原理与多站测距原理相同，均采用相干扩频测距原理，其测距数据可用于中继卫星和用户目标联合定轨。中继卫星系统数据传输体制根据用户需求设计了 KSA、SSA 和 SMA 等模式，可在数据传输规范框架下设计不同的测距模式和参数。

当需要进行用户目标测距时，中继卫星系统可在部分数据传输模式下，利用中低速数传的 SSA/SMA/KSA 前、返向数传信号同时完成。用户目标测距流程为：首先地面站发送前向信号（包含测距长码）至中继卫星，并由中继卫星转发至用户目标，然后用户目标将相干转发后的测距码和数传信号一起发送至中继卫星，并由中继卫星再将返向信号发送至地面站。地面站根据收发长码的时延，可以计算出地面-中继卫星-用户目标的双向四程距离。

4. 传输链路指标

（1）信息速率

中继卫星链路的传输能力与中继卫星星间链路天线和用户终端天线大小、两端发射机功率大小有关。对于返向数据速率高于中继卫星系统最高传输速率的需求，用户端可采用更高的数据压缩比或"快存缓放"方式解决高速数传问题。对于低于中继卫星系统最低传输速率的甚低速率信息，用户一端或中继卫星系统需要先将速率适配到最低速率以上，再进入中继卫星信道传输。

（2）扩频方式

当中继卫星系统传输数据信息速率低于 150 kbps 时，为满足 ITU 对载波辐射密度的限制性要求，需要将中继卫星发出的大功率信号进行频谱扩展，即将能量扩散到较宽的频带内，以降低信号功率谱密度。因此，中继卫星系统前、返向链路广泛采用扩频技术。

（3）信道误码率

中继卫星系统的大部分用户要求返向遥测的误码率优于 $1×10^{-5}$，运载火箭上面级要求返向遥测误码率优于 $1×10^{-4}$，而对于前向遥控和返向非压缩应用数据的误码率优于 $1×10^{-6}$，返向压缩数据的误码率优于 $1×10^{-7}$。

信道误码率与用户终端、中继卫星以及地面终端站的性能都有关系，需要链路各环节共同配合。在具体用户型号链路预算中，可以结合具体情况选择合适的纠错编码方式，进一步降低信道误码率。

2.3　业务接入体制与通信协议

针对空间数据与信息传输系统，作为国际标准制定者的 CCSDS 先后提出了常规在轨数据系统协议（COS）、高级在轨数据系统协议（AOS）、临近空间飞行器协议（Proximity-1）、统一空间数据链路协议（USLP），中继卫星系统涉及除临近空间飞行器协议外的 3 种协议。

中继卫星系统信息传输技术规范是中继卫星系统正常工作的基础，其应该清晰、完整、高效，并符合空间数据与信息传输系统相关规定和建议。参照 CCSDS 建议的空间链路协议，中继卫星系统信息传输技术规范明确了空间链路协议分为物理层、数据链路层、网络层、传输层和应用层 5 层。

由于中继卫星转发器一般为透明转发器，即只进行频率和极化变化，因此中继卫星系统主要进行物理层（包括射频子层和内码编码与调制子层）和数据链路层（包括外码编码与同步子层和数据链路协议子层）的操作和处理。相关操作和处理主要在地面完成，其中，中继卫星地面终端站主要完成物理层的功能以及数据链路层中的外码编码与同步子层的功能，数据链路协议子层的部分功能可在地面接口设备和中继卫星运控中心实现。在实际工程应用中，可参照 CCSDS 建议另文统一对物理层的全部内容和要求以及数据链路层的有关内容和要求进行描述；若需要网络层、传输层等高层协议的内容，可在相关接口控制文件中约定。

2.3.1　常规在轨数据系统协议及在中继卫星系统中的应用

常规在轨数据系统协议是 CCSDS 最早提出的空间数据系统标准，核心是分包遥控和分包遥测。由于常规在轨数据系统协议提出的目的是为了改善传统 PCM 遥测的固定编排局限性，聚焦于航天器中多种数据源的灵活处理，故其主要适用于中低速的数据传输。

CCSDS 分包遥控和分包遥测均采用分层结构，包括遥测源包生成分配/遥控包装层、遥测组合分路/遥控分段层、传送层、信道编码层和物理层。其中，遥测源包生成分配/遥控包装层、遥测组合分路/遥控分段层属于高层协议,中继卫星系统只负责处理传送层、信道编码层和物理层。传送层是分包遥控和分包遥测的核心,提供可靠传输遥控或遥测数据的重要操作,具有固定长度的帧主导头、可变长度的数据域、可选的操作控制/差错控制,分包遥测支持帧副导头。

CCSDS 分包遥控协议设计了遥控数据和控制命令格式,并可以结合捕获序列/空闲序列控制进行灵活发令,因此被中继卫星系统采用。但由于高级在轨数据系统协议的兼容性,用于分包遥控指令地-星-地闭环的通信链路控制字可以由 AOS 帧虚拟信道数据单元的操作控制域传输,为了简化系统设计,中继卫星系统一般不采用 CCSDS 分包遥测。CCSDS COS 分包遥控帧结构如图 2-5 所示。

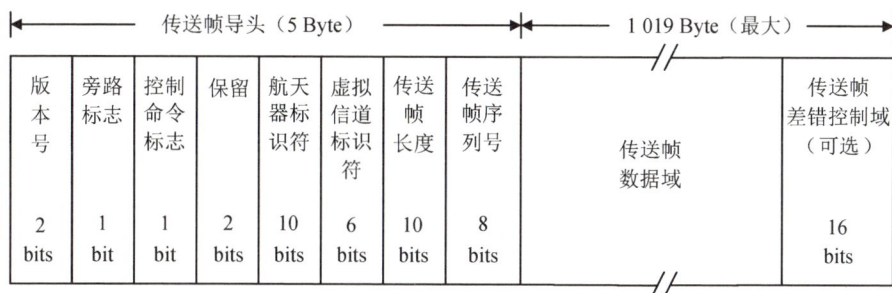

版本号	旁路标志	控制命令标志	保留	航天器标识符	虚拟信道标识符	传送帧长度	传送帧序列号	传送帧数据域	传送帧差错控制域(可选)
2 bits	1 bit	1 bit	2 bits	10 bits	6 bits	10 bits	8 bits		16 bits

传送帧导头(5 Byte) ／ 1 019 Byte(最大)

图 2-5　CCSDS COS 分包遥控帧结构

CCSDS COS 分包遥控帧各字段的定义如下:

① 版本号:目前设为"00"。

② 旁路标志:该字段与通信操作过程(COP)有关,该字段为"0"时,表示该传送帧进行 COP 操作,其传送帧序列编号有效;该字段为"1"时,表示该传送帧不进行 COP 操作,其传送帧序列编号为全"0"。

③ 控制命令标志:该字段与 COP 操作有关,该字段为"0"时,表示该传送帧数据域内传送的是遥控帧数据单元;该字段为"1"时,表示该传送帧数据域内传送的是控制信息。

④ 保留:目前设为"00"。

⑤ 航天器标识符(SCID):用于标识该传送帧所属的航天器。

⑥ 虚拟信道标识符(VCID):用于标识该传送帧所属的虚拟信道。

⑦ 传送帧长度:定义为传送帧导头第 1 个比特开始到传送帧差错控制最后 1 个比特(如果选用了差错控制)或传送帧数据域最后 1 个比特(如果未选用差错控制)的字节数。该字段内填充值为传送帧长度值减 1。传送帧长度可变,但最大不超过 1 024 Byte。

⑧ 传送帧序列号:该字段为 VCID 所标识的虚拟信道内所有旁路标志为"0"的传送帧编号,数值为 $0 \sim 2^8 - 1$;对于旁路标志为"1"的传送帧,该字段设为全"0"。

⑨ 传送帧数据域:该字段承载用户数据。

⑩ 传送帧差错控制域:通过使用 CRC$(n,n-16)$校验,检测传送帧中的错误。该字段为可选项,生成域不包括本差错控制域的整个传送帧,也不包括起始序列和结尾序列。CRC$(n,n-16)$编码生成多项式为 $x^{16}+x^{12}+x^5+1$,初始状态每个传送帧均为全"1"状态。

2.3.2　高级在轨数据系统协议及在中继卫星系统中的应用

高级在轨数据系统协议是 CCSDS 在常规在轨数据系统基础上提出的改进标准,支持更广泛的业务类型,并能够兼容常规在轨数据系统协议,例如,中继卫星系统用户目标可以选择 COS 分包遥控与 AOS 返向数据的组合。为实现多种业务共用信道,高级在轨数据系统协议提供了不同的传输机制、用户数据格式协议和不同等级的差错控制。

CCSDS AOS 帧由同步字、传送帧或带有 RS 校验符的编码传送帧构成,如图 2 - 6 所示。为了实现简单和可靠的同步,在服务支持期间对于同一物理信道,帧长度为固定值。

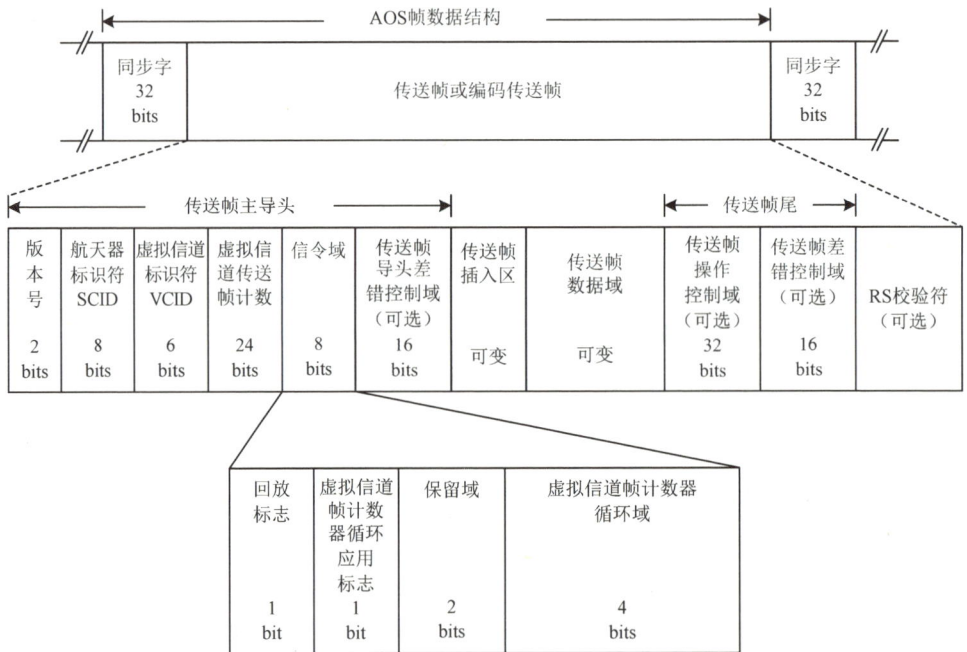

图 2 - 6　CCSDS AOS 帧结构

CCSDS AOS 帧结构包括:

① 同步字:在已加扰或未加扰的传送帧或编码传送帧前附加同步字,以利于接收端实现帧同步。同步字长度为 32 bits 或 64 bits。

② 传送帧或编码传送帧,其各字段定义如下:

(a) 版本号:目前为"01"。

(b) 航天器标识符(SCID):用于标识该传送帧所属的航天器,复杂航天器可能会被分配多个 SCID。

(c) 虚拟信道标识符(VCID):用于标识在 SCID 限制下传送帧所属的虚拟信道。当 VCID 为全"0"时,表明仅使用了一条虚拟信道;当 VCID 为全"1"时,表明该虚拟信道传送的是填充数据。

(d) 虚拟信道传送帧计数:为每个虚拟信道(含填充帧信道)上产生的传送帧按顺序编号,数值为 $0 \sim 2^{24}-1$。

(e) 信令域:信令域有 8 bits,依次为回放标志 1 bit、虚拟信道帧计数器循环应用标志 1 bit、保留域 2 bit 和虚拟信道帧计数器循环域 4 bits。当回放标志为"0"时,表明该传送帧为实时数据;回放标志为"1"时,表明该传送帧为重放数据。当虚拟信道帧计数器循环应用标志为"0"时,表明虚拟信道帧计数器循环域没有使用,并被接收者忽略;当虚拟信道帧计数器循环应用标志为"1"时,表明虚拟信道帧计数器循环域被使用,并被接收者所承认。保留域为未来应用保留,目前将其设置为"00"。如果使用虚拟信道帧计数器循环域,则当虚拟信道帧计数器每次恢复到"0"时,虚拟信道帧计数器循环域将增加;如果不使用虚拟信道帧计数器循环域,则该域设置为"0000"。

(f) 传送帧导头差错控制域:使用 RS(10,6)码为传送帧导头提供保护,该项是可选的。

(g) 传送帧插入区:用于实现插入业务,其长度必须为字节的整数倍。插入区的设置以及插入区的大小为可选,若一旦选定,则所有传送帧都必须包含该域。

(h) 传送帧数据域:该字段承载用户数据。

(i) 传送帧操作控制域:该字段是否选用依 VCID 而定,若一旦选定,则相应虚拟信道的所有传送帧都必须包含该域。对于高速率数据传输,可利用传送帧操作控制域传输用户终端状态报告和链路状态报告,传送帧操作控制域结构如图 2-7 所示,其中,第 1 个字节为终端状态标志,第 2 个字节为链路状态标志,可根据有效数据开始发送的启动方式进行选择。

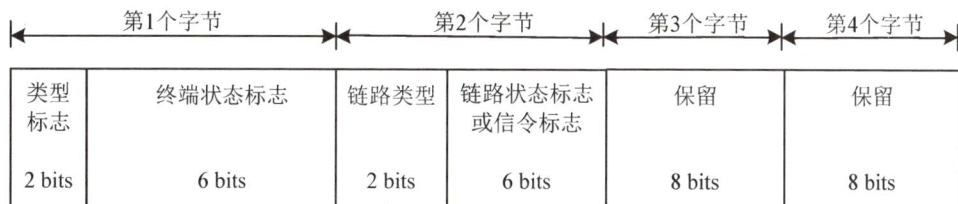

第1个字节		第2个字节		第3个字节	第4个字节
类型标志	终端状态标志	链路类型	链路状态标志或信令标志	保留	保留
2 bits	6 bits	2 bits	6 bits	8 bits	8 bits

图 2-7 传送帧操作控制域结构

(j) 传送帧差错控制域:通过使用 CRC($n,n-16$)检测传送帧中的错误。CRC($n,n-16$)校验是可选的,但如果没有使用 RS 编码,则应选择 CRC($n,n-16$)校验。

CRC(n,$n-16$)编码生成多项式为$x^{16}+x^{12}+x^5+1$。

（k）RS 校验符：RS 编码是可选的。当使用 RS 编码作为外码编码时，在传送帧的末端附加"RS 校验符"，构成编码传送帧。

2.3.3 统一空间数据链路协议及在中继卫星系统中的应用

在数据链路协议子层，除了 COS 链路协议、AOS 链路协议外，CCSDS 还开发了用于临近空间飞行器的 Proximity-1 协议，应用于不同的业务场景。随着在轨航天器数量激增和数据交互的增加，这些协议出现格式功能受限、传输帧长和帧计数位数不足、用户自定义空间数据链路协议成本高昂等问题。为了统一数据链路协议子层标准，CCSDS 于 2021 年发布了《统一空间数据链路协议（Unified Space Data Link Protocol，USLP）》CCSDS 732.1-B-2 蓝皮书，在现有数据链路子层标准基础上提供附加选项，以满足任务定制需求。

与 COS、AOS、Proximity-1 数据链路标准协议不同，USLP 协议使用更加灵活，能够覆盖从低速到高速的各种业务场景。USLP 协议在中继卫星系统中暂时没有应用案例，但已有部分用户开展了应用研究，后续可通过运控系统升级改造实现对其的支持。USLP 帧结构中的传输帧插入域、操作控制域、帧差错控制域的定义保持不变，采用了重新设计的 4~14 Byte 可变传输帧主导头，以及包含导头和数据区的传输帧数据域，如图 2-8 所示。

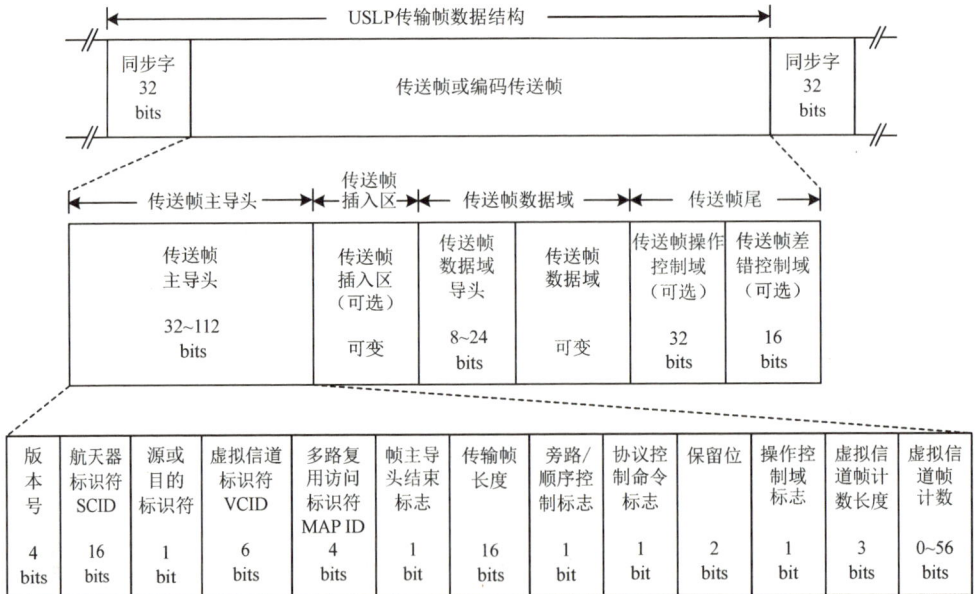

图 2-8 CCSDS USLP 帧结构

USLP 协议通过分层定义数据服务，在最上层的多路复用访问信道中支持多路复用访问数据包(Multiplexer Access Point Packet,MAPP)、多路复用访问接入服务数据单元(Multiplexer Access Point Access Service Data Unit,MAPA_SDU)、多路复用访问(MAP)字节流;在第二层的虚拟信道中支持由多路复用访问信道数据或单路信道数据形成的 USLP 传输帧,以及操作控制域;在第三层的主信道中支持虚拟信道调度形成的主信道 USLP 传输帧;最下层的物理信道除支持主信道 USLP 传输帧外,也支持插入用户自定义的定长传输帧。由于 USLP 协议要求整字节对齐,因此使用 MAP 字节流服务代替了 AOS 帧的比特流服务。

传输帧主导头可以通过帧主导头结束标志控制是否截断,如果截断则传输帧主导头只包括前 6 个连续字段,如果不截断则包括完整的 13 个字段。通过该选项,USLP 协议既可用于传输较短帧的长遥控指令,也可用于传输较长帧的长数据。

CCSDS USLP 帧结构包括:

① 同步字:与 AOS 帧定义相同。

② 传送帧主导头各字段定义如下:

(a) 版本号:目前为"1100"。

(b) 航天器标识符(SCID):用于标识该传送帧所属的航天器,USLP 传输帧 SCID 位数扩展为 16 位,以满足更多航天器独立标识需求。

(c) 源或目的标识符:用于标识传输帧 SCID 与携带数据的关系,"0"表示 SCID 为传输帧的源,"1"表示 SCID 为传输帧的目的。

(d) 虚拟信道标识符(VCID):用于标识在 SCID 限制下传送帧所属的虚拟信道。当 VCID 为全"0"时,表明仅使用了一条虚拟信道;当 VCID 为全"1"时,表明该虚拟信道传送的是填充数据。

(e) 多路复用访问标识符(MAPID):对于每一个虚拟信道,MAPID 提供最多 16 个信道标识空间。

(f) 帧主导头结束标志:"0"表示传输帧主导头未截断,"1"表示传输帧主导头被截断。

(g) 传输帧长度:支持定长和变长传输,表示传输帧总字节数减 1。

(h) 旁路/顺序控制标志:指示接收端对该传输帧的符合性检查要求,"0"表示顺序帧,"1"表示快速传输帧,快速传输帧可以绕过帧符合性检查。

(i) 协议控制命令标志:表示传输帧数据域是协议控制命令还是用户数据,"0"表示用户数据,"1"表示协议控制命令。

(j) 保留位:固定为"00"。

(k) 操作控制域标志:表示是否存在操作控制域,"0"表示不存在,"1"表示存在。

(l) 虚拟信道帧(Virtual Channel Frame)计数长度:定义虚拟信道帧计数的长度,可灵活使用不同计数需求。每个虚拟信道维护一个计数长度;对于给定的虚拟信道,计数长度不变。

(m) 虚拟信道帧计数:为每个虚拟信道上产生的传送帧按顺序编号,最大计数取决于计数长度取值。

③ 传送帧插入区:与 AOS 帧定义相同。

④ 传送帧数据域(TFDF)各字段定义如下:

(a) 传送帧数据域导头:表示所承载的传送帧数据域的服务类型、格式规范、定界规则。3 bits 的传送帧数据域构造规则为必选,用于确定选用的上层协议数据单元组织规则。5 bits 的传输帧协议标识符为必选,标识 CCSDS 协议或数据类型。16 bits 的首导头/最后一个有效字节指针为可选,用于定长传输帧中 MAPP 或 MAPA_SDU 数据类型的定界。

(b) 传送帧数据域:承载用户数据,包括 MAPP、MAPA_SDU、MAP 字节流 3 种应用数据类型。应用数据需要根据数据类型组合关系、定长或变长、起始和接续关系,形成 8 种上层协议数据单元组织规则。

⑤ 传送帧尾各字段定义如下:

(a) 传送帧操作控制域:与 AOS 帧定义相同。

(b) 传送帧差错控制域:与 AOS 帧定义相同。

2.3.4 用户自定义帧数据结构及在中继卫星系统中的应用

CCSDS 的 COS 和 AOS 协议功能强大但较为复杂,部分载荷简单的用户需要使用更简洁的协议。用户自定义帧是一种自定义数据结构,由自定义传送帧或带有 RS 校验符的自定义编码传送帧组成。为了实现简单和可靠同步,在服务支持期间对于同一物理信道,帧长度为固定值。完整的用户自定义帧数据结构如图 2-9 所示。

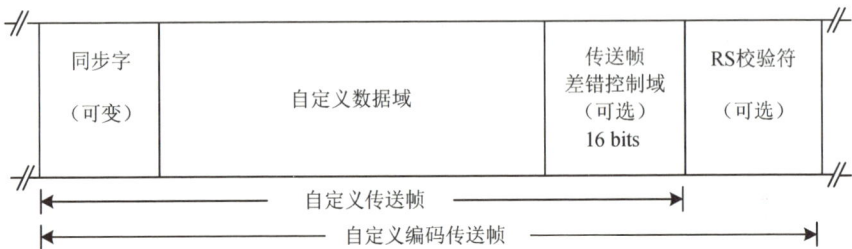

图 2-9 用户自定义帧数据结构

用户自定义帧数据结构各字段定义如下:

① 同步字:在已加扰或未加扰的自定义传送帧或自定义编码传送帧前附加同步字,以利于接收端实现帧同步。同步字长度可变。

② 自定义数据域:该字段承载自定义的用户数据或其他格式的数据。

③ 传送帧差错控制域:通过使用 CRC($n,n-16$)检测自定义传送帧中的错误。该项为可选项,但如果没有使用 RS 编码,则应选择 CRC($n,n-16$)校验。CRC($n,n-16$)编码生成多项式 $x^{16}+x^{12}+x^5+1$。其定义同 AOS 协议。

④ RS 校验符:对整个自定义传送帧使用 RS 编码,该项为可选项。其定义同 AOS 协议。

2.3.5　中继卫星系统中应用的其他协议

CCSDS 提出的空间数据系统标准主要适用于资源预分配情况下的通信,对中继卫星系统 SMA 链路的应急业务随遇接入和低优先级业务按需发送等需求支持不足,需要开发适用的低速率短报文协议。

短报文发送遵循按需发送原则,没有预分配的固定信道和捕获/空闲序列。因此低速率短报文协议同步段除设置常规帧同步字外,还需要添加一定长度的链路同步码,用于对短报文的捕获与同步;信息段为简化设置,帧长为 $1\sim n$ 个固定长度码块,也不包括插入区和操作控制域。

为适应短报文按需发送,低速率短报文协议信息段帧导头需要包括入网鉴权信息和报文生命周期。与中继卫星系统常规用户不同,SMA 短报文用户目标与用户中心之间并没有建立点对点的专用链路,多个 SMA 短报文用户目标的信息会被同步接收,需要在运控中心完成鉴权后转发至相应用户中心。在信息传输过程中,为避免出现网络拥塞,需要建立报文生命周期处理机制。

参考文献

[1] 冯超英,邓晓平,马路娟.低速非相干扩频信号的快速同步方法研究[J].无线电工程,2017, 47(2):20-22.

[2] 张谦,侯鹰.一种适合于非相干直扩信号捕获的方法[J].无线电通信技术,2006, 32(5):48-50.

[3] 赵春燕,崔嵬.一种可克服非相干数据影响的直扩信号捕获算法[J].电子学报,2011,39(7):1491-1496.

[4] ETSI EN 301 926 V1.3.1, Satellite Earth Stations and Systems (SES); radio frequency and modulation standard for Telemetry, Command and Ranging (TCR) of communications satellites[S]. Sophia Antipolis: ETSI, 2017.

[5] ETSI TR 103 956 V1.1.1, Satellite Earth Stations and Systems (SES); technica l analysis for the radio freque ncy, modulation and coding for Telemetry Command and Ranging (TCR) of communications satellites[S]. Sophia Antipolis: ETSI, 2018.

[6] CCSDS 231.0-B-2, TC synchronization and channel coding[S]. Washington D. C.: CCSDS, 2010.

[7] CCSDS 131.0-B-2, TM synchronization and channel coding[S]. Washington

D. C. : CCSDS，2011.

[8] 吴有杏，房新兵，丛波，等. 航天扩频测控系统中非相干伪码测距跳值问题分析及对策[J]. 电讯技术，2008，48(11)：56-59.

[9] 陈霞. 非相干扩频测量体制应答机的测距数据处理[J]. 电讯技术，2017，57(2)：157-160.

[10] CCSDS 701. 0-B-3，Advanced orbiting systems，networks and data links：architectural specification[S]. Washington D. C. ：CCSDS，2001.

[11] CCSDS 732. 1-B-2，Unified Space Data Link Protocol，USLP[S]. Washington D. C. ：CCSDS，2021.

第 3 章

中继卫星系统链路传输特性

在中继卫星系统设计与性能分析中,需要考虑设备传输特性、电波传输特性和链路指向控制的特性影响,以及大气对地面站/近地用户目标与中继卫星之间无线电传播的影响,同时结合中继卫星系统空间目标相对运动、指向误差、信号多径传播、设备传输失真等因素影响,这些影响会使传输信号振幅、相位、极化和到达角发生复杂的变化,从而导致中继信号传输质量降低。

3.1 中继卫星系统链路组成与传输特性

3.1.1 中继卫星系统链路组成

中继卫星系统链路指用户目标-中继卫星-地面站-运控中心-用户中心("星-星-地-地")的全程链路,其中,地面站-运控中心-用户中心链路为地面链路,用户目标-中继卫星-地面站链路为"星-星-地"空间链路。

地面链路设备包括光电传输设备、网络交换设备、服务器及应用软件等,通过操作建立地面站、运控中心与用户中心之间传输链路,并传输和处理数据信息。在设备正常情况下,地面链路可以无损传输或仅产生指标范围内的误码,不会对数据信息传输造成影响。

空间链路受到中继卫星系统设备传输特性、电波传输特性、链路控制指向特性等多种因素影响,根据用户目标差异具有不同特点,需要详细分析其传输特性。空间链路包括星地链路和星间链路:星地链路指中继卫星与地面站之间的双向通信链路;星间链路指中继卫星与用户目标之间的双向通信链路。星地链路固定穿过大气层,星间链路根据用户目标不同可能穿过大气层,也可能不穿过大气层。

1. 星地链路

中继卫星系统星地链路用于地面站与中继卫星之间的双向通信,传输信息包括测控、测距和数传信息,以及星地一体化设备频率基准等。中继卫星星地链路天线一般设计为只能在一个或多个预定轨道位置上建立与地面站的通信链路,而地面站天线则可以设计为全动天线,支持有效可视范围内中继卫星在轨运行管理。中继卫星星地链路天线和地面站天线均尽量采用大口径设计,以完成星地高速数据传输。星地链路为持续连接方式,固定穿越大气层,需要分析大气环境对信号传输的影响,并采取合适的应对措施。

星地链路正常情况下使用 Ka/Ku 等频率较高的微波链路或激光链路,一方面采用窄波束可避免干扰,另一方面能够保证多路高速传输所需的带宽。当出现链路受扰、卫星姿态异常等情况时,星地测控链路使用 S/C 等频率较低的微波链路,并采用准全向天线形成宽波束以利于捕获。

根据工程经验,线极化对收发极化夹角的变化敏感,且要求控制精度高,而圆极化对收发极化夹角不敏感,且要求控制精度相对较低。因此,对于有高速数传业务需求的中继卫星系统而言,星地链路天线通常采用线极化。此外,为避免卫星运动带来的去极化问题,S/C 频段测控天线采用圆极化。

2. 星间链路

中继卫星系统星间链路包括中继卫星与用户目标之间的星间链路和中继卫星与中继卫星之间的星间链路,前者是其基本构成要素,后者是其发展方向。中继卫星与用户目标之间的星间链路用于用户目标与中继卫星之间的双向通信,解决了全球大范围数据传输的难题。中继卫星与中继卫星之间的星间链路用于实现中继卫星星座的通信和协同,解决了全球布站的不可控性问题,形成了统一的天地一体化管控体制。

中继卫星与用户目标之间的星间链路一般采用 Ka/Ku 频段和 S 频段,根据具体目标速率和捕获需求选用。中继卫星运控中心根据中继卫星和用户目标位置进行控制参数计算,当用户目标出现在中继卫星星间链路天线视场内时,通过地面站控制中继卫星星间链路天线完成对用户目标的捕获跟踪。用户中心根据中继卫星和自身的相对位置进行控制参数计算,控制用户目标的中继终端天线捕获跟踪中继卫星,而中继卫星可以通过星间信标天线发射宽波束的信标信号辅助用户目标捕获中继卫星。由于圆极化对运动目标的极化匹配性好,因此用于跟踪用户目标的中继卫星星间天线通常采用圆极化。

中继卫星之间的星间链路应采用 Ka/Ku 频段微波链路或激光链路,以满足高速数传要求。中继卫星之间的星间链路,可以根据链接种类不同采用持续连接方式或间接连接方式,并由中继卫星运控中心通过地面站进行链路捕获、建立、释放等控制操作。

3.1.2 中继卫星系统链路传输特性

中继卫星系统地面链路一般不会对信息传输造成影响,其链路状态通常采用信道误码率指标进行评价。中继卫星系统空间链路受到设备传输特性、电波传输特性、链路指向控制特性等的影响,有不同的评价方式。

1. 设备传输特性

与中继卫星系统链路性能相关的设备传输特性包括用户终端、中继卫星转发器以及地面站设备的幅度-频率、群时延、相位噪声、AM/PM 变换等,最终反映为数传终端设备信号处理中解调门限的上升。

在仿真分析和工程应用中,通常用解调损失来衡量设备传输特性的优劣。在不同信道条件下进行目标误码率测试(根据传输信息不同,误码率一般要求为 $1 \times 10^{-7} \sim 1 \times 10^{-5}$),当误码率相同时,仿真条件/实际条件与理想条件下的解调门限差值即为解调损失。由于不同调制和编码条件下的解调损失不同,因此可以使用常用的几种调制与编码组合来进行测试分析。

2. 电波传输特性

无线信道的电波传播模型分为大尺度传播模型和小尺度传播模型。大尺度传播模型用来描述大尺度距离上(一般为满足远场条件)的信号强度变化,常用来估计有效通信距离;小尺度传播模型主要用来描述非常短的距离(几个波长)或非常短的时间间隔(秒级)内接收信号强度的快速变化。

对于中继卫星系统,大尺度传播模型指传播路径损耗模型,主要影响全程链路预算设计。当中继卫星空间链路穿越大气层时,除计算自由空间损耗外,还必须考虑传播路径上电离层(距地面 15~400 km 区域)自由电子和离子的吸收,以及对流层(距地面 15 km 以下区域)氧分子、水蒸气分子和云、雾、雨雪等吸收和散射引起的损耗。对于地面站-中继卫星指向关系相对固定的星地链路,大气损耗一般采用统计方法给出具体地理位置的大气损耗——可能性关系。对于中继卫星-用户目标指向关系动态变化的星间链路,需要根据使用场景确定其大气损耗。通过链路预算可以估算出对某个用户目标的中继卫星系统可用性,例如,若地面站-中继卫星传输链路大气损耗为 10 dB 的可能性为 1%,而此时链路预算指标恰好可满足系统误码率要求,则对该目标的中继卫星系统可用性为 99%。

小尺度传播模型会带来多普勒效应和多径效应,从而影响接收终端的捕获性能,并引入幅度和相位失真。对于多普勒效应,终端解调需要能够适应系统工作的多普勒范围,在测试时要在指标要求的频率偏移和多普勒变化率条件下进行。对于多径效应引入的幅度和相位失真,最终反映为终端信号处理中解调门限的上升,可通过解调损失变化来评价。

3. 链路指向控制特性

中继卫星系统空间链路指向控制特性指地面站、中继卫星、用户目标等无线传输节点之间的天线指向控制特性,主要包括星地链路指向控制和星间链路指向控制。链路指向控制特性主要影响链路可用性,一是天线跟踪误差和收发极化误差会造成信号强度损失,二是系统极化隔离度不足会导致极化复用情况下信噪比恶化,其影响可通过链路预算推算系统可用性的方式来评价。

天线跟踪误差导致的信号强度损失，常用波束偏离中心点误差范围来衡量。无论采用何种跟踪方式均会有天线跟踪误差，通用的跟踪精度要求为优于 $0.2\theta_{3\,dB}$（$\theta_{3\,dB}$即 EIRP 下降 3 dB 对应的波束宽度）。收发极化误差导致的信号强度损失，对于线极化采用交叉极化隔离度衡量，对于圆极化采用轴比衡量。中继卫星系统星地链路相对固定，采用线极化精度更高，并可实现水平和垂直极化复用，系统交叉极化隔离度一般在 30 dB 以上。中继卫星系统星间链路动态性强，采用圆极化更利于用户目标捕获，较大口径天线圆极化轴比一般要求优于 2 dB，小口径天线圆极化轴比一般要求优于 3 dB。对于同频极化复用系统的极化干扰，需要结合传输速率等具体任务设计进行分析。

3.2 中继卫星系统设备传输特性

中继卫星系统设备包括中继卫星、地面站和用户目标的设备，因为它们特性的变化小而缓慢，所以可以当作为恒参信道看待。恒参信道实质是一个非时变线性网络，其传输特性通常用幅度-频率特性和相位-幅度特性来描述，具体类型可以划分为线性失真、非线性失真、相位噪声及其他失真。

当发生线性失真时，虽然输出信号在幅度和相位上与输入信号相比有一定程度的变化，但输出信号中不会有输入信号中所没有的新频率分量，各个频率的输出波形也不会变化。这种幅度变化和相位变化主要是由滤波器等无源器件中的线性电抗元件引起的，表现为设备输出信号幅度变化特性和相位变化特性对不同频率输入信号的响应不同，因此又被称为频率失真。有无线性失真对比如图 3-1 所示。

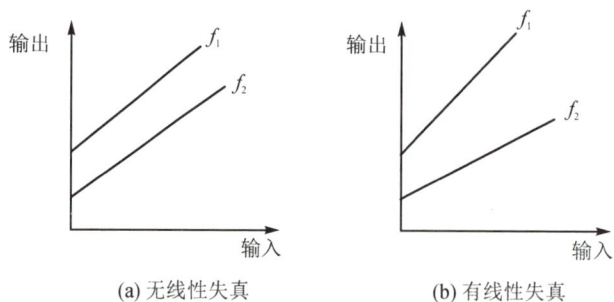

(a) 无线性失真   (b) 有线性失真

图 3-1 有无线性失真对比图

根据傅里叶分析，任何一个周期信号都可以分解为直流分量、基波分量和多阶次谐波分量的加权。如果传输链路出现线性失真，则链路对不同频率分量信号的增益不同，各次谐波分量的幅度将发生改变，加权后将不能真实地反应原信号的特性，这种线性失真特性被称为幅度失真。此外，信号通过线性失真传输链路后各谐波分量将产生不同的时间延迟，表现为各谐波分量产生不同的相移，这种线性失真特性被称为相位失真。

非线性失真是指当信号通过信道时,其输出信号与输入信号不成线性关系。非线性失真也被称为波形失真或谐波失真,表现为输出与输入信号不成线性关系,输出信号中产生了新的谐波分量,改变了输入信号的频谱。例如,在基波频率的整数倍频率上,会有激励产生的谐波,需要通过频率设计和带外滤波来消除或降低其干扰。

非线性失真的来源是信道中存在的非线性元器件,在中继卫星系统设备中,非线性失真主要由功率放大器中的行波管产生,主要包括群时延畸变失真、调幅调相失真和交调失真等。

① 群时延畸变失真与使用群时延表征的线性相位失真不同,是由于滤波器等器件对不同信号响应不同,并附加了群时延波动,而难以通过线性网络消除。

② 调幅调相失真主要包括饱和失真和截止失真,饱和失真是当设备参数选择不当、静态工作点比较高时,电路工作在特性曲线饱和区产生的失真;截止失真是当静态工作点比较低时,电路工作在特性曲线截止区产生的失真。

③ 交调失真是设备中存在两个以上输入信号,因电路增益特性非线性而造成的失真,也称之为互调失真。

这些种类的失真可能同时出现。例如,当设备参数选择合理,静态工作点处于特性曲线线性区域,但输入信号幅度过大,超出了电路动态能力时,则饱和失真和截止失真将同时出现。

3.2.1 线性失真

1. 相位–频率特性失真

设备的相位–频率特性情况可通过群时延(Group Delay)响应进行表征。群时延响应是相位–频率响应的导数,用于表示相位–频率响应的畸变程度。部分文献给出了当群信号通过系统传输时,系统的频率特性函数为

$$H(e^{j\omega}) = A(\omega)e^{j\Phi(\omega)} \tag{3-1}$$

式中,$A(\omega)$ 是系统的幅度–频率特性函数,$\Phi(\omega)$ 是系统的相位–频率特性函数。

群时延特性 $\tau(\omega)$ 通常定义为相位 Φ 对角频率 ω 导数的负值,即

$$\tau(\omega) = -\frac{\partial \Phi}{\partial \omega} = -\frac{1}{2\pi}\frac{\partial \Phi}{\partial f} \tag{3-2}$$

式中,负号说明系统的输出信号对其输入信号总是滞后的,如果 $\tau(\omega)$ 是一个常数,则 $\Phi(\omega)$ 与 ω 是线性关系,此时信号的不同频率部分具有相同的群时延,信号通过系统不会发生畸变。反之,如果 $\tau(\omega)$ 不为常数,则信号不同频率的部分通过系统会产生群时延畸变。

如果系统的相位–频率特性可以表示为

$$\Phi(\omega) = b_1(\omega - \omega_c) + b_2(\omega - \omega_c)^2 + b_3(\omega - \omega_c)^3 + b_4(\omega - \omega_c)^4 + \cdots$$

$$\tag{3-3}$$

式中，ω_c 为系统带宽的中心频率（如果是基带传输 $\omega_c=0$），$b_1,b_2,b_3,b_4,\cdots$ 为各次相位系数。则群时延特性可以表示为

$$\tau=-b_1-2b_2(\omega-\omega_c)-3b_3(\omega-\omega_c)^2-4b_4(\omega-\omega_c)^3+\cdots \qquad (3-4)$$

式中，第二项为线性失真，它是 $(\omega-\omega_c)$ 的线性函数；第三项与 $(\omega-\omega_c)^2$ 有关，故称之为平方律（抛物线）失真；第四项及以上高阶分量对失真贡献很小，可以忽略。

群时延的概念主要包括两方面含义：设备对群信号固有的传播时延，通常称之为绝对群时延或平均时延，一般来说分为线性群时延、抛物线群时延；由设备与传输信号非线性互作用导致的群时延，该部分群时延与信号失真有密切关系，通常称之为相对群时延或群时延波动。其中，相对群时延或群时延波动可以归为非线性失真，在后节作进一步讨论，本节主要讨论绝对群时延或平均时延。

（1）线性群时延特性

线性群时延特性用频带边缘处的失真值 d 与带宽 $B(B=\omega_H-\omega_L)$ 的比值表示，如图 3-2 所示。从图中可以看出，线性群时延特性曲线以 ω_c 为中心成奇对称。线性群时延特性定义式为

$$\tau_{gd}=\frac{d}{B} \quad \text{ns}\cdot(\text{MHz})^{-1} \qquad (3-5)$$

（2）抛物线群时延特性

抛物线群时延特性用频带边缘处失真值 d 与带宽 $B(B=\omega_H-\omega_L)$ 的平方之比来表示，如图 3-3 所示。从图中可以看出，抛物线群时延特性曲线关于 ω_c 呈偶对称。抛物线群时延特性定义式为

$$\tau_{gd}=\frac{d}{B^2} \quad \text{ns}\cdot(\text{MHz})^{-2} \qquad (3-6)$$

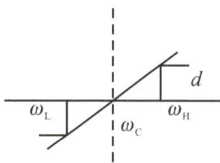

图 3-2　线性群时延特性定义　　　　图 3-3　抛物线群时延特性定义

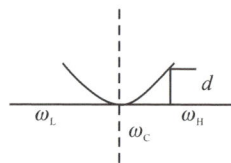

可以使用群时延均衡器对群时延频率特性进行补偿，用无源或有源网络实现。无源群时延均衡器常采用无损耗而仅有相移的 X 型全通网络来实现，其原理示意图如图 3-4 所示。图中 Z_1Z_2 均为电抗元件，且 $Z_1Z_2=R^2$，此网络的相位特性为 $\alpha=2\arctan\left(\dfrac{Z_1}{R}\right)$，群时延特性表示为

$$\tau(\omega)=\frac{d\alpha}{d\omega}=\frac{2}{R}\cdot\frac{1}{1+(Z_1/R)^2}\cdot\frac{dZ_1}{d\omega} \qquad (3-7)$$

随着技术的发展,这种模拟群时延均衡器已经逐步被数字群时延均衡器取代。

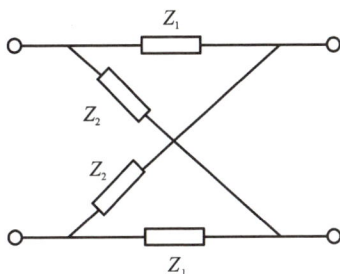

图 3－4　X 型无损耗全通网络群时延均衡器示意图

2. 幅度–频率特性失真

设备的幅度–频率特性是指系统频率响应的幅度随频率变化的曲线,根据式(3－1)定义的系统频率特性函数,系统的幅度–频率特性函数是 $A(\omega)$。在无失真传输要求的理想系统中,幅度特性与频率无关,幅度–频率特性曲线是一条水平直线,即幅度不随频率变化而下降或上升,$A(\omega)$ 为常数。但因放大、滤波、混频等多种器件本身特性以及级联匹配影响,实际信道的幅度–频率特性曲线呈现出凹凸变化,$A(\omega)$ 不为常数。由于滤波器对通道幅度–频率特性影响最大,因此在系统设计时需重点关注滤波器的相位–频率特性、幅度–频率特性情况。

在实际工程中,可通过插入损耗(Insertion Loss)表征设备的幅度–频率特性,一个典型低频窄带信道的插入损耗–频率特性示意图如图 3－5 所示。

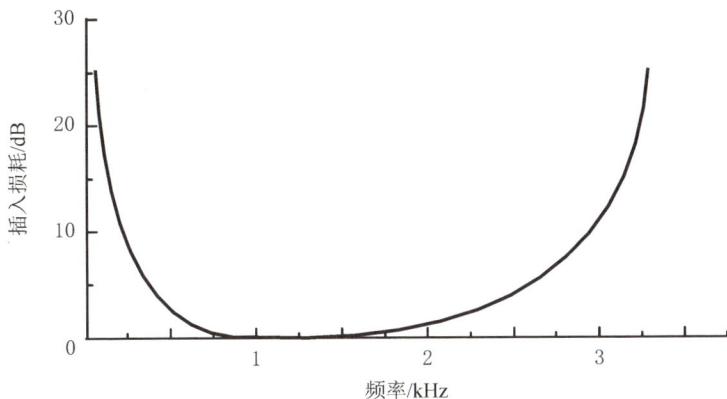

图 3－5　典型低频窄带信道插入损耗–频率特性示意图

为改善实际信道的幅度–频率特性曲线,中继卫星系统采用幅度均衡设备来补偿信道和接收滤波器总的幅度–频率特性,使总的幅度–频率特性经均衡后变得平坦或在要求的范围内。幅度均衡器常采用桥 T 型无源网络来实现,其原理示意图如图 3－6 所示。图中 Z_1、Z_2 均为电抗元件,且 $Z_1 Z_2 = R^2$,网络的输入端与输出端均

与电阻 R 匹配,桥 T 型无源网络传输损耗表示为

$$b_2 = 20\lg|1 + R/Z_2| = 20\lg|1 + Z_2/R| \quad \text{dB}$$

或

$$b_2 = \ln|1 + R/Z_2| = \ln|1 + Z_2/R| \quad \text{dB}$$

随着技术的发展,这种模拟幅度均衡器已经逐步被数字幅度均衡器取代。

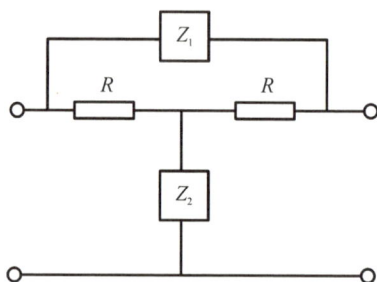

图 3-6 桥 T 型无源网络幅度均衡设备示意图

3.2.2 非线性失真

中继卫星系统射频链路存在多种类型的非线性器件(主要包括射频放大器、混频器和衰减器等),器件的非线性将不可避免的导致信号出现非线性失真。本书以目前常用的行波管放大器为例,对非线性器件导致的群时延畸变失真、调幅调相失真和交调失真等非线性特性进行分析。

1. 群时延畸变失真特性

群时延畸变失真是指由于群时延波动或者相对群时延,导致传输信号产生非线性失真。在实际信道中一般都存在群时延畸变失真现象,尤其是在通频带的边缘,由滤波器带外抑制特性引起的相位畸变一般比较严重。

（1）群时延的建模

根据行波管的欧拉非线性理论,归一化场幅值 $a(z)$ 的一阶逼近解析解(小信号解析解)为

$$a_{1\text{ord}}(z) = E_1 e^{-z(i\sigma - iy - x)} \quad (3-8)$$

式中,E_1 为一阶电场强度,σ 为与角频率和电子初速度相关的常数,x、y、z 为轴向位置。提取式(3-8)的相位,可得到场相位表达式为

$$\Phi(z) = -\sigma z + yz + \arg E_1 \quad (3-9)$$

在上式中,由于相位常数的解析解十分复杂,无法直接对群时延进行分析。因此,下面将主要对相位常数 y 进行化简,可得

$$y = \text{Im}\left(\frac{1}{6}\lambda^{\frac{1}{3}} - \frac{2\sigma^2}{3\lambda^{\frac{1}{3}}}\right) + \text{Im}\left(\frac{-C_Q - \frac{4}{3}i\sigma\alpha + \frac{4}{3}\alpha^2}{\lambda^{\frac{1}{3}}}\right) + \frac{1}{3}\alpha \quad (3-10)$$

式中,λ 为正的纯虚数,C_Q 为与空间电荷参量、光速和角速度相关的系数。可以令 λ 为

$$\lambda = i\lambda_0^3 \quad (3-11)$$

式中,$\lambda_0 = \lambda^{1/3}/i$ 为正的实数。

将式(3-11)代入式(3-10)的第一项,可得

$$\text{Im}\left(\frac{1}{6}\lambda^{\frac{1}{3}} - \frac{2\sigma^2}{3\lambda^{\frac{1}{3}}}\right) = \frac{\lambda_0}{12} + \frac{\sigma^2}{3\lambda_0} \quad (3-12)$$

式中,$\lambda_0/12 > 0$,$\sigma^2/(3\lambda_0) > 0$。式(3-12)满足如下不等式关系

$$y \geqslant 2\sigma/3 + \text{Im}\left[\left(-C_Q - \frac{4}{3}i\sigma\alpha + \frac{4}{3}\alpha^2\right)\Big/\lambda^{\frac{1}{3}}\right] \quad (3-13)$$

式中,α 为衰减量。

分析式(3-13)可知,y 存在一个最小值。此外,由于衰减量 α 是一个很小的量,式(3-13)的第二项对群时延大小的影响很小。因此,可将 y 分成两个部分:第一部分为 $2\sigma/3$,第二部分为

$$y_1 = y - 2\sigma/3 \quad (3-14)$$

将式(3-14)代入式(3-9)可得

$$\Phi(z) = -\sigma z/3 + y_1 z + \arg E_1 \quad (3-15)$$

由群时延的定义式 $\tau = -\partial\Phi(z)/\partial\omega$,可得

$$\tau = \frac{z}{3}\left(\frac{1}{v_g} - \frac{1}{v_0}\right) - z\partial y_1/\partial\omega - \partial\arg E_1/\partial\omega \quad (3-16)$$

式中,v_g 表示群速。将群时延分成两个部分分别为

$$\tau_1 = \frac{z}{3}\left(\frac{1}{v_g} - \frac{1}{v_0}\right) \quad (3-17)$$

$$\tau_2 = -z\partial y_1/\partial\omega - \partial\arg E_1/\partial\omega \quad (3-18)$$

(2) 群时延的产生机制

上述推导得到了群时延及其各个部分的解析解。利用数值计算发现,式(3-18)中 $-z\partial y_1/\partial\omega$ 对群时延几乎没有影响(因为 y_1 是 y 去掉其主要部分 $2\sigma/3$ 后的剩余部分)。因此,τ_2 对群时延的影响远远小于 τ_1,从而可以通过研究 τ_1 来获得导致群时延失真的主要原因。

为直观的分析群时延畸变失真机制,将 τ_1 表示成如下形式

$$\tau_1 = \frac{1}{3}(t_g - t_{v_0}) \quad (3-19)$$

式中,$t_g = z/v_g$ 为波群传播的时间,$t_{v_0} = z/v_0$ 为电子束传播的时间。

从式(3-19)可以看出,τ_1 是由 t_g 和 t_{v_0} 决定的。因此,可以推断出,在整个互作

用区波群与电子束的传播时间差是群时延失真的主要物理机制。

（3）群时延畸变失真的抑制方法

根据群时延的产生机理和式（3-17）～式（3-19），只需要找到对群速和电子速度影响大的参量就可以得到群时延畸变失真的抑制方法。下面以均匀螺距分布的C频段窄带螺旋线行波管为例进行分析说明。归一化群速、归一化电子速度和输出功率的初始值如表3-1所列。

表 3-1 归一化群速、归一化电子速度和输出功率的初始值

参 数	v_g/c_0	v_0/c_0	P_{out}/W
初始值	0.076 7	0.102	131.5

下面主要分析螺距（pitch）、螺旋线内径（r_a）、螺旋线厚度（thick）、螺旋线宽度（width）、管壳内径（r_0）、夹持杆窄端宽度（n）、夹持杆宽端宽度（m）、夹持杆宽端长度（h）、工作电压（U）以及电流（I）对群时延的影响。需要注意的是，群时延仿真应满足以下条件：

① 在单一参量扫描时，需保证输出功率大于 90 W（即电子效率大于 20%）。

② 考虑到工艺以及结构稳定性对高频结构尺寸的限制，需做出以下规定：thick、n、width、m、h 分别不能小于 0.17 mm、0.02 mm、0.2 mm、0.2 mm 和 0.1 mm。

在上述的条件下，并基于精确的拉格朗日理论，对单一参量继续进行扫描即可得到各个参量的变化范围。同时，还可计算出各个参量对归一化群速、归一化电子速度和输出功率的影响，如表3-2所列。

表 3-2 结构参数和电参数优化后的归一化群速、归一化电子速度和输出功率

结构参数和电参数	优化后的参数值	归一化群速（v_g/c_0）	归一化电子速度（v_0/c_0）	输出功率 P_{out}/W
螺距	0.8 mm	0.085 4	0.102	90
螺旋线内径	1.12 mm	0.084 1	0.102	90
螺旋线厚度	0.05 mm	0.078 3	0.102	117.9
夹持杆窄端宽度	0.02 mm	0.080 3	0.102	109.2
电压	2 550 V	0.076 7	0.096 6	90
螺旋线宽度	0.2 mm	0.076 2	0.102	131
夹持杆宽端宽度	0.2 mm	0.076 1	0.102	125
夹持杆宽端长度	0.1 mm	0.076 6	0.102	124.4

从表3-2中可以看出，pitch、r_a、thick、n 和 U 对归一化群速（v_g/c_0）或归一化电子速度（v_0/c_0）的影响大于其他参数。根据式（3-19），可知这些参数（pitch、r_a、thick、n 和 U）的变化将使得波群与电子束的传播时间偏差减小，进而实现群时延的

抑制。然而,参数 thick 相较于 pitch、r_a、n 和 U 对群时延的影响较小,同时工作电压 U 属于用户设置的参数,因此,这两个参数未被选择用来抑制群时延。基于上述分析,针对群时延抑制问题提出如下两个方案:

① 增大 pitch。

② 减小 r_a 或 n。

为了对以上分析的正确性进行验证,可以利用群时延的解析解,计算出各个参数对群时延及其各个部分的影响,如图 3 - 7 和图 3 - 8 所示。从图 3 - 7 可以看出,pitch、r_a、thick、n 和 U 对群时延的影响远远大于其他参数。从图 3 - 8 可以看出,群时延的第一部分解析解对群时延的影响远远大于第二部分解析解 τ_2,这说明利用 τ_1 分析群时延物理机制和抑制方法是正确的。

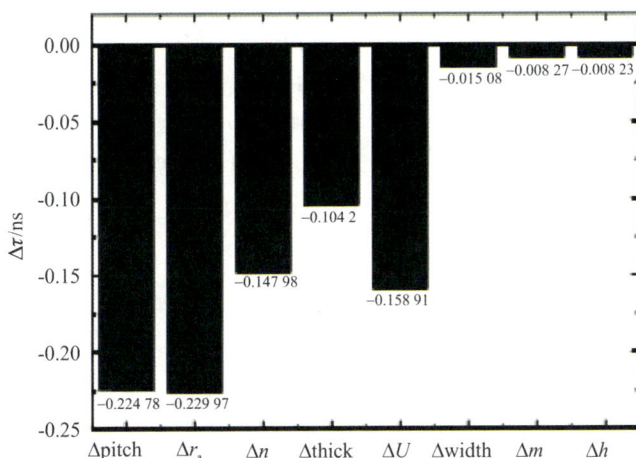

图 3 - 7　不同参量变化时群时延抑制量对比图

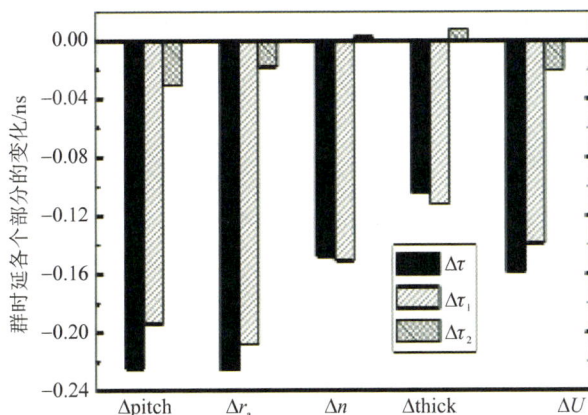

图 3 - 8　参量变化时群时延及其各个部分的抑制量对比图

2. 调幅调相失真特性

功放、变频器、线路放大器等放大器件的工作区域可分为线性区、非线性区和饱和区。当设备工作于线性区时，随着输入功率的增加，输出端信号的增益和相位是呈线性增长的；当设备工作于非线性区或者饱和区时，相较于工作在线性区的情况，增益不再线性增加，而是随输入功率的增加出现增益压缩，即呈现缓慢增加或者几乎不变的情况，同时其输出信号相位随着输入功率增加而出现相位失真。由这种情况所带来的失真特性称之为调幅调相失真特性，通常使用幅度调制/幅度调制（AM/AM）和幅度调制/相位调制（AM/PM）来表征。其中，AM/PM 定义为相位对输入功率的微商

$$AM/PM = \frac{\Delta\Phi(P_{in})}{\Delta P_{in}} \qquad (3-20)$$

下面以在中继卫星系统中应用较广的行波管功放为例，对其调幅调相失真特性进行分析。通常行波管中非线性失真特性由单载波信号工作时的调幅调相失真特性曲线（即输入/输出转换特性）描述。由于中继卫星系统各级放大器件主要工作在线性区，因此 AM/AM 转换接近于直线，调幅调相失真特性主要受 AM/PM 影响。

（1）AM/PM 转换模型

场的二阶逼近解可表示为

$$a_{2ord} = \frac{E_1}{2} e^{-z(i\sigma - iy - x)} \left[1 + e^{-iA_{02}(z)} \right] \qquad (3-21)$$

通过数值模拟发现，场的四阶逼近解析解 a_{4ord} 的三阶逼近分量 $a_3(z)$ 对 AM/PM 转换几乎没有影响。因此，在推导 AM/PM 转换模型时，忽略了场的三阶逼近分量 $a_3(z)$ 的影响，可得

$$a_{4ord} = \frac{E_1}{3} e^{-z(i\sigma - iy - x)} \left[1 + e^{-iA_{02}(z)} + e^{-iA_{04}(z)} \right] \qquad (3-22)$$

提取式（3-21）和式（3-22）的相位，整理后得到场相位的二阶和四阶逼近解分别为

$$a_{2ord} = \frac{180}{\pi} \left\{ yz - \sigma z + \phi_2 - \arctan\left[\frac{\sin(A_{02}(z))}{1 + \cos(A_{02}(z))} \right] \right\} \qquad (3-23)$$

$$a_{4ord} = \frac{\pi}{180} \left\{ -\sigma z + yz + \phi_2 + \arctan\left[\frac{-\sin(A_{02}(z)) - \sin(A_{04}(z))}{1 + \cos(A_{02}(z)) + \cos(A_{04}(z))} \right] \right\}$$

$$(3-24)$$

式中，$\phi_2 = \arg E_1$ 为 E_1 的幅角。

根据给出的 AM/PM 转换定义式

$$AM/PM = \frac{\Delta\Phi}{\Delta P_{in}} \qquad (3-25)$$

将式（3-23）和式（3-24）分别代入 AM/PM 转换的定义式（3-25），并利用半角公式对解进行化简，最终可推导出 AM/PM 转换的二阶和四阶逼近解分别为

$$\mathrm{AM/PM}_{2ord} = -\frac{9\ln 10 A_{02}(z)}{\pi} \qquad (3-26)$$

$$\mathrm{AM/PM}_{4ord} = -\frac{9\ln 10 A_{02}(z)}{\pi} - \frac{18\ln 10 A_{04}(z)}{\pi} -$$

$$\frac{9\ln 10}{\pi} \frac{[4A_{04}(z)\cos(A_{02}(z)) + A_{02}(z) + 2A_{02}(z)\cos(A_{04}(z)) + 2A_{04}(z)]}{[2\cos(A_{02}(z)) + 2\cos(A_{04}(z)) + 2\cos(A_{02}(z) - A_{04}(z)) + 3]}$$

$$(3-27)$$

观察上述 AM/PM 转换解，发现二阶逼近的 AM/PM 转换解是四阶逼近 AM/PM 转换解的第一部分，于是有

$$\mathrm{AM/PM}_{4ord} = \mathrm{AM/PM}_{2ord} - \frac{18\ln 10 A_{04}(z)}{\pi} -$$

$$\frac{9\ln 10}{\pi} \frac{[4A_{04}(z)\cos(A_{02}(z)) + A_{02}(z) + 2A_{02}(z)\cos(A_{04}(z)) + 2A_{04}(z)]}{[2\cos(A_{02}(z)) + 2\cos(A_{04}(z)) + 2\cos(A_{02}(z) - A_{04}(z)) + 3]}$$

$$(3-28)$$

1）电子相位的物理意义

上述推导出的 AM/PM 转换解完全是由电子相位直流分量的基波 $A_{02}(z)$ 和谐波 $A_{04}(z)$ 表示，这说明 AM/PM 转换的物理机制与电子相位的变化密切相关。因此，为便于分析 AM/PM 转换的物理机制，下面对电子相位直流分量 $A_0(z)$ 和电子相位一阶分量 $A_1(z)$ 的物理意义进行说明。

首先，对电子相位直流分量 $A_0(z)$ 的物理意义进行研究。根据欧拉非线性理论模型，对其贝塞尔函数取零阶近似，可将相位方程和场方程化简为

$$\frac{\mathrm{d}a(z)}{\mathrm{d}z} = C_2(z)A_1(z)\mathrm{e}^{-iA_0(z)} - \alpha a(z) \qquad (3-29)$$

$$\frac{\mathrm{d}^2 A_2(z)}{\mathrm{d}z^2} = C_5 \left[A_1^* a(z)\mathrm{e}^{iA+iA_0(z)} + A_1 a^*(z)\mathrm{e}^{iA+iA_0(z)} \right] \qquad (3-30)$$

对场方程（3-29）两边同时取共轭得

$$\frac{\mathrm{d}a^*(z)}{\mathrm{d}z} = C_2^*(z)A_1^*(z)\mathrm{e}^{iA_0(z)} - \alpha a^*(z) \qquad (3-31)$$

再将式（3-31）代入式（3-30），并连续积分两次得到电子相位直流分量 $A_0(z)$ 与电子储能密度 W 的关系式为

$$A_0(z) = \frac{-\omega c^2 I_A}{\pi(\gamma_0 \nu_0)^3 P_{\mathrm{flux}} I} W \qquad (3-32)$$

式中，$W = \int P \mathrm{d}z + \alpha \iint P \mathrm{d}s$ 为储能密度。由此，可以推断出电子相位直流分量 $A_0(z)$ 是表征与互作用区所有电子储能相关的物理量。

其次，对电子相位一阶分量 $A_1(z)$ 的物理意义进行说明。根据欧拉非线性理论的场方程，已知其高频电流表达式为相位指数部分的积分，即

$$\frac{I}{I_0} = \int_0^{2\pi} \mathrm{e}^{-i\psi} \mathrm{d}\phi = \frac{1}{n} \sum_n \mathrm{e}^{-i\psi_n} \qquad (3-33)$$

利用贝塞尔母函数关系式，可求解式（3-33），于是高频电流的解应为

$$\frac{I}{I_0} = -\mathrm{i}J_1\left(\left|2A_1(z)\right|\right)\mathrm{e}^{\mathrm{i}\zeta_1 - \mathrm{i}A_0(z)} = J_1\left(\left|2A_1(z)\right|\right)\mathrm{e}^{\mathrm{i}\left(\zeta_1 - \mathrm{i}A_0(z) - \pi/2\right)} \quad (3-34)$$

则高频电流的幅值为

$$\frac{I}{I_0} = J_1\left(\left|2A_1(z)\right|\right) \quad (3-35)$$

通常对贝塞尔函数取零阶近似，可得

$$\left|\frac{I}{I_0}\right| = \left|2A_1(z)\right| \quad (3-36)$$

因此，可以推断出电子相位一阶分量 $A_1(z)$ 是表征与高频电流相关的物理量，即表征电子群聚程度的物理量。

2）电子相位解的化简

首先，电子相位直流分量 $A_0(z)$ 的基波 $A_{02}(z)$ 的解可以表示为

$$A_{02}(z) = -y\left|g_{10}\right|^2 P_{\mathrm{in}}\mathrm{e}^{2xz}/x \quad (3-37)$$

式中

$$g_{10} = \sqrt{1/P_{\mathrm{flux}}}\, C_1(0)/(3\gamma_1^2 + 2P\gamma_1 + s) \quad (3-38)$$

其次，对电子相位直流分量 $A_0(z)$ 的谐波 $A_{04}(z)$ 的解进行化简。将 g_3 的分母写成实部 e_r 和虚部 e_i 之和的形式，即

$$\gamma_3^3 + p\gamma_3^2 + s\gamma_3 + q = e_\mathrm{r} + \mathrm{i}e_\mathrm{i} \quad (3-39)$$

那么将 g_1、g_2、g_3 和 g_4 的解析解代入 $A_{04}(z)$ 后，化简可得

$$A_{04}(z) = \frac{\left|g_{10}\right|^4 P_{\mathrm{in}}^2\left[\kappa_4 y^4 + \kappa_3 y^3 + \kappa_2 y^2 + \kappa_1 y\right]}{e_\mathrm{r} + \mathrm{i}e_\mathrm{i}}\mathrm{e}^{4xz} \quad (3-40)$$

式中 $\kappa_1 = 2e_\mathrm{r}x^2 + C_Q e_\mathrm{r}$、$\kappa_2 = 6e_\mathrm{i}x + C_Q e_\mathrm{i}/x$、$\kappa_3 = -6e_\mathrm{r}$ 和 $\kappa_4 = -2e_\mathrm{i}/x$ 为系数。

从式（3-32）和（3-40）中可以看出，$A_0(z)$ 与输入功率 P_{in} 和 y 成正比；$A_{04}(z)$ 与输入功率 P_{in}^2 和 y 的四次多项式成正比。此外，根据群时延的解，可以发现 $y \approx 2\beta_e Cb/3$。因此，可以推断出 y 与同步参量 b 密切相关。

（2）AM/PM 转换的产生机制

从式（3-28）可以看出，$\mathrm{AM/PM}_{\mathrm{4ord}}$ 的解完全由电子相位直流分量 $A_0(z)$ 的基波 $A_{02}(z)$ 和谐波 $A_{04}(z)$ 表示。因此，电子相位直流分量激励起来的基波和谐波分量是导致 AM/PM 转换产生的原因。同时，从式（3-32）和式（3-40）可以看出，同步参量 b 的变化也是影响 AM/PM 转换的重要原因之一。

此外，由于 $A_0(z)$ 表征互作用区所有电子储能的物理量。因此，AM/PM 转换与电子能量的损失密切相关，为了更好的说明这一点，这里需要对 AM/PM 转换的解进行化简。随着 z 的增加，$2\cos(A_{02}(z)) + 2\cos(A_{04}(z))$ 相较于其他项的影响较小，可以忽略。同时 $A_{02}(z)$ 和 $A_{04}(z)$ 相较于 1 较小，因此令 $\cos(A_{04}(z)) = 1$ 和 $\cos(A_{02}(z)) = 1$，则式（3-28）可简化为

$$\mathrm{AM/PM_{4ord}} = \frac{2}{5}\mathrm{AM/PM_{2ord}} - \frac{2}{5} \times \frac{18\ln(10)A_{04}(z)}{\pi} \qquad (3-41)$$

或

$$\mathrm{AM/PM_{4ord}} = \frac{18\ln(10)\left[A_{02}(z) + 2A_{04}(z)\right]}{5\pi} \qquad (3-42)$$

从式(3-42)可以看出：

① $A_{04}(z)$ 将 2 倍于 $A_{02}(z)$ 作用于 $\mathrm{AM/PM_{4ord}}$。

② $A_{04}(z)$ 与输入功率 P_{in} 的平方成正比，而 $A_{02}(z)$ 与 P_{in} 成正比。因此 $A_{04}(z)$ 随 P_{in} 的变化要远远快于 $A_{02}(z)$。

③ AM/PM 转换并不与 $A_0(z)$ 成正比，而是与 $[A_0(z) + 2A_{04}(z)]$ 成正比，因此 AM/PM 转换的变化速度快于储能 W 变化速度。

（3）AM/PM 转换的抑制方案

根据 AM/PM 转换的解，为了得到 AM/PM 转换的抑制方案，只须找到对电子相位直流分量的基波 $A_{02}(z)$ 和谐波 $A_{04}(z)$ 影响大的参量即可。

下面以均匀螺距分布的 C 频段螺旋线行波管为例，对 AM/PM 转换进行分析，其电子相位、AM/PM 转换和互作用长度初值如表 3-3 所列。在保证输出功率满足用户要求的前提下，通过优化扫描结构参数和电参数对 AM/PM 转换的影响，得到优化后的结构参数和电参数、互作用长度、$A_{02}(z)$ 和 $A_{04}(z)$ 的变化大小 $\Delta A_{02}(z)$ 和 $\Delta A_{04}(z)$，如表 3-4 所列。

表 3-3　电子相位、AM/PM 转换和互作用长度初值表

参　　数	$A_{02}(z)$/rad	$2A_{04}(z)$/rad	AM/PM/((°)·dB^{-1})	互作用长度/cm
初　　值	-1.685	-0.93	7.8	109

表 3-4　优化后的结构参数和电参数、互作用长度以及 $A_{02}(z)$ 和 $A_{04}(z)$ 的变化大小

结构参数和电参数	优化的参数值	互作用长度/cm	$\Delta A_{02}(z)$/rad	$2\Delta A_{04}(z)$/rad
螺距	0.08 mm	10.94	0.37	1.23
螺旋线内径	1.12 mm	9	0.38	1.28
螺旋线厚度	0.05 mm	8.92	0.14	0.69
夹持杆窄端宽度	0.02 mm	8.8	0.24	0.94
电压	2 550 V	8.93	0.22	0.9
螺旋线宽度	0.2 mm	10.46	0.012	0.057
夹持杆宽端宽度	0.3 mm	9.51	0.05	0.33
夹持杆宽端长度	0.4 mm	9.56	0.075	0.4

图 3-9 给出了不同参量变化时,电子相位直流分量的基波和谐波变化大小对比图。从图中可以看出,pitch、r_a、thick、n 和 U 的变化对 $A_{02}(z)$ 和 $A_{04}(z)$ 的影响远远大于其他参数。同时,结构参数和电参数的变化对 $A_{04}(z)$ 的影响远远大于 $A_{02}(z)$。因此,pitch、r_a、thick、n 和 U 是影响 AM/PM 转换的关键参量。

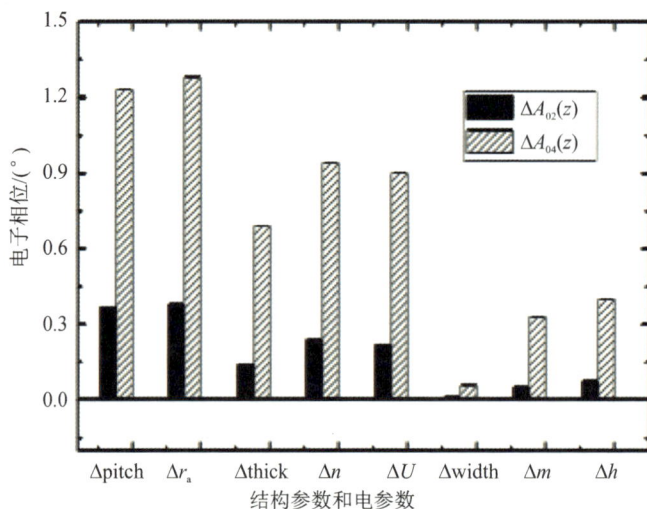

图 3-9 不同参量变化时电子相位直流分量的基波和谐波变化大小对比图

图 3-10 和图 3-11 分别给出了关键参量(pitch、r_a、thick 和 n)变化时,色散参量(归一化相速 V_{PC},耦合阻抗 K_c 和衰减 α)对电子相位直流分量的基波 $A_{02}(z)$ 和谐波 $A_{04}(z)$ 变化大小影响的对比图。从图中可以看出,归一化相速 V_{PC} 对电子相位直流分量的基波 $A_{02}(z)$ 和谐波 $A_{04}(z)$ 变化大小的影响远远大于耦合阻抗 K_c 和衰

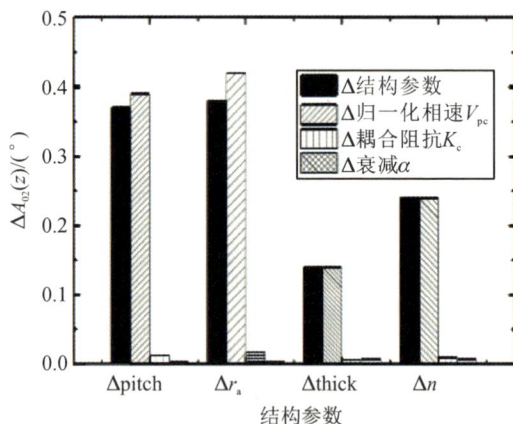

图 3-10 关键参量变化时色散参量对电子相位直流分量的
基波 $A_{02}(z)$ 变化大小影响的对比图

减 α。因此,参量 pitch、r_a、thick、n 和 U 是通过改变归一化相速 V_{PC} 来抑制 AM/PM 转换。

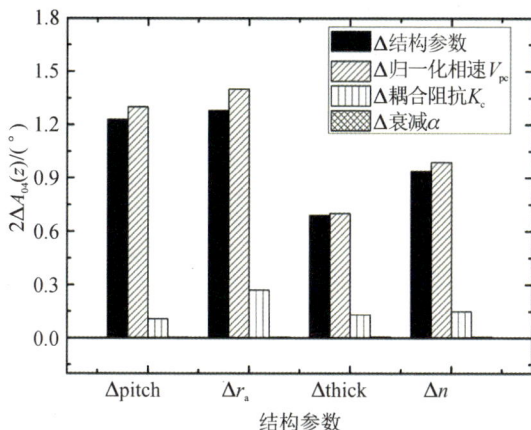

图 3-11　关键参数变化时色散参量对电子相位直流分量的谐波 $A_{04}(z)$ 变化大小影响的对比图

同时,结合电子相位直流分量的基波 $A_{02}(z)$ 和谐波 $A_{04}(z)$ 的解,发现 $A_{02}(z)$ 和 $A_{04}(z)$ 是随 z 成指数变化。因此,$A_{02}(z)$ 和 $A_{04}(z)$ 主要激励于中度互作用区到饱和区,从而只须对该互作用区域内的关键参量进行控制即可。又由于 thick 对电子相位直流分量的基波 $A_{02}(z)$ 和谐波 $A_{04}(z)$ 抑制量相较于其他参量较小,因此这里不考虑通过控制 thick 来抑制 AM/PM 转换。工作电压 U 属于用户设置的参数,其调节范围非常有限,并且它的降低将导致螺流的增加,容易导致螺旋线烧毁。因此,这里仅调节 pitch、r_a 和 n 来抑制 AM/PM 转换。基于上述分析结果,提出如下 AM/PM 转换抑制方案:

① 增大中度互作用区到饱和区之间的螺距 pitch。

② 降低中度互作用区到饱和区之间的 r_a 或者 n。

3．交调失真特性

当给放大器输入单音信号(即单频点信号)时,放大器将输出基频及其谐波分量。而当输入双音或多音信号时,由放大器的非线性将导致不同频率之间进行组合而产生不同的频率成分,这些被称为交调失真。中继卫星系统存在多类型功放器件,当功放工作于非线性区时系统将出现交调失真信号,行波管交调失真特性示意图如图 3-12 所示。从图中可以看出,当设备存在两个或两个以上基波输入信号时,将导致信号之间相互调制,并产生除基波信号(ω_1 和 ω_2)以外的其他分量。这些频率分量中与基波信号频率最接近的交调信号是三阶交调($2\omega_1 - \omega_2$ 和 $2\omega_2 - \omega_1$)和五阶交调($3\omega_1 - 2\omega_2$ 和 $3\omega_2 - 2\omega_1$)。通常中继卫星系统中的三阶交调的幅值远远大于五阶交调的幅值,因此本书主要分析三阶交调失真特性。由于三阶交调的频率常常位于工作频带内且与基波频率十分接近,导致三阶交调被放大且无法被滤波器消除。

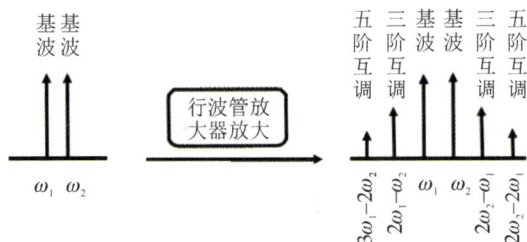

图 3 - 12 行波管交调失真特性示意图

(1) 三阶交调的模型

在行波管放大器中,对于单一频率的输入和输出信号,其电场可以分别表示为

$$E_{in}(t) = \hat{E}_{in} e^{jwt} \tag{3-43}$$

$$E_{out}(t) = \hat{E}_{out} e^{j\omega t} \tag{3-44}$$

式中,$\hat{E}_{in}$ 和 $\hat{E}_{out}$ 分别是输入和输出信号电场的复数分量幅值。于是,输入功率 P_{in} 和输出功率 P_{out} 可以分别表示为

$$P_{in} = |\hat{E}_{in}|^2 \tag{3-45}$$

$$P_{out} = |\hat{E}_{out}|^2 \tag{3-46}$$

则增益和相移的定义式可以表示为

$$G(P_{in}) = 20\log_{10} \left| \frac{\hat{E}_{out}(P_{in})}{\hat{E}_{in}(P_{in})} \right| \tag{3-47}$$

$$\Phi(P_{in}) = \arg[\hat{E}_{out}(P_{in})] - \arg[\hat{E}_{out}(P_{in-20dB})] = \arg\left(\frac{\hat{E}_{out}(P_{in})}{\hat{E}_{in}(P_{in})}\right) - \Phi_0 \tag{3-48}$$

式中,$P_{in-20dB}$ 为 P_{in} 回退 20 dB 后的输入功率,$G(P_{in})$ 表示功率扫描时的增益。$\Phi(P_{in})$ 表示功率扫描时的非线性相移,其数值上等于输出信号相移减去小信号相移;Φ_0 表示小信号下输出信号与输入信号的相位差。

通常在功率扫描时,输入信号相位保持不变,因此 Φ_0 为常量。定义函数 $g(P_{in})$ 为输入与输出信号电场的比值,即

$$g(P_{in}) = \frac{\hat{E}_{out}(P_{in})}{\hat{E}_{in}(P_{in})} \tag{3-49}$$

将式(3-47)和式(3-48)代入式(3-49),化简后可得

$$g(P_{in}) = 10^{\frac{G(P_{in})}{20}} e^{i[\Phi(P_{in})+\Phi_0]} \tag{3-50}$$

从式(3-50)看出,函数 $g(P_{in})$ 可用功率扫描的增益 $G(P_{in})$ 和相移 $\Phi(P_{in})$ 来表示,而增益 $G(P_{in})$ 和相移 $\Phi(P_{in})$ 可以通过数值仿真直接获得。

当输入两个角频率差为 $\Delta\omega$ 的信号(中心角频率为 ω),输入信号可以表示为

$$E_{in}(t) = \frac{\hat{E}_{in}}{2} e^{i\left(\omega + \frac{\Delta\omega}{2}\right)t} + \frac{\hat{E}_{in}}{2} e^{i\left(\omega - \frac{\Delta\omega}{2}\right)t} = \hat{E}_{in}\cos\left(\frac{\Delta\omega}{2}t\right) e^{i\omega t} \qquad (3-51)$$

输出信号除了两个对应输入频率的信号外,还应包含交调频率,因此输出信号表示为

$$E_{out}(t) = \sum_n^\infty \hat{E}_{out-n} e^{i\left(\omega + \frac{2n+1}{2}\Delta\omega\right)t} \qquad (3-52)$$

输入信号可以认为是如式(3-50)的信号 ω 上幅度调制 $\Delta\omega$ 的低频信号。由于 $\Delta\omega$ 相对于 ω 非常小,在 ω 信号周期变化时幅度几乎不变,因此可看作不同幅度 ω 频率信号通过行波管。于是,输出功率又可用函数 $g(P_{in})$ 与输入信号乘积表示为

$$E_{out}(t) = g\left[\left|\hat{E}_{in}\cos\left(\frac{\Delta\omega}{2}t\right)\right|^2\right] \hat{E}_{in}\cos\left(\frac{\Delta\omega}{2}t\right) e^{i\omega t} \qquad (3-53)$$

将式(3-52)代入式(3-53),然后两边分别对各信号进行傅里叶积分,得到分量系数 $\hat{E}_{out-n}$,即

$$\hat{E}_{out-n} = \int_0^{2\pi} \frac{\mathrm{d}\Delta\omega t}{2\pi} g\left[|\hat{E}_{in}|^2 \cos^2\left(\frac{\Delta\omega}{2}t\right)\right] \hat{E}_{in}\cos\left(\frac{\Delta\omega}{2}t\right) e^{i\omega t} e^{-\left(\omega \pm \frac{2n+1}{2}\Delta\omega\right)t} \qquad (3-54)$$

对式(3-54)进行整理,得到化简后的输出信号场幅值 $\hat{E}_{out-n}$ 为

$$\hat{E}_{out-n} = e^{i\Phi_0}\int_0^{2\pi} \frac{\mathrm{d}\phi}{2\pi} 10^{\frac{G'(\phi)}{20}} e^{i\Phi'(\phi)} \hat{E}_{in}\cos\left(\frac{\phi}{2}\right) e^{-i\left(\frac{2n+1}{2}\phi\right)} \qquad (3-55)$$

式中

$$G'(\phi) = G\left[P'_{in}(\phi)\right] \qquad (3-56)$$

$$\Phi'(\phi) = \Phi\left[P'_{in}(\phi)\right] \qquad (3-57)$$

$$P'_{in}(\phi) = P_{in}\frac{1+\cos\phi}{2} \qquad (3-58)$$

(2) 三阶交调的抑制方法

利用建立的三阶交调失真理论模型,以 Ku 频段行波管为例,在保证输出功率不变的情况下,通过合理构造增益曲线和相移曲线,分析增益和相移对三阶交调抑制比 C/IM 的影响。研究结果表明,提高增益和降低相移是抑制三阶交调的关键。下面将结合前文对影响三阶交调关键参量的分析以及调幅调相中的增益和相移的抑制方案,给出三阶交调的抑制方案。

根据应对调幅调相失真的 AM/PM 转换抑制方案可知,通过调整互作用第二段螺距和长度即可降低相移。同时可知,将互作用的相对相位角控制在 $-20° \sim -10°$ 范围便可使小信号区和非线性区增益最大。因此,在高效率互作用分布结构(正跳

变负渐变,如图 3-13 所示)中,在保证功率满足要求的前提下,综合相移和增益的抑制方法,给出了一种三阶交调的抑制方案。该抑制方案分为如下两个部分:

① 将互作用第一段 z_0 和互作用最后一段 z_2 的相对相位角控制在 $-20°\sim-10°$ 附近,以达到增大增益的目的,并保证小信号区增益足够平坦。

② 增大互作用第二段的螺距 p_1,同时增加互作用第二段长度 z_1,以达到降低相移的目的。

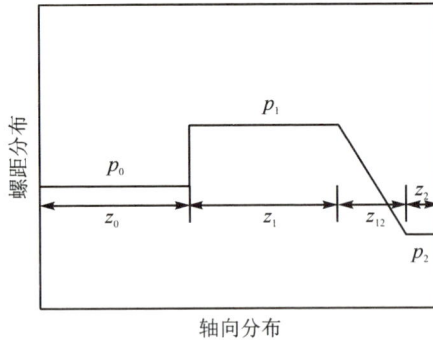

图 3-13　Ku 频段螺旋线行波管的互作用螺距分布示意图

3.2.3　相位噪声

相位噪声是指在信号的相位上存在的不确定性或波动,由不确定的随机噪声和信号中的随机波动两部分组成。随机噪声一般指白噪声,随机波动一般指闪变频率噪声、闪变相位噪声和随机频率变化。中继卫星系统的非线性相位噪声主要为压控振荡器非线性因素引入的 Wiener 相位噪声。

1. 压控振荡器产生 Wiener 相位噪声机理

前面提到,为实现接收端的相干解调,需要加入载波同步电路,而载波同步需要加入压控振荡器,压控振荡器非线性因素引入的噪声对输出载波形成随机相位调制,这就是压控振荡器的相位噪声,简称相噪。由于这种相位噪声是一个 Wiener 随机过程,因此这种噪声又被称为 Wiener 相位噪声。Wiener 相位噪声对载波一般会引入幅度干扰和相位干扰,但理论分析时一般只考虑相位干扰。

压控振荡器是产生稳定正弦波即载波的非线性设备,这种非线性作用会产生谐波和互调产物。谐波成分一般可以用输出端带通滤波器滤除,这里对此不加以讨论。互调产物包括器件本身的噪声成分之间的互调以及噪声与载波之间的互调,这些互调产物都看成是噪声,最终构成对输出正弦波的干扰。若压控振荡器质量较好,非线性作用较弱,则噪声成分自身互调产生的噪声将很小,可以忽略。但因为载波与噪声的互调产物距载波很近,而且载波本身功率相对较大,所以这部分噪声必须考虑。

压控振荡器噪声主要决定于谐振电路的有载 Q 值、谐振电路噪声及振荡器件本身的噪声。振荡器噪声主要由以下 4 部分组成：

① 由闪烁噪声调频产生的相位噪声，具有 $\dfrac{1}{f_m^3}$ 特性，其中，f_m 为载波偏移频率。

② 由散弹噪声和热噪声调频产生的相位噪声，具有 $\dfrac{1}{f_m^2}$ 特性。

③ 由闪烁噪声调相产生的相位噪声，具有 $\dfrac{1}{f_m}$ 特性。

④ 由散弹噪声和热噪声调相产生的相位噪声，即白噪声。

晶体振荡器一般选用低噪声振荡器件。由于晶体振荡器谐振回路值很高，因此其载频近端相噪性能很好，但其只具有单一的频率输出，无法适应多变的频率改变。

2. 压控振荡器产生的 Wiener 相位噪声数学模型

Wiener 过程 $\Psi(t)$ 是具有独立平稳增量的非平稳过程，其增量过程满足正态分布，该 Wiener 过程建模为零均值为 0、方差为 $2\pi\beta|t|$ 的高斯随机变量，即

$$\Psi(t_0 + t) - \Psi(t) \sim N(0, 2\pi\beta t) \tag{3-59}$$

式中，t_0 为任一时间起点。若对其离散化，则可得

$$\varphi(k) = \Psi(k+1) - \Psi(k) \sim N(0, 2\pi\beta Tk/N) \tag{3-60}$$

式中，β 为振荡器的 3 dB 洛伦兹功率谱密度，k 为符号点数，T 为 N 点相位噪声的时间长度。

可见，在这种 Wiener 模型假设下，相噪方差随着时间的推移而趋于一个定值，故适合于对自由振荡器输出相噪建模。Cupo 等人认为由压控振荡器的非线性因素引入的 Wiener 相位噪声可以建模为正弦形式，Denis Petrovic 等人也认为可以用正弦波拟合相位噪声。

3. 相位噪声的表示方法

在分析信道特性时，一般倾向于使用相位噪声的功率谱密度参数衡量相位噪声的大小，它可以用频谱仪直接测量得到。由于相位噪声对称地分布在载波两边，因此可以用其一边的功率谱密度来描述，即所谓"单边带相位噪声"。在工程应用中，相位噪声往往用单边带相位噪声功率 $P_{SSB}(f_m)$ 与载波信号功率 P_c 的比值来描述，即

$$L(f_m) = \frac{P_{SSB}(f_m)}{P_c} \tag{3-61}$$

式中，$L(f_m)$ 为在偏离信号主载波的某一频率 f_m 处，在 1 Hz 噪声带宽 B_n 内的单边带相位噪声功率与载波信号功率 P_c 的比值。$L(f_m)$ 通常用对数表示，即

$$L(f_m) = 10\lg\left[\frac{P_{SSB}(f_m)}{P_c}\right] \tag{3-62}$$

卫星数据中继系统中单边带相位噪声的指标要求如表 3-5 所列。

表 3 − 5   卫星数据中继系统单边带相位噪声的限制

偏离主载波的频率	发送地面站要求	卫星转发器要求	接收地面站要求
100 Hz	≤−60 dBc/Hz	≤−60 dBc/Hz	≤−60 dBc/Hz
1 kHz	≤−70 dBc/Hz	≤−70 dBc/Hz	≤−70 dBc/Hz
10 kHz	≤−80 dBc/Hz	≤−80 dBc/Hz	≤−80 dBc/Hz
100 kHz	≤−93 dBc/Hz	≤−93 dBc/Hz	≤−93 dBc/Hz
≥1 MHz	≤−103 dBc/Hz	≤−103 dBc/Hz	≤−113 dBc/Hz

相位噪声还可以用偏离载波、一定频率范围内各相位噪声限值的集合来表示。从频率 f_a 到频率 f_b 的相位噪声可以按下式计算：

$$\sigma_{\varphi_n} = \frac{180}{\pi} \sqrt{\int_{f_b}^{f_a} S_{\varphi_n}(f) \mathrm{d}f} \qquad (3-63)$$

式中，$S_{\varphi_n}(t)$ 为单边带相位噪声连续谱，单位为 rad^2；σ_{φ_n} 为频率 $f_a \sim f_b$ 的相位噪声，单位为°（度）。

3.2.4   其他失真

同相信道/正交信道不平衡包括增益不平衡和相位不平衡，其产生的主要原因是调制器不理想。增益不平衡 G_{imb} 是指调制后的 I、Q 两路信号的幅度不相等，其可以表示为

$$G_{imb} = 20\lg \left[\max(\varepsilon_I / \varepsilon_Q) \right] \qquad (3-64)$$

式中，ε_I 和 ε_Q 分别为调制后 I 路和 Q 路的幅度，$\varepsilon_I / \varepsilon_Q$ 常用百分比表示。相位不平衡是指调制后的 I 路和 Q 路的相角偏离理论值。以 QPSK 调制为例，调制后的理论相角相差 90°，如果存在相位不平衡，则相角相差不是 90°。

3.3   中继卫星系统电波传输特性

3.3.1   传输理论

1. 无线信道电波传播模型

无线信道的电波传播模型分为大尺度传播模型和小尺度传播模型，大尺度传播模型又可以分为传播路径损耗模型和阴影衰落模型。因此，可以用以下 3 种信道模型来描述无线信道对信号传输的影响：

① 传播路径损耗模型：描述传播路径的平均损耗，主要是距离的函数。

② 阴影衰落模型：从宏观的角度，用统计学方法来描述信号经过较长距离（或时

间)所产生的变化,所讨论的主要是阴影衰落现象。

③ 小尺度衰落模型:从微观的角度,描述在很短的距离(或时间)内,接收信号电平(或功率)的快速变化。

电磁波受到阻塞时会在阻碍物后形成阴影区,当移动用户通过不同阴影区时接收场强中值将发生变化,因此形成的衰落即为阴影衰落。对于中继卫星系统,正常情况下不存在通过电磁波阻塞阴影区的情形,可以不讨论阴影衰落模型,只考虑传播路径损耗模型和小尺度衰落模型。传播路径损耗模型主要与无线信号的频率、传输距离、传输介质等相关,不会引起信号特征的变化。小尺度衰落模型主要包括多径效应和多普勒效应,传输路径的变化及收发端相对运动会引起信号特征变化。

在中继卫星系统设计中,可以通过提出适当指标和使用要求,来降低相关效应的影响。例如,如果地面站天线跟踪仰角较低,天线除接收卫星的直射波以外,还会接收到经过地面或海面不同途径反射的幅度和相位不同的反射波,以及受建筑物、树林遮蔽效应影响而产生的多径衰落,因此在地面站正常工作时,一般情况下天线仰角应该大于 $10°$。

2. 大气传输基本理论

当中继卫星系统空间链路穿越大气层时,在电离层和对流层中引起的损耗与无线信号的频率、地面站天线工作仰角以及气候条件有密切关系。如果低估了无线电波传播的影响,轻则不能达到预期的系统可靠性要求,重则可能导致系统失效;如果高估了无线电波传播的影响,势必增加系统负荷和复杂度,既造成了浪费,也增加了技术难度。由此可见,传播预测是科学地规划与设计地空通信系统的必要因素,也是保证卫星在恶劣气象条件下高可靠通信的重要保障。

随着工作频率的提高,更多的对流层环境因素会对地空传播造成显著影响。由于频率在 3 GHz 以上信号主要受到对流层影响,频率在 3 GHz 以下信号主要受到电离层影响,因此对无线信号的影响分析一般以 3 GHz 频率为界。中继卫星系统星地链路普遍采用频率远高于 3 GHz 的 Ka/Ku 频段信号进行信息传输,以满足大容量通信需求,3 GHz 以下频率信号通常只用于 S 频段标准 TT&C 应急测控。S 频段标准 TT&C 链路传输速率较低,链路余量较大,已经得到广泛应用,可不作为分析重点;而为了使 Ka/Ku 频段地空通信系统可靠工作,必须分析该频段无线电波在地空传播路径上所有因素的影响,并找到其统计规律。对 Ka/Ku 频段中继卫星通信信道传播的环境制约因素进行深入研究,可以正确评估系统运行后的性能,为系统设计相应的预防措施提供有力的参考,倍增系统的效能。

对无线电波传播的研究表明,在 Ka/Ku 频段对流层环境成为制约电波传播的主要因素,如大气、云、雾、雨、雪、冰雹、沙尘暴等。其中,雨衰减的影响最为显著,其他有影响的对流层传播因素包括大气衰减、云衰减、对流层闪烁等,以及由此导致的提高地面站接收天线噪声温度、去极化效应、多径效应等间接影响。由于实际链路可能会同时面临这些传播效应,因此需要综合考虑其对链路衰减的影响。

（1）大气衰减

无线电波通过大气层时引起的衰减主要是氧和水蒸汽的吸收所致,可区分为干空气衰减和水汽衰减。水汽分子具有电偶极矩,氧分子具有磁偶极矩,它们与电波相互作用,在某些频段产生谐振而吸收其能量。这种吸收与大气压强及温、湿度有关,它决定了地空传播的晴空衰落电平。

（2）雨衰减

雨衰减是由于雨滴对电磁波的吸收与散射作用产生的,通常雨衰减随频率和降雨率的增加而增大。降雨对 Ka 频段引起的雨衰减比 Ku 频段更为严重,暴雨时甚至可引起高达数十分贝的信号衰减,导致信号中断。雨衰减包括降雨和冰晶层引起的衰减,主要受大气压强、分钟降雨率、0 ℃层高度等影响。

（3）云衰减

雨衰减中通常也包括云衰减,但无雨时需单独考虑由云中液态水含量引起的云衰减。

（4）对流层闪烁

在 Ka 频段,闪烁主要由对流层大气相关特性的变化引起,电离层闪烁的影响可以忽略。大气湍流引起的折射指数变化会造成晴空大气闪烁,它也与大气温、湿度和压剖面有关,与工作频率和通过对流层的路径长度成正比,与天线的波束宽度成反比,与折射指数湿项有很好的相关性。

（5）提高地面站接收天线噪声温度

对于中继卫星系统的星地返向链路,降雨等对流层环境因素还会造成地面站接收天线噪声温度的增加,影响接收端的 G/T 值,使接收信噪比恶化。

（6）去极化效应

由于雨滴的非球形和冰晶形状的不规则,降雨还将引起电磁波的交叉极化,雨和冰晶层的去极化效应会降低采用正交极化频率复用系统的可用性。降雪和冰雹的衰减通常较小,但其去极化效应对使用正交极化的频率复用系统的影响也要认真考虑。

（7）多径效应

降雨和冰晶层的散射还可引起地面电路和地空电路间的同频干扰,从而引起信号的附加时延等。

此外,在多雾地区和沙尘暴多发地区还需要考虑雾与沙尘的传播效应,但其影响通常较小。主要的对流层物理特性与传播效应之间的关系如图 3 - 14 所示。

3. 经过大气传输的无线信道电波传输模型

无线信道电波在大气传输中的大气衰减、雨衰减、云衰减、对流层闪烁,会造成

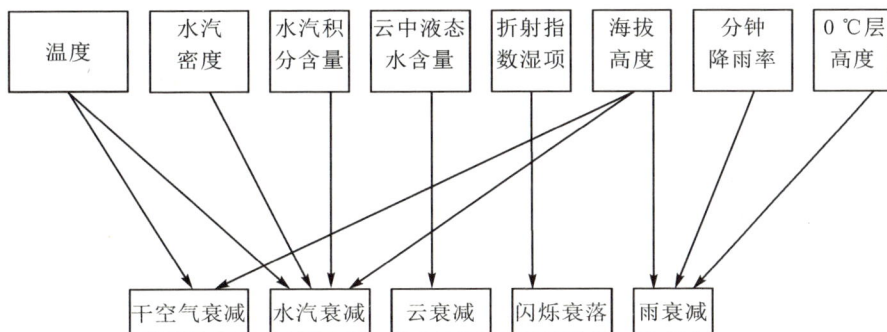

图 3 - 14　主要的对流层物理特性与地空传播关系示意图

信号的吸收、折射/散射、闪烁等效应,进而造成传输信号的幅度衰减、极化变化、相位幅度失真等,既会引起传播路径损耗,也会造成小尺度衰落。叠加中继卫星与地面站间相对运动引起的多普勒效应,得到经过大气传输的无线信道电波传输模型如图 3 - 15 所示。后续章节将根据该模型,分别对传输路径损耗和小尺度衰落进行分析。

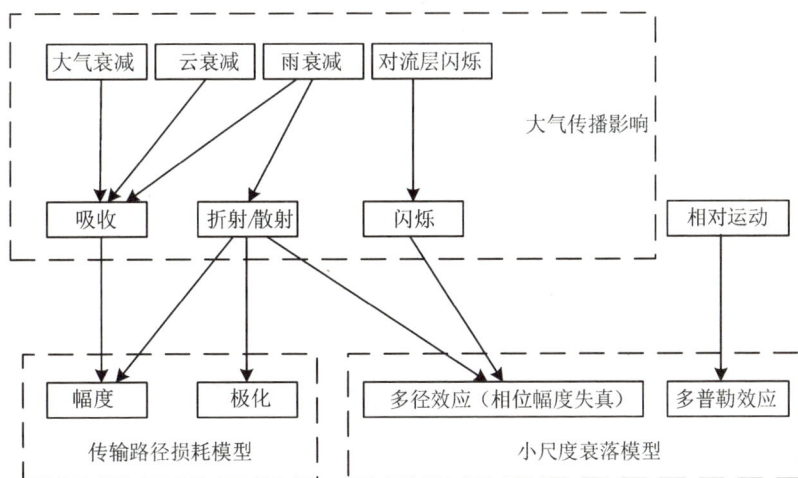

图 3 - 15　经过大气传输的无线信道电波传输模型示意图

3.3.2　传播路径损耗模型

传播路径损耗主要包括大气衰减、云衰减、雨衰减(包括吸收和折射/散射引起的信号幅度降低),路径衰减造成的地面站噪声温度变化,以及雨和冰晶层吸收/折射/散射去极化效应造成的损耗。

1. 大气衰减

大气衰减是由大气层气体对电磁波能量的吸收引起的,可分为干空气吸收和水汽吸收衰减。大气衰减可通过大气压、温度和湿度对每条氧气和水汽的吸收谱线求和而很精确地得到,但由于其计算复杂,不便于实际的工程应用。为此 ITU - R 提供了较精确的解析模式,解析模式从海平面到海拔 5 km 处,与直接计算结果间有很好的一致性,绝对误差一般小于 0.1 dB/km,可满足工程应用的需要。计算步骤包括干空气和水汽的特征衰减计算、等效高度计算、天顶衰减计算和地空路径衰减计算。

（1）特征衰减计算

1）干空气的特征衰减

对于频率小于 350 GHz 干空气的特征衰减可以用分段解析模式进行计算,Ka 频段干空气的特征衰减 γ_O 可用以下解析模式进行计算

$$\gamma_O = \left[\frac{7.34 r_p^2 r_t^3}{f^2 + 0.36 r_p^2 r_t^2} + \frac{0.342\,9\, b\gamma_O'(54)}{(54 - f)^a + b} \right] f^2 \times 10^{-3} \quad \text{dB/km} \quad (f \leqslant 54\ GHz)$$

$$(3-65)$$

式中

f 为频率,单位为 GHz;

$r_p = p/101\,3$,p 表示压强,单位为 hpa;

$r_t = 288/(273+t)$,t 表示年平均表面温度,单位为℃;

$\gamma_O'(54) = 2.128 r_p^{1.495\,4} r_t^{-1.603\,2} \exp[-2.528\,0(1-r_t)]$;

$a = \ln(\eta_2/\eta_1)/\ln 3.5$;

$b = 4^a/\eta_1$。$\eta_1 = 6.766\,5 r_p^{-0.505\,0} r_t^{0.510\,6} \exp[1.566\,3(1-r_t)] - 1$;

$\eta_2 = 27.84\,3 r_p^{-0.490\,8} r_t^{-0.849\,1} \exp[0.549\,6(1-r_t)] - 1$。

2）水汽的特征衰减

对于频率小于 350 GHz 的水汽特征衰减 γ_W 可用以下解析模式近似:

$$\gamma_W = \left\{ 3.13 \times 10^{-2} r_p r_t^2 + 1.76 \times 10^{-3} \rho r_t^{8.5} + r_t^{2.5} \left[\frac{3.84 \xi_{W1} g_{22} \exp(2.23(1-r_t))}{(f - 22.235)^2 + 9.42 \xi_{W1}^2} + \right. \right.$$

$$\frac{10.48 \xi_{W2} \exp(0.7(1-r_t))}{(f - 183.31)^2 + 9.48 \xi_{W2}^2} + \frac{0.078 \xi_{W3} \exp(6.438\,5(1-r_t))}{(f - 321.226)^2 + 6.29 \xi_{W3}^2} +$$

$$\frac{3.76 \xi_{W4} \exp(1.6(1-r_t))}{(f - 325.153)^2 + 9.22 \xi_{W4}^2} + \frac{26.36 \xi_{W5} \exp(1.09(1-r_t))}{(f - 380)^2} +$$

$$\frac{17.87 \xi_{W5} \exp(1.46(1-r_t))}{(f - 448)^2} + \frac{883.7 \xi_{W5} g_{557} \exp(0.17(1-r_t))}{(f - 557)^2} +$$

$$\left. \left. \frac{302.6 \xi_{W5} g_{752} \exp(0.41(1-r_t))}{(f - 752)^2} \right] \right\} f^2 \rho \times 10^{-4} \quad \text{dB/km} \quad (f \leqslant 350\ GHz)$$

$$(3-66)$$

式中

ρ 为水汽密度，单位为 g/m^3；

$\xi_{w1} = 0.954\ 4 r_p r_t^{0.69} + 0.006\ 1 p$；

$\xi_{w2} = 0.95 r_p r_t^{0.64} + 0.006\ 7 p$；

$\xi_{w3} = 0.956\ 6 r_p r_t^{0.67} + 0.005\ 9 p$；

$\xi_{w4} = 0.954\ 3 r_p r_t^{0.68} + 0.006\ 1 p$；

$\xi_{w5} = 0.955 r_p r_t^{0.68} + 0.006\ 1 p$；

$g_{22} = 1 + (f - 22.235)^2 / (f + 22.235)^2$；

$g_{557} = 1 + (f - 557)^2 / (f + 557)^2$；

$g_{52} = 1 + (f - 752)^2 / (f + 752)^2$。

（2）等效高度计算

在海拔高度 2 km 以内，天顶大气衰减可使用等效高度来计算，其结果精度在 $\pm 10\%$ 以内，Ka/Ku 频段干空气的等效高度 h_O 和水汽的等效高度 h_w 分别可表示为

$$h_O = 5.386 - 3.327\ 34 \times 10^{-2} f + 1.871\ 85 \times 10^{-3} f^2 - 3.520\ 87 \times 10^{-5} f^3 +$$

$$\frac{83.26}{(f - 60)^2 + 1.2} \quad \text{km} \quad (1\ \text{GHz} \leqslant f \leqslant 56.7\ \text{GHz})$$

$$(3 - 67)$$

$$h_w = 1.65 \left[1 + \frac{1.61}{(f - 22.23)^2 + 2.91} + \frac{3.33}{(f - 183.3)^2 + 4.58} + \right.$$

$$\left. \frac{1.90}{(f - 325.1)^2 + 3.34} \right] \quad \text{km} \quad (f \leqslant 350\ \text{GHz})$$

$$(3 - 68)$$

（3）天顶衰减计算

根据特征衰减和等效高度的计算结果，即可计算干空气的天顶衰减 $A_O = h_O \gamma_O$，水汽的天顶衰减 $A_w = h_w \gamma_w$，则总的天顶衰减 $A_z = h_O \gamma_O + h_w \gamma_w$。干空气、水汽和总的大气天顶衰减随频率的变化如图 3-16 所示。

当可获得柱积分含水量数据时，也可由水汽积分含量来计算不同时间概率的水汽吸收衰减 $A_w(P)$，即

$$A_w(P) = \frac{V_t(\rho) \cdot \gamma_w(\rho)}{\rho} \quad \text{dB} \quad (3 - 69)$$

式中，$V_t(\rho)$ 为积分水汽含量，单位为 kg/m^2；ρ 为年平均表面水汽密度，单位为 g/m^3；γ_w 为水汽特征衰减，单位为 dB/km；P 为时间概率。

（4）地空路径衰减计算

当路径仰角大于 5° 时，地空路径大气总吸收衰减 A 可根据天顶衰减 A_z 和仰角 ϕ，

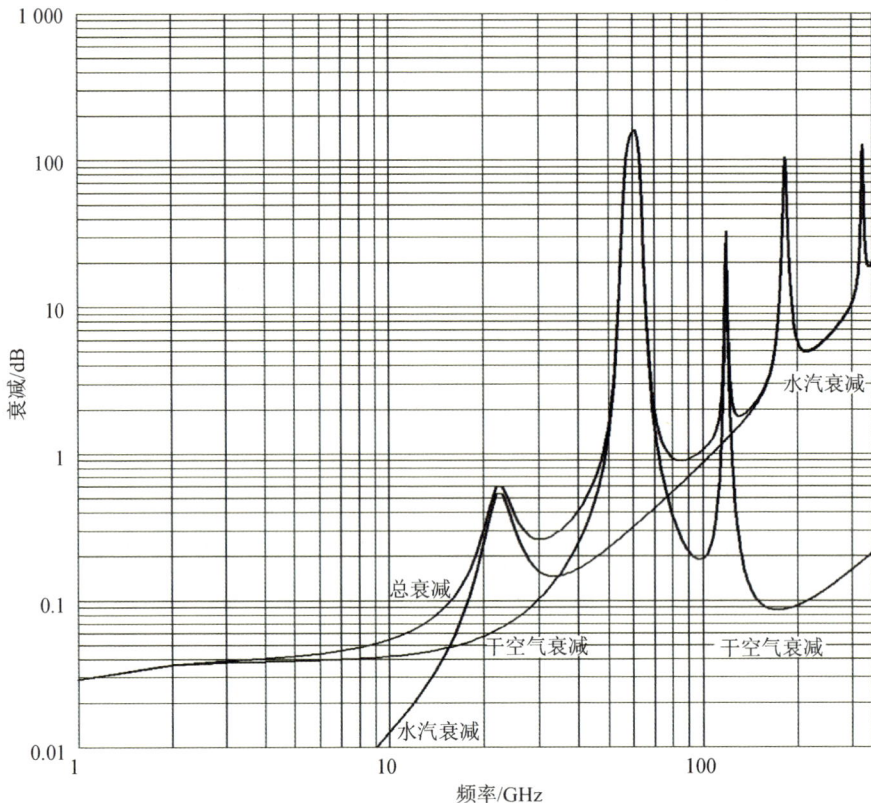

图 3 - 16　干空气、水汽和总的大气天顶衰减随频率的变化

直接通过余割定律计算,即

$$A = \frac{A_z}{\sin \phi} = \frac{A_o + A_w}{\sin \phi} \quad \text{dB} \tag{3 - 70}$$

或计算不同概率的大气吸收衰减 $A(P)$,即

$$A(P) = \frac{A_o + A_w(P)}{\sin \phi} \quad \text{dB} \tag{3 - 71}$$

上述大气衰减计算时,可使用当地的大气环境统计数据,对于缺少数据的地区可使用 ITU - R P.835 和 ITU - R P.836 提供的数据。

对于仰角小于 5°的情况,需要进行更复杂的计算或估计,ITU - R P.676 最新版本给出了计算方法,早期版本给出了估计方法。由于中继卫星系统一般不存在仰角小于 5°的情况,本书对此不展开讨论。

2. 云衰减

由于云滴尺寸通常远小于中继卫星系统的工作波长,因此可用 Rayleigh 模型近似计算云衰减,云的特征衰减可表示为

$$\gamma_\text{C} = K_\text{t} M \quad \text{dB/km} \tag{3-72}$$

式中,γ_C 为云的特征衰减,单位为 dB/km;K_t 为云的特征衰减系数,单位为$(\text{dB/km}) \cdot (\text{g/m}^3)^{-1}$;$M$ 为云中的液态水密度,单位为 g/m^3。

基于 Rayleigh 散射近似和水的双 Debye 介电常数模型,云的特征衰减系数可用下式计算

$$K_\text{t} = \frac{0.819 f}{\varepsilon''(1 + \eta^2)} \quad (\text{dB/km}) \cdot (\text{g/m}^3)^{-1} \tag{3-73}$$

式中

$$\eta = \frac{2 + \varepsilon'}{\varepsilon''}$$

$$\varepsilon''(f) = \frac{f(\varepsilon_0 - \varepsilon_1)}{f_\text{p}[1 + (f/f_\text{p})^2]} + \frac{f(\varepsilon_1 - \varepsilon_2)}{f_\text{s}[1 + (f/f_\text{s})^2]}$$

$$\varepsilon'(f) = \frac{\varepsilon_0 - \varepsilon_1}{[1 + (f/f_\text{p})^2]} + \frac{\varepsilon_1 - \varepsilon_2}{[1 + (f/f_\text{s})^2]} + \varepsilon_2$$

$$\varepsilon_0 = 77.6 + 103.3(r_\text{t} - 1), \quad \varepsilon_1 = 5.48, \quad \varepsilon_2 = 3.51$$

$$r_\text{t} = \frac{300}{T}$$

$$f_\text{p} = 20.09 - 142(r_\text{t} - 1) + 294(r_\text{t} - 1)^2$$

$$f_\text{s} = 590 - 1\,500(r_\text{t} - 1)$$

图 3-17 给出了频率 5～200 GHz、温度 −8～20 ℃的云雾特征衰减系数关系,对于云衰减其对应的为 0 ℃曲线。为了便于工程应用,许多研究者给出了云雾特征衰减系数的解析模式,本书给出云雾特征衰减系数的解析模式为

$$K_\text{t} = 6.082\,6 \times 10^{-4} f^{1.896\,3} r_\text{t}^{(7.808\,7 - 0.015\,65 f - 3.073\,0 \times 10^{-4} f^2)} \quad (f \leqslant 150 \text{ GHz}) \tag{3-74}$$

此解析公式与直接计算结果间的误差在 10 GHz 以上时小于 9%,对于 0 ℃的云衰减计算误差小于 5%,可更方便地用于云衰减计算。

3. 雨衰减

根据 ITU-R 雨衰减预报模式(ITU-R P.618),电波传播地空路径示意图如图 3-18 所示。对于地空电路雨衰减预报需要输入以下参数:

> $R_{0.01}$:当地平均每年内 0.01%时间被超过的分钟降雨率,单位为 mm/h;

> h_s:地面站海拔高度,单位为 km;

> θ:仰角,单位为°(度);

> φ:地面站纬度,单位为°(度);

> λ:地面站经度,单位为°(度);

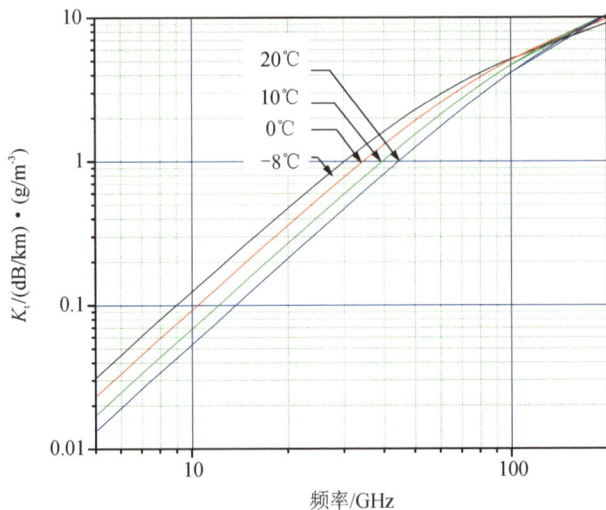

图 3 - 17   不同温度的云雾特征衰减系数与频率的关系

➤ f:频率,单位为 GHz;

➤ R_e:等效地球半径(通常默认为 8 500 km,相当于 4/3 倍真实地球半径);

➤ τ:极化倾角,单位为°(度)。

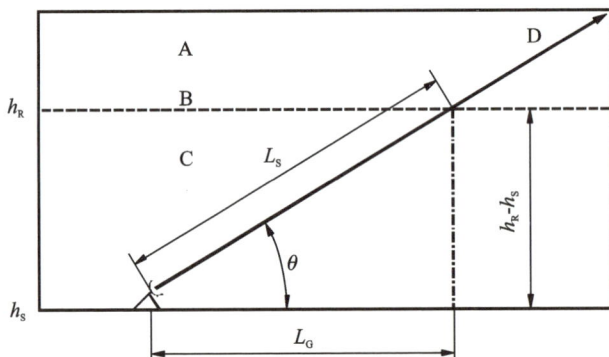

注:A 区为冰冻水凝物区;B 为雨顶高度;C 区为降雨区;D 为地空路径。

图 3 - 18   电波传播地空路径示意图

具体预测步骤如下:

① 计算雨顶高度。由 ITU - R P.839 建议获得地面站所在地的年平均雨顶高度。

② 计算雨顶下斜路径长度 L_S。如果雨顶高度 h_R 小于或等于地面站海拔高度 h_S,那么任何时间概率的雨衰减都将等于零,因而不必进行后续计算。否则,按下式计算

$$L_S = \frac{h_R - h_S}{\sin \theta} \quad \text{km} \quad (\theta \geqslant 5°) \tag{3-75}$$

$$L_S = \frac{2(h_R - h_S)}{\left(\sin^2\theta + \dfrac{2(h_R - h_S)}{R_e}\right)^{\frac{1}{2}} + \sin\theta} \quad \text{km} \quad (\theta < 5°) \tag{3-76}$$

③ 计算斜路径的水平投影,即

$$L_G = L_S \cos\theta \quad \text{km} \tag{3-77}$$

④ 获得当地超过 0.01% 时间降雨率 $R_{0.01}$(1 分钟积分时间),如果没有当地的降雨实测数据,可从 ITU-R P.837 建议中得到一个估值。若 $R_{0.01}$ 为零,则任何时间概率的雨衰减都为零,不需进行后续计算。

⑤ 计算超过 0.01% 时间概率降雨率的特征衰减,即

$$\gamma_R = k(R_{0.01})^a \quad \text{dB/km} \tag{3-78}$$

⑥ 计算 0.01% 时间概率的水平缩短因子,即

$$r_{0.01} = \frac{1}{1 + 0.78\sqrt{\dfrac{L_G \gamma_R}{f}} - 0.38(1 - e^{-2L_G})} \tag{3-79}$$

⑦ 计算 0.01% 时间概率的垂直调整因子 $v_{0.01}$。

$$\zeta = [\arctan]^{-1}\left(\frac{h_R - h_S}{L_G r_{0.01}}\right)° \tag{3-80}$$

若 $\zeta > \theta$,则 $L_R = L_G \dfrac{r_{0.01}}{\cos\theta}$ km,否则 $L_R = \dfrac{h_R - h_S}{\sin\theta}$ km。

若 $|\phi| < 36°$,则 $\chi = (36 - |\phi|)°$,否则 $\chi = 0°$。

最终可得垂直调整因子为

$$v_{0.01} = \frac{1}{1 + \sqrt{\sin\theta}\left(31(1 - e^{-(\theta/(1+\chi))})\dfrac{\sqrt{L_R \gamma_R}}{f^2} - 0.45\right)} \tag{3-81}$$

⑧ 计算有效路径长度,即

$$L_E = L_R v_{0.01} \quad \text{km} \tag{3-82}$$

⑨ 计算每年不超过 0.01% 时间概率的雨衰减,即

$$A_{0.01} = \gamma_R L_E \quad \text{dB} \tag{3-83}$$

⑩ 预测时间概率为 0.001%～5% 雨衰减,即

若 P≥1% 或 $|\phi|$≥36°,则 $\beta = 0$;若 P≤1% 和 $|\phi|$≥36° 且 θ≥25°,则 $\beta = -0.005$ ($|\phi| - 36$);其他情况,$\beta = -0.005(|\phi| - 36) + 1.8 - 4.25\sin\theta$,于是

$$A_P = A_{0.01}\left(\frac{P}{0.01}\right)^{-[0.655 + 0.033\ln P - 0.045\ln A_{0.01} - \beta(1-P)\sin\theta]} \quad \text{dB} \tag{3-84}$$

最后,ITU-R 建议中说明该模式是长期雨衰减的统计,有可能因为降雨的年际变化而造成较大的预报误差。

4. 雨衰减及冰晶去极化效应造成的损耗

去极化效应是指无线电波在传播过程中极化特性的变化,可能会从传输的电磁波中产生一个正交极化分量。在中继卫星系统中,由于不存在极低仰角的空间通信,可以不考虑严重多径传播引起的去极化效应,主要关注雨或冰等水凝物的去极化效应。降雨引起的去极化效应随极化倾角的增大而增大,在极化倾角为 45°时最为严重,在极化倾角为 0°时影响最小。

（1）去极化效应的影响

无线电波的去极化效应将造成收端和发端的极化失配,形成极化损耗和极化干扰两方面影响,其中,极化损耗出现在所有卫星通信系统中,而极化干扰主要影响采用同频极化复用的卫星通信系统。

1）极化损耗

极化损耗是指由于极化不匹配导致的主极化上的信号损失,可区分为椭圆极化和线极化。

➤ 椭圆极化的极化损耗为

$$[L_P] = -10\log \frac{1}{2}\Big(1 + \frac{\pm 4x_T x_R + (1-x_T{}^2)(1-x_R{}^2)\cos 2\alpha_2}{(1+x_T{}^2)(1+x_R{}^2)}\Big) \quad (3-85)$$

式中,α_2 为发送波椭圆极化半长轴方向与接收天线椭圆极化半长轴之间的夹角,单位为°（度）;x_T 和 x_R 分别为发送波和接收天线的极化轴比（极化椭圆的半长轴与半短轴之比）,无量纲;$4x_T x_R$ 项的符号选择:当接收波极化旋转方向与接收设备要求一致时取正,反之取负。当发送波椭圆极化半长轴方向与接收波椭圆极化半长轴夹角为 90°时,极化损耗最大。

➤ 线极化的极化损耗为

$$[L_P] = -10\log(\cos^2\alpha_1) \quad (3-86)$$

式中,α_1 为发射波的线极化方向与接收天线线极化方向之间的夹角,单位为°（度）。当下行信号的极化方向与地面站的极化方向之间的夹角控制在 8°以内时,则可以将极化损耗控制在 0.1 dB 以内。由于降雨引起的去极化效应与极化倾角有关,在中继卫星系统总体设计中,通过预置中继卫星星地链路天线极化角,将星地链路天线发射的水平、垂直线极化方向设置为相对于地面站的极化方向,同时地面站采用一定方式来跟踪极化角变化,以减小去极化效应带来的影响。

2）极化干扰

极化干扰是指由于极化隔离不充分引起的正交极化方向信号泄露,从而导致同频极化复用时会引起正交极化方向上的干扰。中继卫星星地数传链路总工作带宽可以达到 2 GHz 左右,为了节省频率资源,提高频谱利用率,减轻合路器和高频器件等设备的研制难度,中继卫星星地链路天线和地面站天线通常采用同频线极化复用技术,即一部分转发器对应垂直线极化,另一部分转发器对应水平线极化。

发射矢量 E_1 和 E_2 是正交传输的垂直和水平方向波,由于发射天线、接收天线和传播介质的影响,因此接收矢量包括了共极化(期望)1 和 2 方向上的 E_{11} 和 E_{22},以及转换为交叉极化(非期望)2 和 1 方向上 E_{12} 和 E_{21}。使用系统交叉极化鉴别度 XPD 来定义这种影响程度,XPD_1 为垂直方向上的交叉极化鉴别度,XPD_2 为水平方向上的交叉极化鉴别度,分别表示为

$$XPD_1 = 20\log\frac{|E_{11}|}{|E_{12}|}, \quad XPD_2 = 20\log\frac{|E_{22}|}{|E_{21}|} \tag{3-87}$$

或者使用交叉极化隔离度来定义影响程度,XPI_1 为垂直方向上的交叉极化隔离度,XPI_2 为水平方向上的交叉极化隔离度,分别表示为

$$XPI_1 = 20\log\frac{|E_{11}|}{|E_{21}|}, \quad XPI_2 = 20\log\frac{|E_{22}|}{|E_{12}|} \tag{3-88}$$

(2) 极化影响的计算

根据比较同一无线电波路径上去极化测量结果与雨衰减测量结果,XPD 有如下经验关系

$$XPD = (U - V\log A) \quad dB \tag{3-89}$$

式中,U 和 V 为根据经验确定的系数,取决于工作频率、极化角、卫星仰角、倾斜角和其他链路参数;A 为雨衰减,可根据前文介绍的雨衰减预测模型估计。ITU 基于 XPD 经验关系,提出 ITU - R 去极化模型(ITU - R P.618,适用于 8～35 GHz),通过雨衰减计算 XPD,需要输入以下参数:

➤ f:工作频率,单位为 GHz;

➤ θ:卫星的仰角,单位为°(度);

➤ τ:相对于水平的极化倾角,单位为°(度);

➤ A_P:传输路径上所需概率 P 的降雨衰减量,单位为 dB,也称为同极衰减。

具体计算步骤如下:

① 计算频率系数项,即

$$C_f = (26\log_{10} f + 4.1) \quad dB \tag{3-90}$$

② 计算雨衰减系数项,即

$$C_A = V(f)\log_{10} A_p \quad dB \tag{3-91}$$

式中,当 8 GHz≤f≤20 GHz 时,$V(f) = 12.8\, f^{0.19}$;当 20 GHz≤f≤35 GHz 时,$V(f) = 22.6$。

③ 计算极化改善系数项,即

$$C_\tau = -10\log_{10}\left[1 - 0.484(1 + \cos(4\tau))\right] \quad dB \tag{3-92}$$

④ 计算仰角系数项,即

$$C_\theta = -40\log_{10}\cos\theta \quad \text{dB} \quad (\theta \leqslant 60°) \tag{3-93}$$

⑤ 计算倾斜角系数项,即

$$C_\sigma = 0.005\ 3\sigma^2 \quad \text{dB} \tag{3-94}$$

式中,σ 为雨滴倾斜角分布的有效标准偏差,概率 P 为 1%、0.1%、0.01%、0.001% 时取值分别为 0°、5°、10°、15°。

⑥ 计算概率 P 以下的降雨 XPD,即

$$\text{XPD}_\text{雨} = (C_\text{f} - C_\text{A} + C_\tau + C_\theta + C_\sigma) \quad \text{dB} \tag{3-95}$$

⑦ 计算冰晶相关项,即

$$C_\text{冰} = \text{XPD}_\text{雨} \times \frac{0.3 + 0.1\log_{10}\text{P}}{2} \quad \text{dB} \tag{3-96}$$

⑧ 计算概率 P 以下的总 XPD,即

$$\text{XPD}_\text{P} = (\text{XPD}_\text{雨} - C_\text{冰}) \quad \text{dB} \tag{3-97}$$

在计算出 XPD_p 的基础上,与发射系统、接收系统的 XPD_T 和 XPD_R 共同计算出中继卫星系统星地链路的系统 XPD_S,进而计算出极化失配影响。

5. 路径衰减造成的地面站噪声温度变化

随着路径衰减的增加,地面站接收噪声也会增加。对于具有低噪声前端的地面站来说,这种噪声温度的增加有时可能比衰减本身对接收信号信噪比的影响更大。大气对地面站天线噪声的影响可用下式来估计,即

$$T_\text{S} = T_\text{m}\left(1 - 10^{-\frac{A}{10}}\right) + 2.7 \times 10^{-\frac{A}{10}} \tag{3-98}$$

式中,T_S 为天线检测到的天空噪声温度,单位为 K;A 为路径衰减,单位为 dB;T_m 为有效介质温度,单位为 K。

通过比较辐射计观测结果和信标测量结果,频率在 10~30 GHz 时,降雨和云介质的有效温度被确定为在 260~280 K 范围内。当衰减已知时,下面的有效介质温度可以用来获得低于 60 GHz 的天空噪声温度的上界:$T_\text{m} = 280$ K(云),$T_\text{m} = 260$ K(雨)。

对于水汽密度为 7.5 g/m³ 的标准大气,天空噪声温度与路径仰角的关系如图 3-19 所示。

对于上行链路,星上接收天线噪声温度是大气和地表温度、仰角、频率、天线增益的复杂函数,主要因素为主波束内陆地(高亮温)和海洋(低亮温)所占比例,图 3-20 给出了具有地球覆盖波束的静止轨道卫星所看到的地面亮温的计算值,从中可以看到陆地和海洋对不同位置卫星亮温的影响。亮温随频率增高的原因主要是大气吸收的影响,图 3-20 中曲线对应水汽密度为 7.5 g/m³ 标准大气和 50% 云覆盖的情况。全球覆盖天线波束的增益 $G(\phi) = -3(\phi/8.715)^2$,$\phi$ 为偏离视轴的角度(0°≤ϕ≤8.715°)。对于特定覆盖区域的天线,可利用图 3-21 给出的陆地和海洋辐射亮温,根据天线覆盖区域的陆地和海洋所占比例进行计算。

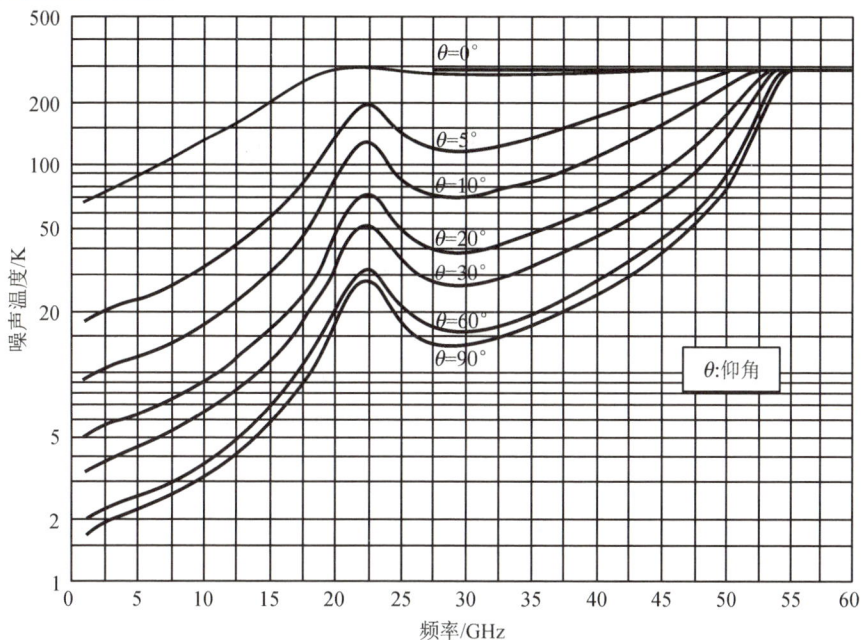

图 3 - 19　晴空亮温与频率间的关系

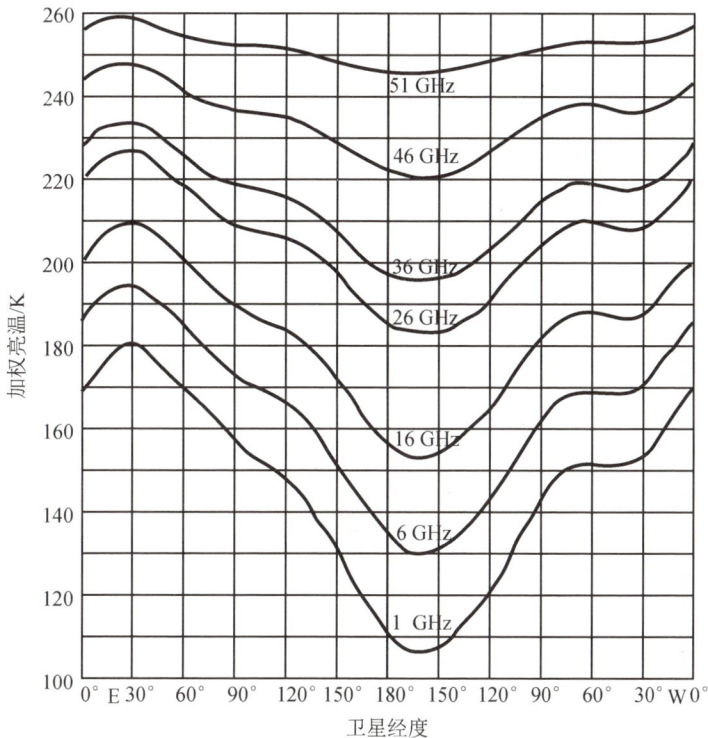

图 3 - 20　地球加权亮温随静止轨道卫星视在经度变化

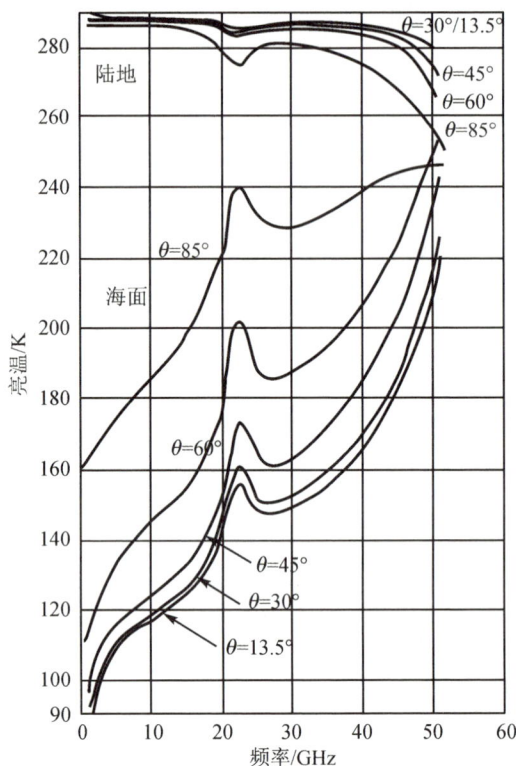

图 3 - 21 地海面亮温随频率的变化曲线

3.3.3 小尺度衰落模型

小尺度衰落模型主要研究小尺度衰落现象,用来描述无线电波非常短的时间间隔(如秒级)或者非常短的距离(如几个波长)内接收信号强度的迅速变化。因为是很短时间时隔或距离内信号强度的变化,所以由大尺度传播所造成的功率损耗可以忽略。在这种小尺度衰落中,在很短的时间内信号强度可能相差数百上千倍,甚至达到上万倍的等级,因此小尺度衰落是基带信号处理所必须面对的问题。尽管中继卫星和用户目标之间通信链路主要是视距传输,而当用户目标处于市区、山涧峡谷、林区时,通信链路很可能会被遮蔽物部分或完全遮蔽,从而呈现衰落信道特性。由于地面站的存在,使得星地链路不可避免地存在多径效应。同时,由于中继卫星及用户终端的运动,星地链路和星间链路都必然存在多普勒效应。

由于无线信道的多径、发射端与收发端的相对运动以及不同的散射环境,使得无线信道在时间上、频率上和空间上造成了色散(dispersion)。一般情况下,使用功率延迟分布(Power Delay Profile,PDP)描述信道在时间上的色散;使用多普勒功率谱密度(Doppler Power Spectral Density,DPSD)描述信道在频率上的色散;使用角度功率谱(Power-Azimuth. Spectrum,PAS)描述信道在空间上的色散。也就是说,信号经过信道后分别形成了时间选择性衰落、频率选择性衰落和空间选择性衰落,这些衰落可以分别用时延扩展、多普勒扩展和角度扩展来描述,而这 3 种扩展又分别对应 3 种无线信道的相干参数,即相干带宽、相干时间和相干距离。

空间色散是由于发送端或接收端周围的散射环境不同,使得多天线系统中不同位置天线经历的衰落不同,从而产生空间选择性衰落,角度扩展和相干距离是描述角度色散和空间选择性衰落的两个主要参数。在中继卫星系统中,一般只有中继卫星星载 SMA 天线阵列和部分用户终端相控阵天线阵列采用多天线系统,且尺寸较小,从而空间色散可以忽略,所以本书只介绍无线信道在频率和时间上的色散。

1. 频率色散

由于发射端与接收端之间的相对运动,因此无线传输信号会产生频率扩散,波长也发生变化,该现象即多普勒效应。多普勒效应会造成接收信号频谱的展宽,此时信道是时变的。多径效应同样会引起信道特性随时间变化,具体随后介绍。

信道的时变特性导致信号的时间选择性衰落,进而引起信号失真,这是因为当发送信号还在传输过程中时,传输信道的特性已经发生变化。多普勒扩展和相干时间是描述信道的频率色散和时变特性的两个参数。

(1) 多普勒频移

由于多普勒效应而导致的发射端信号与接收端信号间的频率差被称为多普勒频移。多普勒频移的大小与相对运动的速度成正比,而频移的符号则由相对运动的方向决定:若接收端相对运动方向与信号传播方向相同,则多普勒频移符号为正;反之,若相对运动方向与信号传播方向相反,则多普勒频移符号为负。

中继卫星前向/返向链路包括了星间链路和星地链路,其中,星间链路的多普勒频移要远大于星地链路,在分析多普勒频移的时候主要考虑星间链路。星间链路多普勒频移的表达式为

$$f_d = \frac{v}{\lambda} \cos \theta \tag{3-99}$$

式中,v 为以中继卫星为原点建立的坐标系中的用户目标移动速度,λ 为信号波长,θ 为用户目标与中继卫星之间的夹角。当 $\cos \theta = 1$,即用户目标移动方向与信号入射方向完全相同或相反时,有最大多普勒频移 $f_m = \frac{v}{\lambda}$。

(2) 多普勒扩展与相干时间

由于用户目标相对中继卫星的运动、中继卫星相对地面站的运动并不是恒向恒速的,因此多普勒频移会随着时间而不断变化,通常以多普勒频移的数值和各阶变化率来描述。这种无线信道时变特性在频移上的体现即为多普勒扩展 B_D,其定义为接收端信号多普勒谱中非零频率范围。相干时间 T_C 则为无线信道时变特性的时域

表现,与最大多普勒频移成反比,即 $T_C \approx \dfrac{1}{f_m}$。

当无线通信信道的相干时间 T_C 小于信号周期 T_S,且频域上的多普勒扩展 B_D 大于信号带宽 B_S 时,信道为快衰落信道,信号经由信道传输时衰减较为快速;反之,当相干时间 T_C 大于信号周期 T_S,频域上的多普勒扩展 B_D 小于信号带宽 B_S 时,信道为慢衰落信道,其信号失真相对快衰落信道较小。

多普勒扩展 B_D 定义为多普勒功率谱密度 $S_{\mu\mu}(f)$ 的二阶中心距的平方根(标准差),即

$$B_D = \sqrt{\frac{\int_{-\infty}^{+\infty} (f - \bar{B})^2 S_{\mu\mu}(f)\,\mathrm{d}f}{\int_{-\infty}^{+\infty} S_{\mu\mu}(f)\,\mathrm{d}f}} \qquad (3-100)$$

$$\bar{B} = \frac{\int_{-\infty}^{+\infty} f S_{\mu\mu}(f)\,\mathrm{d}f}{\int_{-\infty}^{+\infty} S_{\mu\mu}(f)\,\mathrm{d}f} \qquad (3-101)$$

式中,多普勒功率谱密度 $S_{\mu\mu}(f)$ 可由不同的衰落信道模型获得。例如,常见的 Rayleigh-Jakes 衰落信道模型的多普勒谱为"u"型谱。

2. 时间色散

时延扩展是由于信号的多径传播造成的,它们是同时出现的,只是表现形式不同。由于中继卫星传输信道不是自由空间,在这种非理想空间中,存在电波的反射、折射、绕射、色散和吸收等现象,造成传输的多径效应,进而引起时间色散。

时延扩展体现在时域,是指由于信号在多径信道传播时,各个信道时延不同造成信号在时间上的色散,使得接收信号持续时间比发射信号持续时间长,形成的接收信号时域波形的展宽。当发射端发射一个脉冲信号时,由于存在多种不同的传播路径,且路径长度不一样,则信号到达接收端的时间不同,因此接收信号是由许多不同时延的脉冲组成的。另外,随着用户目标/地面站与中继卫星之间的相对移动,各条传播路径上的信号幅度、时延及相位随时间发生变化,因此接收信号的电平是起伏、不稳定的。为了模拟真实信道的衰落特性须从统计模型出发模拟多径衰落,对多径传输而带来的多普勒频移效应也是如此。对于中继卫星系统而言,多径传输带来的信号幅度分布主要是瑞利(Rayleigh)分布和莱斯(Rician)分布,多普勒功率谱密度主要是 Jakes 功率谱密度和 Gaussian 功率谱密度。

为了有效模拟信道的 Rician 和 Rayleigh 衰落特性,下面以未调制载波信号为例,按其传输机理,对未调制载波信号在动态信道的传输特性进行分析,并推导其输出信号的幅度概率密度函数。

(1) Rician 衰落特性

按照经典理论,当接收信号是由多径信号分量与直射波信号分量合成时,其包

络服从 Rician 分布，其幅度的概率密度函数为

$$f_r(r) = \frac{r}{\sigma^2} \exp\left[-\frac{r^2 + z^2}{2\sigma^2}\right] I_0\left(\frac{rz}{\sigma^2}\right) \tag{3-102}$$

式中，r 为接收信号的幅度，z 为直射波信号的幅度，σ^2 为平均多径功率，$I_0(\cdot)$ 为第一类零阶修正的贝塞尔函数。其推导原理如下：

设 $s(t)$ 为未调制的载波信号，即

$$s(t) = \cos(\omega_c t + \varphi_c) \tag{3-103}$$

对移动用户终端则有多普勒频移 Δf_n（针对第 n 条信号路径），即

$$\Delta f_n = \frac{v}{\lambda} \cos \alpha_n \tag{3-104}$$

式中，α 为入射电波与移动用户终端运动方向的夹角，v 为运动速率，λ 为波长。若接收信号为直射分量与多径分量的迭加，则其幅度 $r(t)$ 可表示为

$$r(t) = c_0 \cos(\omega_c t + \varphi_c + \Delta\omega_0 t) + \sum_{n=1}^{N} c_n \cos(\omega_c t + \varphi_c + \varphi_n + \Delta\omega_n t)$$

$$\tag{3-105}$$

式中，前项为直射分量，后项为多径分量的迭加，$\Delta\omega_n = 2\pi\Delta f_n$，$\phi_n$ 为第 n 条路径相对直射分量的相位偏差。令 $\theta_1 = \varphi_c + \Delta\omega_0 t$，$\theta_2 = \varphi_c + \phi_n + \Delta\omega_n t$，则式(3-105)变为

$$\begin{aligned}
r(t) &= c_0 \cos(\omega_c t + \theta_1) + \sum_{n=1}^{N} c_n \cos(\omega_c t + \theta_2)\\
&= c_0 \cos(\omega_c t)\cos\theta_1 - c_0 \sin(\omega_c t)\sin\theta_1 +\\
&\quad \sum_{n=1}^{N} c_n \cos(\omega_c t)\cos\theta_2 - \sum_{n=1}^{N} c_n \sin(\omega_c t)\sin\theta_2\\
&= \left(c_0\cos\theta_1 + \sum_{n=1}^{N} c_n\cos\theta_2\right)\cos(\omega_c t) - \left(c_0\sin\theta_1 + \sum_{n=1}^{N} c_n\sin\theta_2\right)\sin(\omega_c t)
\end{aligned}$$

$$\tag{3-106}$$

又令 $I(t) = c_0\cos\theta_1 + \sum\limits_{n=1}^{N} c_n\cos\theta_2$，$Q(t) = c_0\sin\theta_1 + \sum\limits_{n=1}^{N} c_n\sin\theta_2$，则有

$$r(t) = I(t)\cos(\omega_c t) - Q(t)\sin(\omega_c t) \tag{3-107}$$

如果令 $T_c(t) = \sum\limits_{n=1}^{N} c_n\cos\theta_2$，$T_s(t) = \sum\limits_{n=1}^{N} c_n\sin\theta_2$，由中心极限定理可知 $T_c(t)$ 与 $T_s(t)$ 为高斯随机过程。对某一特定的时间 t_0，有

$$I = I(t_0) = c_0\cos\theta_1 + T_c(t_0) = c_0\cos\theta_1 + T_c \tag{3-108}$$

$$Q = Q(t_0) = c_0\sin\theta_1 + T_s(t_0) = c_0\sin\theta_1 + T_s \tag{3-109}$$

且随机变量 T_c 与 T_s 的概率密度函数分别为

$$f_{T_c}(t_c) = \frac{1}{\sigma_c\sqrt{2\pi}} \exp\left(-\frac{t_c^2}{2\sigma_c^2}\right) \tag{3-110}$$

$$f_{T_s}(t_s) = \frac{1}{\sigma_s \sqrt{2\pi}} \exp\left(-\frac{t_s^2}{2\sigma_s^2}\right) \quad (3-111)$$

T_c 与 T_s 的均值 $E[T_c] = E[T_s] = 0$，方差 $\mathrm{Var}[T_c] = \mathrm{Var}[T_s] = \sigma_c^2 = \sigma_s^2 = \sigma^2$。由于 θ_n 在 $[0, 2\pi]$ 内是均匀分布的，即 $\theta_n \sim U(0, 2\pi)$，因此随机变量 T_c 与 T_s 的协方差为

$$\mathrm{Cov}[T_c, T_s] = E[T_c T_s] = \sum_{n=1}^{N} \sum_{m=1}^{N} c_n c_m E\left[\frac{\sin 2\theta_n}{2}\right] = 0 \quad (3-112)$$

而 I 与 Q 的概率密度函数分别为

$$f_I(i) = f_{T_c}(i - c_0\cos\theta_1) \mid (i - c_0\sin\theta_1) \mid = \frac{1}{\sigma\sqrt{2\pi}} \exp\left[-\frac{(i - c_0\cos\theta_1)^2}{2\sigma^2}\right]$$
$$(3-113)$$

$$f_Q(q) = f_{T_s}(q - c_0\sin\theta_1) \mid (q - c_0\cos\theta_1) \mid = \frac{1}{\sigma\sqrt{2\pi}} \exp\left[-\frac{(q - c_0\sin\theta_1)^2}{2\sigma^2}\right]$$
$$(3-114)$$

由上述可知，I 和 Q 的均值分别为

$$E[I] = c_0\cos\theta_1, \quad E[Q] = c_0\sin\theta_1 \quad (3-115)$$

则 I 和 Q 的协方差为

$$\mathrm{Cov}[I, Q] = E[(I - E[I])(Q - E[Q])] = E[T_s T_c] = 0 \quad (3-116)$$

因此，I 和 Q 是相互独立的，则 I 与 Q 的联合概率密度函数为

$$f_{IQ}(i, q) = f_I(i) f_Q(q)$$
$$= \frac{1}{2\pi\sigma^2} \exp\left[-\frac{(i^2 + q^2) - 2c_0\sqrt{i^2 + q^2}\cos\left(\theta_1 + \arctan\frac{q}{i}\right) + c_0^2}{2\sigma^2}\right]$$
$$(3-117)$$

由复数公式可知

$$r^2 = i^2 + q^2 \quad (3-118)$$

再令 $\theta = \theta_1 + \arctan\dfrac{q}{i}$，有

$$i = r\cos\theta, \quad q = r\sin\theta \quad (3-119)$$

于是，可得雅克比（Jacobian）行列式为

$$J = \frac{\partial(i, q)}{\partial(r, \theta)} = \begin{vmatrix} \cos\theta & -r\sin\theta \\ \sin\theta & r\cos\theta \end{vmatrix} = r \quad (3-120)$$

因此，接收信号的包络 r 与其相位 θ 的联合概率密度函数为

$$f_{r\theta}(r, \theta) = f_{IQ}(i, q) \mid J \mid = \frac{1}{2\pi\sigma^2} \exp\left(-\frac{r^2 - 2rc_0\cos\theta + c_0^2}{2\sigma^2}\right) \quad (3-121)$$

由此可得到信号包络 r 的概率密度函数为

$$f_r(r) = \int_{-\pi}^{\pi} f_{r\theta}(r, \theta)\, d\theta = \frac{1}{2\pi\sigma^2} \exp\left(-\frac{r^2 + c_0^2}{2\sigma^2}\right) \int_{-\pi}^{\pi} \exp\left(\frac{c_0 r}{\sigma^2}\cos\theta\right) d\theta$$
$$(3-122)$$

结合第一类零阶修正贝塞尔函数,上式变为

$$f_r(r) = \frac{1}{\sigma^2} \exp\left(-\frac{r^2 + c_0^2}{2\sigma^2}\right) I_0\left(\frac{c_0 r}{\sigma^2}\right) \qquad (3-123)$$

因此,由直射分量和多径分量合成的接收信号包络 r 的概率密度函数服从 Rician 分布。

（2）Rayleigh 衰落特性

由纯多径信号分量组成的接收信号包络 r 服从 Rayleigh 分布,这是 Rician 衰落中直射分量为零时的一种特殊情况,其概率密度函数为

$$f_r(r) = \frac{r}{\sigma^2} \exp\left(-\frac{r^2}{2\sigma^2}\right) \qquad (3-124)$$

3.4　中继卫星系统天线指向控制特性

3.4.1　天线指向控制原理

中继卫星系统天线指向控制指链路发射端和接收端之间的目标搜索、对准、跟踪过程,包括星地链路天线指向控制、星间链路天线指向控制。天线指向控制特性影响中继卫星系统链路的可用性,通常会组合运用多种指向控制方式来提高可靠性。

1. 主要指向控制方式

中继卫星、地面站和用户目标通常都会综合采用单脉冲跟踪、步进跟踪和程序跟踪等方式实现对目标的指向控制,其中,单脉冲跟踪是跟踪精度最高的方式。

（1）单脉冲跟踪

单脉冲跟踪体制采用射频差信号作为敏感信息,可在一个单脉冲间隔时间内确定天线波束偏离目标的方向,并驱动伺服系统使天线迅速对准目标。单脉冲跟踪体制跟踪精度高,设备也相对复杂,一般应用于天线波束较窄、目标运动速度快的场景。

单脉冲跟踪利用射频和信号与差信号进行目标对准,差信号相对于和信号的强弱表示天线指向偏离目标方向的程度。当天线完全对准目标方向时,和信号最大而差信号为零;当天线偏离目标方向时,和信号减小而差信号增大。

在常用的单通道单脉冲跟踪系统中,利用方波对差信号波进行调制,再与和信号进行合成。在合成后的频谱中,和信号是载波分量,差信号是边带分量。将合成信号变频、放大并对载波锁相,再用与和信号同步的基准信号以及移相 π/2 基准信号分别对合成信号鉴相,就能分别解调出方位、俯仰误差信号。再以调相方波为参考信号进行同步检波,即可把方位、俯仰误差电压变成直流信号,分别表示方位和俯仰角误差。

（2）步进跟踪

步进跟踪也称为极值跟踪，采用射频和信号作为敏感信息输入，由于没有偏差的方向信息，只能对和信号大小进行局部寻优。步进跟踪体制跟踪精度不高，天线始终在和信号最大值附近震荡，也不能适应目标快速运动的场景。

在启动步进跟踪时，通常在当前位置先进行俯仰角步进偏置，俯仰角步进结束后判断射频和信号增减以确定下次俯仰角步进偏置方向；同样，在俯仰角步进结束后进行方位角步进偏置，方位角步进结束后判断射频和信号增减以确定下次方位角步进偏置方向；依次进行俯仰角和方位角步进偏置循环，直到满足跟踪策略确定的停止条件。

和信号极值跟踪策略有单独使用和与程序跟踪配合使用两种。在单独使用时，当射频和信号阈值高于和信号跟踪失锁阈值时，按一定周期循环启动跟踪，根据设定的和信号变化幅度和跟踪时间停止跟踪。在与程序跟踪配合使用时，当射频和信号低于失锁阈值时，自动启动和信号跟踪，当射频和信号大于跟踪捕获阈值时，则停止跟踪。

（3）程序跟踪

程序跟踪采用预置目标跟踪轨迹的方式进行控制指向，只需按时间符合读取预报角度并控制天线指向，一般不判断射频信号情况。在采用步进跟踪配合程序跟踪时，当射频和信号低于失锁阈值时进行和信号局部寻优，对标称程序跟踪轨迹进行修正。程序跟踪设备简单，仅适用于能够精确预报目标轨迹时的应用场景，在中继卫星平台管理或轨位调整，以及用户目标为飞机、舰船和车辆等非航天器目标等情况下无法使用。

2. 主要误差源分析

虽然不同指向控制方式的误差源不同，但均可归为系统误差和随机误差。系统误差可通过标校等手段来校正和减小，随机误差不能采用一般简单的校正手段加以扣除或减小，而应当根据误差产生原因，在总体设计中选择合理方案和参数，尽量减小其量值。对于单脉冲跟踪方式，系统误差和随机误差主要有以下来源。

（1）系统误差

系统误差主要包括天线结构误差和动态滞后误差。天线结构误差是由制造工艺和使用过程中的结构变形引起的，表现为方位轴和俯仰轴不正交、光轴和俯仰轴不正交、光电轴不匹配、比较器前幅度不平衡和差支路交叉耦合等。动态滞后误差与被测目标的角速度及伺服回路的带宽有关。

（2）随机误差

随机误差主要包括热噪声、目标闪烁角起伏误差、动态滞后变化误差等。在进行系统误差标定时，由于多径传播及标校设备分辨率也会引入随机误差。

伺服设备热噪声主要来源于伺服系统中机械元件不匹配、电机磁场不稳定、直流放大器零漂移等,该噪声产生的测角误差只与伺服系统带宽有关,因而在设计中应合理选取伺服系统带宽。

由于天馈设备及接收机同样存在热噪声,在天线对准目标时相位鉴别器仍会有输出电压,并通过伺服系统使天线摆动产生误差角。这个误差角又产生一个误差信号使天线转动,直到误差信号功率与噪声功率平衡,这时的偏角就是热噪声引起的误差。

目标闪烁角起伏误差与目标的形状、大小、姿态及距离有关,目标闪烁角起伏使天线抖动产生跟踪误差。动态滞后变化误差则与被测目标的角加速度及伺服回路带宽有关。

3.4.2 星地链路天线指向控制

星地链路天线指向控制是指中继卫星星地天线与地面站天线之间的指向控制。在中继卫星定点之后的星地链路捕获过程中,中继卫星星地天线固定指向地面站位置,地面站根据中继卫星轨道预报获得其空间方位后,采用适当方式实时指向中继卫星。

中继卫星星地天线口径较小、波束较宽,可以设计为固定不动的形式,通过准全向天线、赋性天线或调整卫星姿态使星地天线波束覆盖地面站。考虑到卫星轨位调整和小倾角轨道保持要求,中继卫星 Ka/Ku 等高频段星地天线也可设计为双轴指向机构,结合轨道和姿态控制计算,使中继卫星高频段星地天线能够始终指向地面站。

为提高整个链路的可用性,地面站需要尽可能提高其 EIRP 和 G/T 值,天线通常采用大口径设计,导致天线波束较窄,需要有较高的指向控制精度。中继卫星地面站一般采用多频段集成化设计,覆盖中继卫星使用的各种频段,并采用集成了单脉冲跟踪、程序跟踪、天线不控等方式的综合指向控制策略。得益于地面站的良好建设、维护和标校条件,地面站的指向控制精度能够达到很高的水平,程序跟踪精度也能满足正常使用场景的要求。

3.4.3 星间链路天线指向控制

星间链路天线指向控制是指中继卫星星间天线与用户目标天线之间的指向控制。在星间链路捕获过程中,中继卫星和用户目标根据双方星历表数据和自身姿态角数据获得对方空间方位,调整自身的天线方向指向对方。

1. 中继卫星星间天线指向控制

中继卫星星间天线指向控制分为开环控制和闭环控制两种方式。开环控制方式为星地大回路控制模式,闭环控制方式又分为自动跟踪模式和程控跟踪模式两类。自动跟踪模式通过对用户目标信号的处理,实现对用户目标的自动跟踪;在程控跟踪模式下,中继卫星控制星间天线按照预定轨迹转动,包括扫描搜索模式、程序跟踪模式、回扫模式等。

（1）星地大回路控制模式

星地大回路控制模式由运控中心计算卫星星间天线指向轨迹,通过遥控通道向卫星发送指令,并由星载计算机按照指令内容驱动天线转动。星地大回路控制模式作为星上天线控制设备部分故障时的备份手段,增加了地面控制星间链路天线的灵活性,主要在星间天线标校等任务中捕获跟踪地面固定目标时使用。

（2）自动跟踪模式

为保持对用户目标的跟踪,中继卫星在自动跟踪过程中,星载计算机仍会计算用户目标轨迹,并在每个采样周期读取射频和信号进行锁定判断。当和信号连续若干个采样周期小于失锁阈值,星载计算机即判断天线跟踪已失锁,则控制天线自动转入程序跟踪模式。

（3）程序跟踪模式

根据中继卫星星上数据处理能力,程序跟踪轨迹可分为地面规划轨迹和星上自主规划轨迹。若采用星上自主方式时,需要注入用户目标轨道、跟踪开始时刻、跟踪时间长度,星上自主进行用户目标轨道递推和跟踪轨迹规划。若采用地面注入方式时,则需要在程序跟踪模式启动之前,由地面分段拟合,将相关参数注入星上。程序跟踪模式可以增加基于射频和信号的极值跟踪功能,以提高程序跟踪的精度,并由遥控指令设置极值跟踪启动允许标志。

（4）扫描搜索模式

扫描搜索是中继卫星星间天线对用户目标的一种捕获模式,天线在一定的空间范围内,按照扫描搜索轨迹搜索用户目标信号并实现目标捕获,然后转入对用户目标的自动跟踪,从而建立星间通信链路。在实际应用中,由于地面计算的用户目标理论轨迹、星上根据注入轨道外推的结果精度较高,因此一般能够满足跟踪要求。在中继卫星的日常跟踪和数据传输任务中不使用扫描搜索模式,仅在应急情况下使用该模式。

在扫描搜索模式下,天线的转动轨迹为螺旋扫描轨迹叠加上对用户目标的程序跟踪轨迹,其中,螺旋扫描搜索轨迹为线速度一定的等距螺旋线,如图 3-22 所示。螺旋扫描轨迹由星上自主计算,用户目标程序跟踪轨迹的计算方式与程序跟踪模式相同。螺旋扫描过程分为渐开扫描和渐收扫描两个过程,先进行渐开扫描,若渐开扫描完成后仍未能捕获目标则转入渐收扫描,若仍未捕获则再转入渐开扫描,如此往复。

在开环瞄准的过程中,由于星历表误差、卫星姿态误差、天线自身指向误差以及其他随机因素带来的误差,使得天线开环瞄准存在一个偏差。从瞄准方看来,这也意味着用户目标位置不确定,而是出现在一定的范围内,这个范围被称为瞄准不确

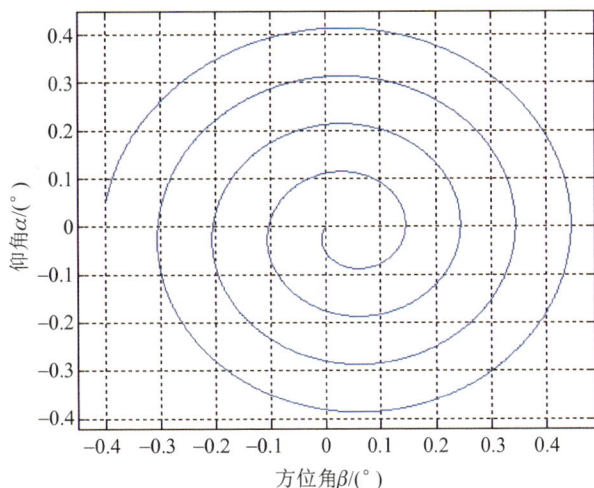

图 3 - 22　标称螺旋扫描轨迹相平面图

定区域(简称 FOU)。通常 FOU 应该能够覆盖 99% 以上的卫星空间位置,即希望用户目标落在 FOU 内的概率 P1 大于 99%。

　　假设用户目标在俯仰轴和方位轴独立同分布,且满足均方根值为 σ 的高斯分布,则目标卫星的空间方位角满足瑞利分布。影响目标卫星空间位置单轴分布均方根值 σ 的因素有卫星姿态误差、轨道误差、天线机构指向误差、天线机构安装误差以及执行时间误差等,其中,卫星姿态误差和轨道误差起决定性作用。在实际工程中,将 FOU 取为 6.2°,即可认为能够覆盖 99% 以上的卫星空间位置。

　　螺旋扫描轨迹的螺距、扫描速度数据根据射频敏感器设计情况确定,将影响最大捕获时间指标。对于 $\sigma = 0.11°$ 的 Ka 波束,在相同的扫描速度(0.03°/s),不同的 FOU(0.46°、0.7°、1°)条件下,螺距与最大捕获时间的仿真关系图如图 3 - 23。

　　(5) 回扫模式

　　中继卫星星间天线完成对用户目标的一次跟踪后,需要快速机动到下一次捕获跟踪的起始点并等待,为下一次的捕获跟踪做准备,这个快速机动过程被称为回扫。在回扫模式中,一般由中继卫星星上自主进行回扫运动轨迹规划,并控制天线按照匀加速-匀速-匀减速的回扫运动轨迹转动,直到达到目标位置。

　　以上各模式之间可通过遥控切换,或在满足一定条件下自主切换。天线指向控制各工作模式切换关系如图 3 - 24 所示。

2. 用户目标天线指向控制

　　用户目标捕获跟踪中继卫星,一般有程序跟踪和自跟踪两种方式。具体采用哪种方式,由其工作频段和天线口径决定,只要能够满足通用跟踪精度要求 $\theta_{0.5dB}$(即 EIRP 下降 0.5 dB 对应的波束宽度)即可。

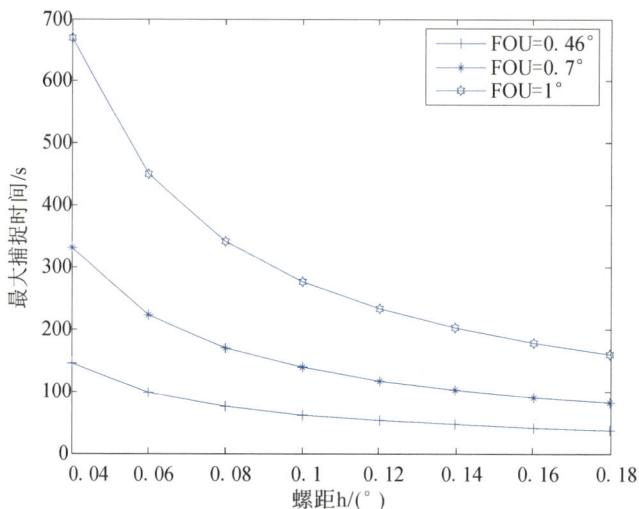

图 3 - 23　不同螺距对应的最大捕获时间

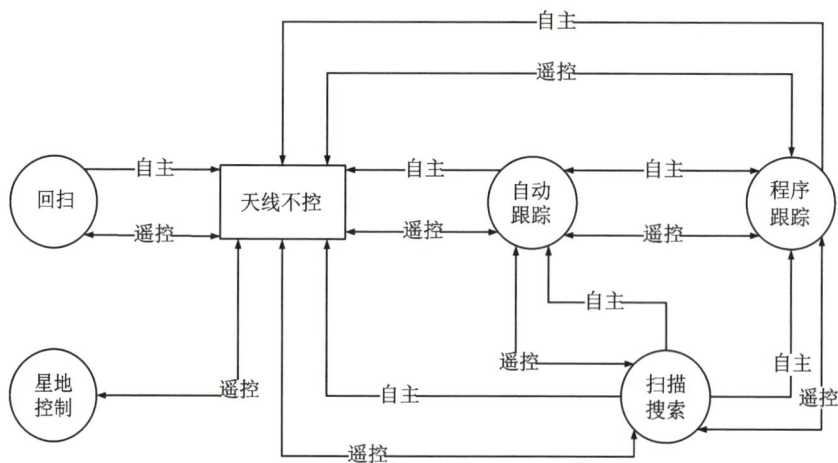

图 3 - 24　天线指向控制各工作模式切换关系

当用户目标工作在 Ka/Ku 频段并且天线口径较小、波束宽度较宽时,或者当用户目标工作在 S 频段时,通常采用程序跟踪方式。当用户目标工作在 Ka/Ku 频段并且天线口径较大、波束较窄时,通常采用闭环自跟踪中继卫星的方式。在用户目标采用自跟踪方式下,中继卫星通常会提供广覆盖的 Ka/Ku 频段跟踪信标,用户目标只要在中继卫星信标信号的视场范围内就可以跟踪中继卫星信标信号。

参考文献

[1] 张贤达,保铮.通信信号处理[M].北京:国防工业出版社,2000.

[2] 邱海舰.行波管非线性特性研究[D].成都:电子科技大学,2014.

[3] 杨跃忠,朔沛文,李亮.自适应 LMS 滤波器在 FPGA 中的实现[J].微计算机信息,2006,22(4):158-160.

[4] Robins W P. Phase noise in Signal Sources[J]. IEE Telecommunication Series, 1991, 9: 130-131.

[5] Dieter KreB, Ziemann O, Dietzel R. Electronic simulation of phase noise[J]. European Transactions on Telecommunications, 1995, 6: 671-674.

[6] Foschini G, Vannucci G. Charactexizing filtered light waves corrupted by phase noise[J]. IEEE Trans. Inf. Theory, 1988, 34: 1437-1448.

[7] Gholami M R, Nader-Esfahani S, Eftekhar A. A new method of phase noise compensation in OFDM[C]// IEEE International Conference on Communicatiors. IEEE, 2003: 3443-3446.

[8] Dernir A, Mehrotra A, Roychowdhury J. Phase noise in oscillators: A unifying theory and numerical methods for characterization[J]. IEEE Transactions on Automatic Control, 2000, 47(5): 655-674.

[9] 樊昌信,曹丽娜.通信原理[M].7th.北京:国防工业出版社,2021.

[10] 谢钢.GPS 原理与接收机设计[M].北京:电子工业出版社,2009.

[11] 赵振维,吴振森,沈广德,等.一种计算云雾毫米波衰减的经验模式[J].电波科学学报,2000,15(3):300-303.

[12] Rec. ITU-R P. 839-4, Rain height model for prediction methods[S]. Geneva: ITU-R, 2013.

[13] Rec. ITU-R P. 618-14, Propagation data and prediction methods required for the design of Earth-space telecommunication systems[S]. Geneva: ITU-R, 2023.

[14] (美)小路易·J.伊波利托.卫星通信系统工程[M].北京:国防工业出版社,2012.

[15] GJB5421—2005.星-地数据传输链路的计算与标定方法[M].北京:国防科工委军标出版发行部,2006.

[16] 杨明川,石硕,王振永,等.三维空时卫星移动信道概率统计模型[J].哈尔滨工业大学学报,2012,44(1):60-66.

[17] IPPOLITO L J. Satellite communications systems engineering, atmospheric

effects，satellite link design and system performance[M]. New York：John Wiley and Sons，2008.

[18] 刘战存.多普勒和多普勒效应的起源[J]. 物理，2003，7：488-491.

[19] Ye，Member S，IEEE，et al. Bounds on theinterchannel interference of ofdm in time-varying impairments[J]. IEEE Transactions on Communications，2001，49(3)：401-404.

第4章

中继卫星系统链路特性对系统性能的影响

中继卫星系统链路特性对系统性能的影响体现在信号处理和链路预算设计两个方面：对信号处理的影响，是指设备传输特性、衰落特性及信号动态传输特性将带来的信号同步困难和解调损失等；对链路预算设计的影响，是指在进行系统链路设计时，需要考虑实际系统信号处理情况、天线指向控制特性和电波传输特性。

4.1 信号处理影响

4.1.1 线性失真影响

线性系统相位-频率特性和幅度-频率特性不佳时将引起码形失真，产生码间干扰(Inter Symbol Interference，ISI)而引起误码率增加。在数据传输中，包括以下两种情况：

① 非带限系统，即信道带宽远大于信号带宽，从接收角度可描述为信号的所有频谱不受信道的限制，可全部或绝大部分通过。理想的非带限系统相位-频率特性、幅度-频率特性为常数，但实际系统总存在各种"弱带限"滤波器。

② 带限系统，需要考虑信道带宽对信号的影响，数据传输系统属于带限系统。实际带限系统的频率响应失真必然会产生码间干扰，在通常情况下，可通过设计滚降滤波器来降低码间干扰，改善误码率指标。

1. 相位-频率特性与误码率的关系

实际信道的群时延特性不是完全平坦的，常有倾斜和弯曲，从而使信号频谱中的不同分量产生不同时延。由于信号通过信道后的到达时间不一致，因此会产生波形失真，从而使波形拖尾至下一码元(即比特扩散)引起码间干扰，导致误码率增加。这种情况在高速数传时影响尤其严重。

部分文献给出了用幂级数来逼近一个弯曲群时延特性的方法，即

$$\tau(\omega) = a_0 + a_1(\omega - \omega_0) + a_2(\omega - \omega_0)^2 + a_3(\omega - \omega_0)^3 + \cdots \quad (4-1)$$

通常取式(4-1)中的一次项和二次项来近似，一次项和二次项分别为

$$D_1(f) = a_1(\omega - \omega_0) \quad (4-2)$$

$$D_2(f) = a_2(\omega - \omega_0)^2 \tag{4-3}$$

当一个矩形脉冲序列对载波进行 PSK 调制时,该信号可表示为

$$S_i(t) = \sum_{n=1}^{\infty} \frac{b_n}{2}\cos(\omega_0 + n\omega_S)t + \sum_{n=1}^{\infty} \frac{b_n}{2}\cos(\omega_0 - n\omega_S)t \tag{4-4}$$

式中,矩形脉冲序列 $b_n = \dfrac{\sin\left(\dfrac{n\pi}{2}\right)}{\dfrac{n\pi}{2}}$;$\omega_0 = 2\pi f_0$ 为载波频率;$\omega_S = \dfrac{2\pi}{T_S}$,$T_S$ 为码元宽度。

当 $S_i(t)$ 通过上述 $\tau(f)$ 的群时延特性后,各频谱分量($\omega_0 + \omega_n$)将产生对应的相移 φ_{+n},故输出为

$$S_0(t) = \sum_{n=1}^{\infty} \frac{b_n}{2}\cos\left[(\omega_0 + n\omega_S)t + \varphi_{+n}\right] + \sum_{n=1}^{\infty} \frac{b_n}{2}\cos\left[(\omega_0 - n\omega_S)t + \varphi_{-n}\right] =$$

$$\sqrt{x^2 + y^2}\cos\left(\omega_0 t + \arctan\frac{y}{x}\right)$$

$$\tag{4-5}$$

式中,$x(t)$、$y(t)$ 为同相和正交分量,即

$$\begin{cases} x(t) = \displaystyle\sum_{n=1}^{\infty} \frac{b_n}{2}\cos(n\omega_S t + \varphi_{+n}) + \sum_{n=1}^{\infty} \frac{b_n}{2}\cos(n\omega_S t - \varphi_{-n}) \\ y(t) = \displaystyle\sum_{n=1}^{\infty} \frac{b_n}{2}\sin(n\omega_S t + \varphi_{+n}) + \sum_{n=1}^{\infty} \frac{b_n}{2}\sin(n\omega_S t - \varphi_{-n}) \end{cases}$$

可见,输出矩形脉冲序列产生了失真,从而引起误码。

在实际系统中,要确切地分析各种调制方式时的群时延变化对误码率的影响非常困难,而通过仿真来研究 BPSK 和 QPSK 调制方式时,得到每种群时延(线性、抛物线等)引起的误码率恶化则相对简单。仿真时,首先在零群时延时,得出误码率为 10^{-5} 时的 E_b/N_0 值;其次改变群时延,确定达到相同误码率所需增加的 E_b/N_0 值,其差为 E_b/N_0 损失(L_D)。由仿真结果拟合出对于不同调制方式下群时延值 τ_D 与 L_D 间近似关系的数学表达式如下,且实验得到结果与相关公式比较吻合,可供工程应用参考。

(1) 线性群时延

① BPSK 时,表达式为

$$L_D = 0.120\,8(b_r\tau_D)^2 + 0.353\,7(b_r\tau_D) - 0.031\,5$$

② QPSK 时,表达式为

$$L_D = 1.032\,2(b_r\tau_D)^2 + 1.184\,6(b_r\tau_D) - 0.164\,9$$

(2) 抛物线群时延

① BPSK 时,表达式为

$$L_D = 0.270\ 8(b_r \tau_D)^2 + 0.028\ 4(b_r \tau_D) + 0.001\ 6$$

② QPSK 时,表达式为

$$L_D = 0.022\ 7(b_r \tau_D)^2 + 0.447\ 1(b_r \tau_D) - 0.044\ 9$$

在上述数学表达式中,L_D 为 E_b/N_0 损失,b_r 为符号速率,τ_D 为 $1/b_r$ 带宽中群时延的最大变化量,$(b_r \tau_D)$ 称为归一化群时延。

2. 幅度-频率特性与误码率的关系

(1) 非带限系统

如前所述,$H(\omega)$ 不等于常数时将产生波形失真,也会形成码间干扰,而使误码率增加。$H(\omega)$ 不等于常数时也可用幂级数来逼近,即

$$H(f) = b_0 + b_1 f + b_2 f^2 + b_3 f^3 + \cdots \tag{4-6}$$

式中,f 为对 f_0 的频率偏移量。取一次项和二次项已近似满足要求。

一次振幅失真项为

$$H(f) = b_0 + b_1 f \tag{4-7}$$

为了便于图示,用 b_0 归一化得

$$A(f) = 1 + \frac{b_1 f}{b_0} \tag{4-8}$$

令 $A_1 = \dfrac{b_1 f_p}{2b_0}$,$f_p$ 为码速率,则

$$A(f) = 1 + 2A_1 \left(\frac{f}{f_p} \right) \tag{4-9}$$

一次振幅失真引起的等效载噪比(C/N)值恶化量曲线如图 4-1 所示。

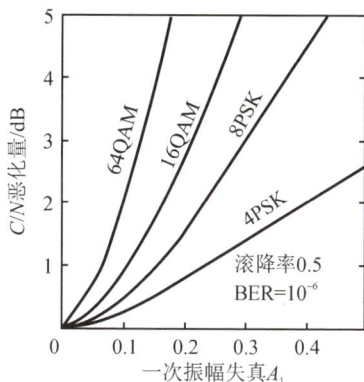

图 4-1 一次振幅失真引起的等效 C/N 值恶化量曲线

二次振幅失真项为

$$H(f) = b_0 + b_2 f^2 \tag{4-10}$$

为了便于图示,用 b_0 归一化得

$$A(f) = 1 + \frac{b_2 f^2}{b_0} \qquad\qquad (4-11)$$

令 $\dfrac{b_2}{b_0} = \dfrac{4A_2}{f_{\mathrm{p}}^2}$，即 $A_2 = \dfrac{b_2 f_{\mathrm{p}}^2}{4b_0}$，则

$$A(f) = 1 + 4A_2 \left(\frac{f}{f_{\mathrm{p}}}\right)^2 \qquad\qquad (4-12)$$

二次振幅失真引起的等效 C/N 值恶化量曲线如图 4-2 所示。

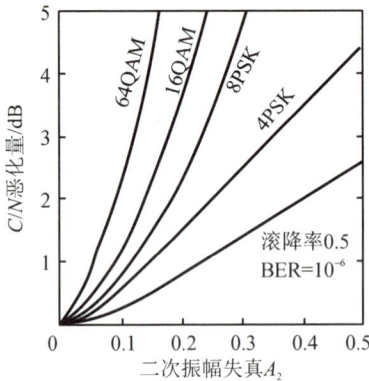

图 4-2　二次振幅失真引起的等效 C/N 值恶化量曲线

在归一化的一次振幅失真项 b_1/b_0 给出时，可先由 $A_1 = \dfrac{b_1 f_{\mathrm{p}}}{2b_0}$ 求出 A_1，再由图 4-1 查得一次振幅失真引起的 C/N 恶化值。同理，在已知 b_2/b_0 时，可先由 $A_2 = \dfrac{b_2 f_{\mathrm{p}}^2}{4b_0}$ 求出 A_2，再由图 4-2 查得二次振幅失真引起的 C/N 恶化值。

（2）带限系统

按照奈奎斯特准则和匹配滤波的要求，收发端的滤波器要满足根余弦滚降滤波特性的要求。滤波器在实现时总会存在一定误差，实际传递函数 $H(f)$ 可用一个理想传递函数 $H_0(f)$ 和误差传递函数 $e(f)$ 级联来等效，如图 4-3 所示，其数学表达式为

$$H(f) = H_0(f) \times e(f)$$

$$(4-13)$$

式中，$H_0(f)$ 是理想特性函数，它的误码率为理论值；$e(f)$ 是偏离理想特性

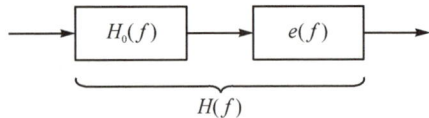

图 4-3　有误差的实际传递函数的等效模型

的误差特性函数，它对误码率产生影响，造成相对理论值的恶化。因此，可由 $e(f)$ 按上述 $H(f)$ 不等于常数的分析方法，由图 4-1 或图 4-2 查得 C/N 的恶化值。

4.1.2 非线性失真影响

非线性失真种类多样,难以通过统一的数学模型来描述,因此,其对信号处理的影响通常根据失真类型来分别分析。

1. 群时延畸变失真影响

信道的相位-频率特性非线性会使信号波形失真,使得相邻码元波形上相互重叠,并造成码间干扰,从而使误码率加大。相位-频率特性的另一种表示方法为群时延 $\tau(\omega)$,即

$$\tau(\omega) = \frac{\mathrm{d}\varphi}{\mathrm{d}\omega} \qquad (4-14)$$

当相位-频率特性线性时,$\tau(\omega)$ 为常数;当群时延不是常数而是发生弯曲和波动时,说明相位-频率特性存在非线性,而出现群时延畸变失真,将使误码率增加。在传输误码率较高时,群时延引起的失真是引起码间干扰的主要分量,线性群时延和抛物线群时延特性对门限信噪比的恶化量曲线如图 4-4 所示。

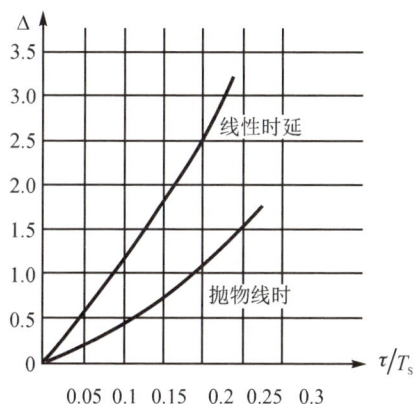

图 4-4 群时延引起的信噪比的恶化量曲线

从图中可以看出,对于相同的群时延变化值,当信道传输的码速率越高时,信噪比恶化越严重,系统误码率越高。因此,信道非线性特性对高速数据传输的影响大于对中低速数据传输影响。

在射频链路中的群时延失真特性是射频链路固有的传输特性,它是由群信号整体通过射频链路时产生的时延,是群信号能量传播时间延迟的量度。需要注意的是,群时延不能表示波群中某个频率分量的传播时间。群时延畸变失真的产生将会严重影响信号传播时延,增加系统误码率,从而影响中继卫星系统伪距测量精度和时间同步精度。

2. 调幅调相失真影响

当非线性信道输入为一个相位调制信号时,可表示为

$$f_0(t) = A\cos\left[\omega_0 t + \varphi(t)\right] \tag{4-15}$$

式中,A 表示信号的幅度,ω_0 表示信号频率,$\varphi(t)$ 表示信号的相位。幅度非线性信道对输出信号的影响可以用幂级数表示为

$$f_1(t) = a_0 + a_1 f_0(t) + a_2 f_0^2(t) + a_3 f_0^3(t) \tag{4-16}$$

式中,a_0 表示零阶失真信号幅度,a_1 表示一阶失真信号幅度,a_2 表示二阶失真信号幅度,a_3 表示三阶失真信号幅度。

当同时存在调幅和调相失真的情况下,输出信号可以表示为

$$f_1(t) = \left(a_1 A + \frac{4}{3} a_3 A^3\right) \cos\left[\omega_0 t + \varphi(t)\right] \tag{4-17}$$

当存在调幅调相失真时,输出信号可以表示为

$$f_1(t) = \left(a_1 A + \frac{4}{3} |a_3| A^3 e^{j\varphi_3}\right) \cos\left[\omega_0 t + \varphi(t)\right] \tag{4-18}$$

式中,φ_3 为相位失真导致的信号相位变化。可将式(4-18)进一步化简为

$$f_1(t) = g(A) \cos\left[\omega_0 t + \varphi(t) + \theta(A)\right] \tag{4-19}$$

式中

$$\begin{cases} g(A) = \left[\left(a_1 A + \dfrac{3}{4} A^3 |a_3| \cos\varphi_3\right)^2 + \left(\dfrac{3}{4} A^3 |a_3| \sin\varphi_3\right)^2\right]^{\frac{1}{2}} \\[4mm] \theta(A) = -\mathrm{tg}^{-1}\left[\dfrac{\dfrac{3}{4} A^3 |a_3| \sin\varphi_3}{a_1 A + \dfrac{3}{4} A^3 |a_3| \cos\varphi_3}\right] \end{cases} \tag{4-20}$$

由式(4-19)可见,载波幅度 A 的变化将在载波相位中产生 $\theta(A)$,其对 $\varphi(t)$ 施加了一个干扰。如果 $\theta(A)$ 是一个直流或慢变化的干扰,则利用锁相相干解调可将其抵消;如果 $\theta(A)$ 是一个快变化的不能滤除的干扰,则将引起误码率的加大(是指偏离理论值)。调幅调相失真对输出信号的主要影响是产生正交干扰,以 QPSK 调制为例,当存在调幅调相失真时,干扰与信号之比可以表示为 $\dfrac{\sin\theta(A)}{\cos\theta(A)}$。正交干扰和噪声共同引起的误码率可表示为

$$P_e = \frac{1}{2}\phi(\rho + \alpha) + \frac{1}{2}\phi(\rho - \alpha) \tag{4-21}$$

式中,$\phi(x) = \dfrac{1}{\sqrt{\pi}}\displaystyle\int_x^\infty e^{-t^2}\,dt$,$\rho = \dfrac{A}{\sqrt{2}\sigma_n}$,$\alpha = \dfrac{\Delta}{\sqrt{2}\sigma_n}$。其中,$\sigma_n$ 为噪声均方值;Δ 为正交干扰值,与 $\dfrac{\sin\theta(A)}{\cos\theta(A)}$ 相关。

由式(4-21)可知,调幅调相干扰越大,解调信号误码率越大。为降低信号解调误码率,需采用恒包络的调相波作为传输信号。

3. 交调失真影响

若考虑输入信号为等幅双音频信号,则可以表示为

$$f_{in}(t) = A_{in}(\cos \omega_1 t + \cos \omega_2 t) \qquad (4-22)$$

式中,ω_1 和 ω_2 分别表示双音频信号的频率。

经过非线性信道传输后,对输出信号进行泰勒级数展开,可得

$$f_{out}(t) = a_0 + a_1 A_{in}(\cos \omega_1 t + \cos \omega_2 t) + a_2 A_{in}^2 (\cos \omega_1 t + \cos \omega_2 t)^2 +$$
$$a_3 A_{in}^3 (\cos \omega_1 t + \cos \omega_2 t)^3 + \cdots + a_k A_{in}^n (\cos \omega_1 t + \cos \omega_2 t)^k$$
$$(4-23)$$

式中,a_0 表示零阶失真信号幅度,a_1 表示一阶失真信号幅度,a_2 表示二阶失真信号幅度,a_3 表示三阶失真信号幅度,$\cdots$,a_k 表示 k 阶失真信号幅度。

由式(4-23)产生的原信号中不存在的组合信号频率,即交调失真产物,其频率可表示为 $m\omega_1 + n\omega_2$。m 与 n 之和决定了交调产物的阶数,偶次项交调失真产物频域分布距离基波信号分量较远,可通过滤波器滤除,而低阶奇次项交调失真产物落入信号通带内,无法直接滤除,将会对信号解调造成影响。

在众多非线性失真项中,三阶交调分量是频率分布距基频信号最近的交调失真信号。由于三阶交调信号的幅度相对较强,则可对信号本身及邻道信号造成干扰。此外,中继卫星系统中也存在更高阶交调失真信号,但随着阶数的增大,失真信号对系统的影响也越小。因此,在分析交调失真影响时主要分析三阶交调失真影响。

下面分别以 ω_1 和 $2\omega_1 - \omega_2$ 两个频率信号为例,讨论其输出功率与输入功率之间的关系。根据泰勒级数展开式,上述两个分量信号基频信号中可以表示为

$$\left(a_1 A_{in} + a_2 A_{in}^2 + \frac{9}{4} a_3 A_{in}^3 + \sum 高阶项 \right) \cos \omega_1 t \qquad (4-24)$$

三阶分量可以表示为

$$\left(\frac{3}{4} a_3 A_{in}^3 + \sum 高阶项 \right) \cos \left[(2\omega_1 - \omega_2) t \right] \qquad (4-25)$$

其中,$\sum$ 高阶项是指三阶以上高阶项贡献的分量。阶数越高,常系数 a 越小,为了便于分析,可将高次项忽略。

假设输入的基频信号功率为

$$P_{in} = \frac{A_{in}^2}{2R} \qquad (4-26)$$

则输出的基频信号功率为

$$P_{\text{out}@\omega_1} = \frac{1}{2R}\left(a_1 A_{\text{in}} + a_2 A_{\text{in}}^2 + \frac{9}{4}a_3 A_{\text{in}}^3\right)^2 = P_{\text{in}}\left(a_1 + a_2 A_{\text{in}} + \frac{9}{4}a_3 A_{\text{in}}^2\right)^2$$

$$(4-27)$$

用对数可表示为

$$P_{\text{out}@\omega_1} = \left(10\lg|P_{\text{in}}| + 20\lg\left|a_1 + a_2 A_{\text{in}} + \frac{9}{4}a_3 A_{\text{in}}^2\right|\right) \quad \text{dBm} \quad (4-28)$$

输出的三阶交调信号功率为

$$P_{\text{out}@(2\omega_1-\omega_2)} = \frac{1}{2R}\left(\frac{3}{4}a_3 A_{\text{in}}^3\right)^2 = P_{\text{in}}^3 4R^2\left(\frac{3}{4}a_3\right)^2 \quad (4-29)$$

用对数可表示为

$$P_{\text{out}@(2\omega_1-\omega_2)} = \left(30\lg|P_{\text{in}}| + 20\lg\left|2R\left(\frac{3}{4}a_3\right)\right|\right) \quad \text{dBm} \quad (4-30)$$

在对数坐标系下,由上述表达式可得如下结论:

① 无论是基频信号还是三阶交调信号,在放大器输出端的功率随输入功率的变化均不是线性的。

② 当输入信号功率比较低时,即 $a_1 \to 0$,$a_2 A_{\text{in}}^2 \to 0$,$a_3 A_{\text{in}}^2 \to 0$,基频信号和三阶交调信号的输出功率随输入功率呈现为近似线性关系。

③ 在近似线性区域,随着输入功率的增加,三阶交调信号的功率将比基频分量的功率增加更快,前者增加的速度是后者的三倍,体现在输入、输出功率对数坐标系中,基频功率曲线斜率为1,而三阶交调功率曲线斜率为3,如图4-5所示。

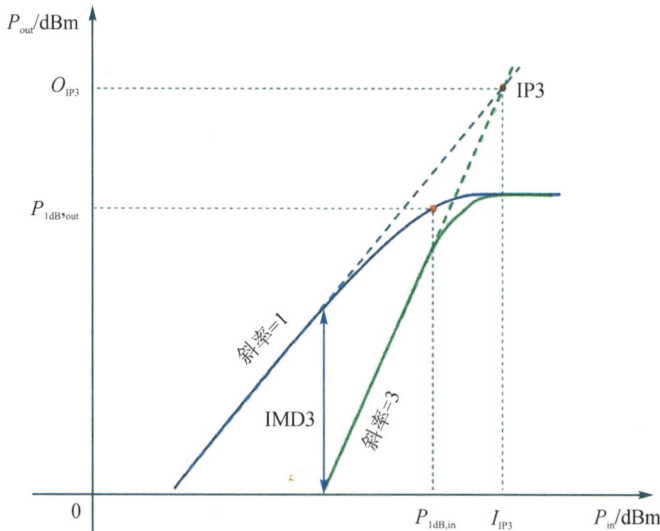

图 4-5　非线性引起的基频及三阶交调失真产物的功率输出特性曲线

④ 在近似线性区域,由数学表达式可知,当输入功率较低(通常远小于 0 dBm)时,三阶交调信号的功率要远小于基频信号功率。

⑤ 随着输入功率的进一步增大,基频信号和三阶交调信号的输出功率曲线的非线性越来越明显,逐步呈现压缩状态。

链路非线性引起的三阶交调失真通常使用三阶交调失真度(3rd order inter-modulation distortion,IMD3)和三阶交调点(3rd order intercept point,IP3)两个参数衡量,后者实际是三阶交调点对应的输入或者输出功率。三阶交调的产生将导致多路信号间相互干扰,会直接影响中继卫星系统数据传输的误码率。

4. 相位噪声的影响

设输入信号 $f(t)$ 经过相位噪声调制,再通过低通滤波器,得到相位噪声对信号的影响表示为

$$Y(\omega)=\frac{\theta}{2}V_0\pi i\left[F(\omega-\omega_0+p)-F(\omega-\omega_0-p)\right] \qquad (4-31)$$

从上式可以看出,分布在信号中心频谱附近的相位噪声对信号的质量构成影响。相位噪声的影响,主要体现在对接收信号动态范围的影响和对误码率的影响。中继卫星系统用户目标种类繁多、速率覆盖范围广,数据传输设备需要同时具备高灵敏度和大动态范围的特点。因此,其设备的相噪指标要求更高,且相位噪声不能淹没系统指标内的弱信号。相位抖动的存在将引起发送和接收信号的矢量波动,导致解调信号信噪比的恶化,从而使检测的信噪比恶化,造成传输质量降低。

假定其他信道参数为理想情况,仅考虑中继卫星星上转发器的相位噪声影响,在以下两种卫星转发器条件下仿真,如表 4-1 所列,传输性能损失小于 0.2 dB。

表 4-1　相噪影响仿真条件

偏离主载波的频率	卫星转发器条件 1/(dBc·Hz^{-1})	卫星转发器条件 2/(dBc·Hz^{-1})
100 Hz	−50	−60
1 kHz	−60	−70
10 kHz	−70	−80
100 kHz	−80	−90

若考虑发送地面站-中继卫星转发器-接收地面站全链路相位噪声,在中继卫星系统单边带相位噪声限值条件(见表 3-5)下进行仿真。结果表明,当误码率为 1×10^{-5} 时,全链路总的相位噪声引起的 E_b/N_0 恶化量约为 0.28 dB。

4.1.3　其他失真影响

1. 增益不平衡的影响

增益不平衡的影响可以看作接收端的接收电平不规则地高于或低于门限电平,

从而使解调器判决电平产生漂移，偏离最佳值，对误码性能造成影响。

判决门限通常采用中值判决门限，对信号"1"码和"0"码，噪声容限均为 1/2。在幅度产生 Δx 变化后，对"1"码的噪声容限减少到 $1/2 - \Delta x$，对"0"码增加到 $1/2 + \Delta x$。明显前者引起差错率增大部分比后者引起的减少部分大，因此产生等效信噪比恶化。同时，由于判决器具有一定的灵敏度，存在着不识别区，其结果与信号幅度减少的不确定幅度等效。因此，上述两种电平幅度变化之和带来信噪比的损失。

对于 QPSK 调制，增益不平衡引起的信噪比损失可以估算为

$$L_{\Delta x} = 20\lg \frac{1}{1 - \Delta x} \tag{4-32}$$

式中，Δx 为增益不平衡的幅度，以百分比表示。

例如，当 $\Delta x = 2.8\%$ 时，$L_{\Delta x} \approx 0.25$ dB；当 $\Delta x = 5.6\%$ 时，$L_{\Delta x} \approx 0.5$ dB。

2. 相位不平衡的影响

PSK 调制的信息体现在已调信号的相位中，相位不平衡会影响能否正确判断已调信号传输的信息，理论上比增益不平衡的影响更大一点。由于相位不平衡导致 I 信道与 Q 信道之间相互干扰，用理论分析其误码性能非常复杂，因此可以利用分析调制解调静态调相误差的方法来近似地估计相位不平衡对 PSK 系统的影响。

对于 BPSK 调制器，其相位误差带来的损失 $L_{\Delta\varphi_2}$ 可以近似估计为

$$L_{\Delta\varphi_2} = 20\lg \frac{1}{\cos \Delta\varphi_2} \tag{4-33}$$

对于 QPSK 调制器，其相位误差带来的损失 $L_{\Delta\varphi_4}$ 可以近似估计为

$$L_{\Delta\varphi_4} = 20\lg \frac{1}{|\cos \Delta\varphi| - |\sin \Delta\varphi|} \tag{4-34}$$

对于 8PSK 调制器，其相位误差带来的损失 $L_{\Delta\varphi_8}$ 可以近似估计为

$$L_{\Delta\varphi_8} = 20\lg \frac{\sin [(\pi/8) + \Delta\varphi]}{|\cos \Delta\varphi| - |\sin \Delta\varphi|} \tag{4-35}$$

对于多电平正交调幅器，其幅度的正交性要求更严，但实际上做不到完全的正交。目前，16QAM 调制一般可以做到相位误差小于 $2°$p-p，幅度偏差优于 ± 0.3 dB。相位误差的存在将会导致同相与正交信道的相互干扰，使信噪比恶化。实际上调制器的不平衡和相位不平衡是同时存在的，对两种因素同时作用的影响进行理论分析较为复杂，一般通过仿真进行研究。

随着技术的发展，采用数字化调制技术的中继卫星系统可有效避免或降低同相信道/正交信道不平衡带来的影响。

4.1.4 动态条件下信号捕获

在中继卫星系统中，由于收发两端存在较大的相对运动速度，从而使接收信号

产生动态传输延时效应,严重影响信号码环及载波环同步。在高动态接收机设计过程中,时延变化及多普勒频偏直接影响到接收机性能。

结合中继卫星系统链路主要特点及实际工程应用,中继卫星系统接收同步处理面临诸多技术难点。首先,航天器与其他高速平台中继天线口径及设备功耗严格受限,链路接收信噪比低,会对通信信号参数估计精度带来较大影响,低信噪比条件下高精度信号同步参数估计是中继卫星系统中的关键技术难点。其次,强烈的时延及多普勒效应大幅增加了信号伪码和载波同步难度。高速平台快速机动不仅会产生较高的时延及载波频偏,还会带来一定的频偏变化率。以 Ku 频段为例,给定目标平台匀速圆周运动参数(即速度 1.5Ma,盘旋周期 40 s),可通过

$$f_{\mathrm{d}}(t)=\frac{f_{\mathrm{c}}v}{c}\cos(\omega t)\cos\varphi \tag{4-36}$$

计算得到载波频偏为 23.8 kHz,一阶频偏变化率高达 3.8 kHz/s。快速时变的载波大频偏及变化率给接收端载波同步提出了较高的技术要求。此外,部分机动平台通信业务常为短时突发。因此,传统连续波通信利用连续多帧数据信息获取较高同步精度的方法将不再适用,只能在每帧数据到达时独立快速地完成接收同步处理。

综上所述,高动态中继卫星链路同步关键技术可归纳为:低信噪比、大频偏载波频率估计技术和低信噪比、快速时变码环及载波环同步技术。随着地面站、中继卫星和用户终端处理能力的增强,通过采用并行处理、相干积累等技术,当前的信号捕获能力已经基本能够满足数据中继传输需求。

4.1.5 驻波和多径反射的影响

从实质上讲,驻波、多径反射和滤波器的群时延波动都是由反射信号引起的。当传输系统中存在反射信号时,它将影响幅度-频率特性和相位-频率特性,分析如下所述。

对于二线模型,设其主信号波 $U_{\mathrm{D}}(t)=E_0\cos\omega t$。当存在反射波时,设其反射波为

$$U_{\mathrm{r}}(t)=rE_0\cos(\omega t-\omega\tau_0)=rE_0\cos\omega t\cos\omega\tau_0+rE_0\sin\omega t\sin\omega\tau_0 \tag{4-37}$$

式中,r 为反射系数的模,τ_0 为反射波相对于主信号的时延。主信号(直达波)与回波的合成信号为

$$U(t)=U_{\mathrm{D}}(t)+U_{\mathrm{r}}(t)=E_0\cos\omega t(1+r\cos\omega\tau_0)+rE_0\sin\omega t\sin\omega\tau_0=$$
$$E_0H_{\mathrm{r}}(\omega)\cos[\omega t+\varphi_{\mathrm{r}}(\omega)]$$

$$\tag{4-38}$$

式中

$$\begin{cases} H_r(\omega) = \sqrt{(1 + r\cos\omega\tau_0)^2 + (r\sin\omega\tau_0)^2} = \sqrt{1 + 2r\cos\omega\tau_0 + r^2} \\[2mm] \varphi_r(\omega) = -\arctan\dfrac{r\sin\omega\tau_0}{1 + r\cos\omega\tau_0} \\[2mm] \tau(\omega) = \dfrac{\mathrm{d}\varphi(\omega)}{\mathrm{d}\omega} = \dfrac{\tau r(r + \cos\omega\tau_0)}{1 + r^2 + 2r\cos\omega\tau_0} \end{cases}$$

$$(4-39)$$

其群时延最大值在 $\omega\tau_0 = (2n+1)\pi$ 处,最小值在 $n\pi$ 处。式(4-38)说明了回波的叠加作用,相当于使主信号波 $U_D(t) = E_0\cos\omega t$ 通过一个幅度-频率特性为 $H_r(\omega)$、相位-频率特性为 $\varphi_r(\omega)$ 的传输通道。回波叠加作用将如 4.1.1 节所述对误码率产生影响,前述的分析方法这里均可引用。

一般对各部分的反射损耗都有指标的要求,所以在传输过程中一般 $r \ll 1$,这时

$$H_r(\omega) \approx \sqrt{1 + r\cos\omega\tau_0} \tag{4-40}$$

$$\varphi_r(\omega) \approx -r\sin\omega\tau_0 \tag{4-41}$$

$$\tau(\omega) = \frac{\mathrm{d}\varphi(\omega)}{\mathrm{d}\omega} = -r\tau_0\cos\omega\tau_0 \tag{4-42}$$

由此可见,驻波的影响将产生波动的幅度-频率特性、相位-频率特性和群时延特性,反射引起的群时延波动特性如图 4-6 所示。

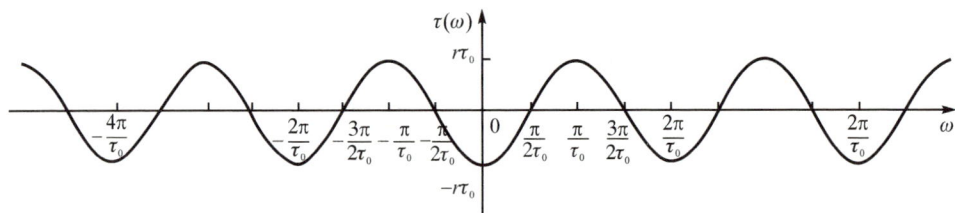

图 4-6 反射引起的群时延波动特性

多径效应也是一种反射,当反射系数较小时,也可类似地进行估算。对于中继卫星系统,由于目标运动,故而 τ_0 是变化的,因此该特性是变化的。当波动特性变坏至某种程度时将使误码率增加,而由于误码率随 $\dfrac{\tau(\omega)}{T_c}$ 增加而加大,因此多径效应对高码速的误码率影响很大。此外,多径效应将引起交叉极化鉴别率显著变差,致使两个正交极化信道之间产生严重干扰。

4.2 链路预算设计

4.2.1 链路预算方程

1. 基本链路预算方程

基本链路预算方程有多种表示方式,可根据接收机采用的指标(功率通量密度、

接收机入口电平/灵敏度电平、载波功率与噪声功率谱密度之比)来选择。其中,功率通量密度计算方法与接收机性能无关,只与传输损耗和信号频率相关;接收机入口电平计算方法反映了传输损耗和接收机天线增益的影响,灵敏度电平则与接收机性能相关;接收机载波功率与噪声功率谱密度之比计算方法反映了传输损耗和接收机系统品质因数。以下是三种链路的预算方程,各项均用分贝(dB)表示。

接收功率通量密度

$$[\mathrm{PFD}] = ([\mathrm{EIRP}] - [\mathrm{FSL}] - [L_\mathrm{p}] - [L_\mathrm{rp}] - [L_\mathrm{o}] - [A]_\mathrm{o}) \quad \mathrm{dBW/m^2}$$

$$(4-43)$$

接收机入口电平

$$[P_\mathrm{r}] = ([\mathrm{EIRP}] - [\mathrm{FSL}] + [G_\mathrm{r}] - [L_\mathrm{p}] - [L_\mathrm{rp}] - [L_\mathrm{o}]) \quad \mathrm{dBW} (4-44)$$

接收机

$$[\mathrm{C/N_0}] = ([\mathrm{EIRP}] - [\mathrm{FSL}] + [\mathrm{G/T}] - [L_\mathrm{p}] - [L_\mathrm{rp}] - [L_\mathrm{o}] - [k]) \quad \mathrm{dBHz}$$

$$(4-45)$$

其中

EIRP 为等效全向辐射功率,定义为发射功率与发射天线增益之积,单位是 dBW;

FSL 为自由空间损耗,定义为 $20\log(4\pi R/\lambda)$,单位是 dB,其中 R 为传输距离,λ 为波长;

G_r 为接收天线增益,单位是 dBi;

G/T 为品质因数,可根据接收天线增益、馈线损耗和天线噪温来计算,单位是 dB/K,大气传播损耗会引起接收机品质因数的变化;

L_p 为极化损耗,单位是 dB;

L_rp 为指向损耗,单位是 dB;

L_o 为在指定链路可用度下的大气传播损耗,单位是 dB;

A_o 为接收天线单位有效面积,定义为 $10\log(\lambda^2/4\pi)$,单位是 $\mathrm{dBm^2}$;

k 为玻尔兹曼常数,值为 -228.6,单位是 $\mathrm{dBW/(k \cdot Hz^{-1})}$。

2. 全程链路预算方程

中继卫星的数据传输转发器普遍采用透明转发器,星间链路和星地链路之间存在直接的关联。由于地面站的等效全向辐射功率和品质因数远大于用户目标,星地链路的能力也远强于星间链路,因而全程链路的能力主要受限于星间链路。以 $\mathrm{C/N_0}$ 为例,其之间关系可表示为

$$(\mathrm{C/N_{0星间}})^{-1} + (\mathrm{C/N_{0星地}})^{-1} = (\mathrm{C/N_{0总}})^{-1}$$

$$(4-46)$$

在计算全程链路能力时,需要考虑存在输入回退 $\mathrm{BO_i}$ 时的输出回退 $\mathrm{BO_o}$,即输出功率在单载波饱和输出功率基础上回退 $\mathrm{BO_o}$。对于典型的通信卫星系统,输入回退主

要是为了保证多载波工作时的功放线性,而中继卫星系统的输入回退很可能是因为用户目标的等效全向辐射功率不足而产生的。BO_i 和 BO_o 呈非线性关系,对于典型的功率放大器(包括行波管功放和固态功放),有

$$BO_o = BO_i - 6(1 - e^{(BO_i/6)}) \tag{4-47}$$

4.2.2 作用距离

由于中继卫星一般定点于地球同步轨道,中继卫星至地面站的作用距离不超过42 000 km。因此,在计算中继卫星至用户目标的作用距离时,可将地球近似看作球体、卫星轨道近似为圆轨道作为理论计算模型。考虑大气层情况的作用距离略短于不考虑大气层情况,因此在计算最大作用距离时不考虑大气层。在理论可见弧段内,计算得到中继卫星至 2 000 km 以下轨道高度用户目标的可见距离 R_1 为47 111 km,中继卫星至 20 000 km 轨道高度用户目标的可见距离 R_2 为 67 274 km,如图 4-7 所示。

$$R_1 = (42\ 165^2 - 6\ 378^2)^{1/2} + (8\ 378^2 - 6\ 378^2)^{1/2} = 47\ 111\ \text{km} \tag{4-48}$$

$$R_2 = (42\ 165^2 - 6\ 378^2)^{1/2} + (26\ 378^2 - 6\ 378^2)^{1/2} = 67\ 274\ \text{km} \tag{4-49}$$

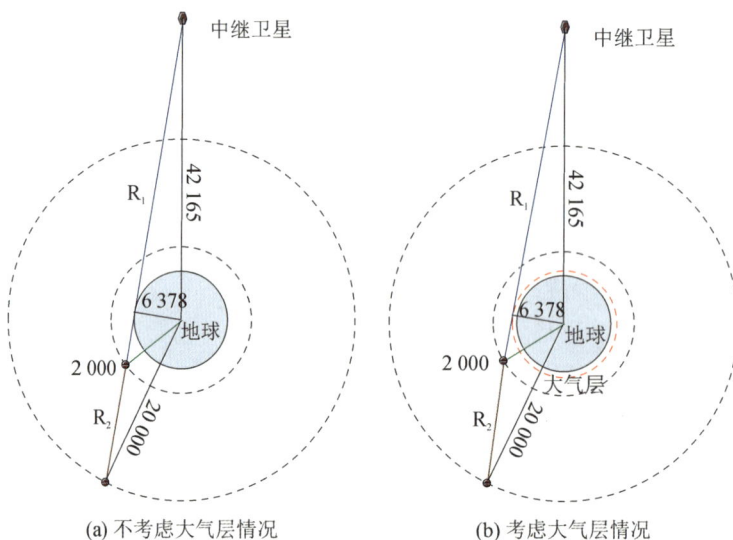

(a) 不考虑大气层情况　　　　　　(b) 考虑大气层情况

图 4-7　中继卫星作用距离示意图

4.2.3 大气传播路径衰减

大气传播路径衰减计算利用相关地区环境数据,基于大气传播预报模型获得统计传播特性。本书以北京、喀什、佳木斯和三亚地区为例,基于 ITU-R 预报模型对 Ka 频段地空传播特性进行研究,对雨衰减、大气吸收、云衰减、闪烁衰落、总

衰减等统计传播特性进行了较为全面的计算,得出了衰减随仰角、频率和极化变化的规律。

1. 衰减随仰角变化

卫星星下点经度的变化实际对应着路径仰角的变化。当路径仰角低于5°时,路径总衰减将极大增加,这会造成信噪比严重恶化,仰角增大时通过对流层的路径将减少,传播特性显著改善。图4-8和图4-9给出了20 GHz和30 GHz频率4个站点不同可用度总衰减随仰角的变化,极化方式均为垂直极化(除低仰角情况外,垂直极化通常链路衰减最小)。可以看出,当仰角较小时,仰角增大将使总衰减特性明显改善;当仰角大于20°时,总衰减随仰角增加变化缓慢。同时从图中也可以看出,由于喀什地区统计降雨率较小,其统计总衰减也明显低于其他站点。

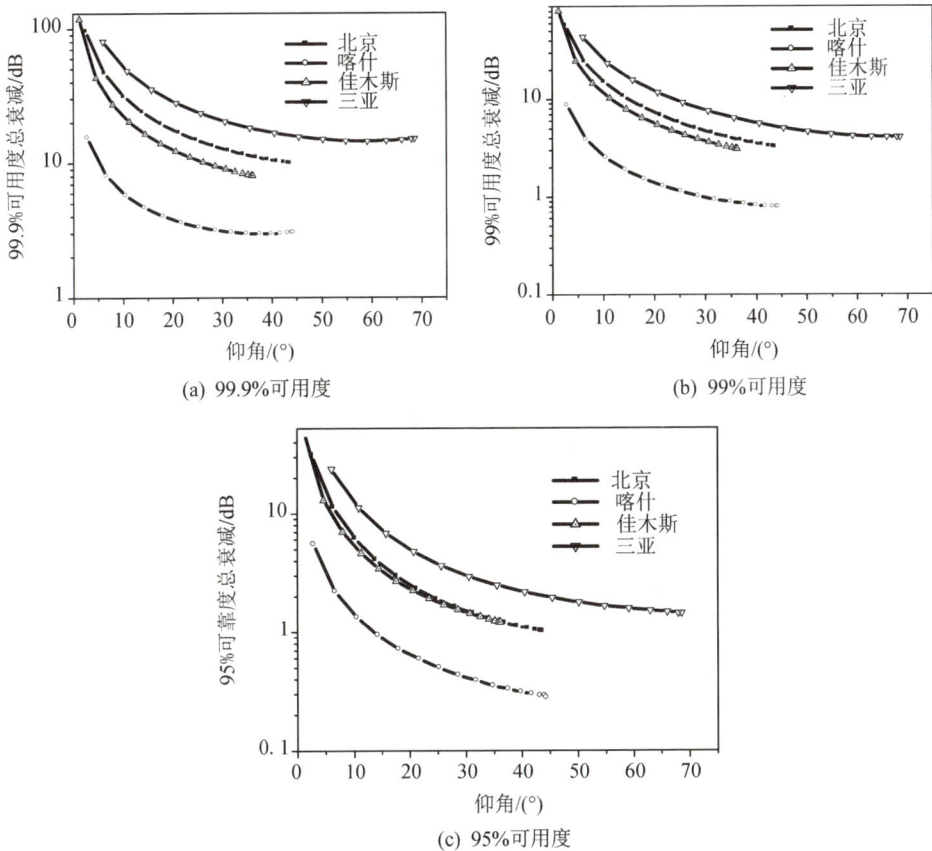

(a) 99.9%可用度

(b) 99%可用度

(c) 95%可用度

图4-8　20 GHz总衰减随仰角变化

图4-10和图4-11所示分别为北京、喀什地区不同可用度总衰减随仰角的变化情况,图4-12所示为北京、喀什地区下行链路不同可用度总衰减随仰角变化的比

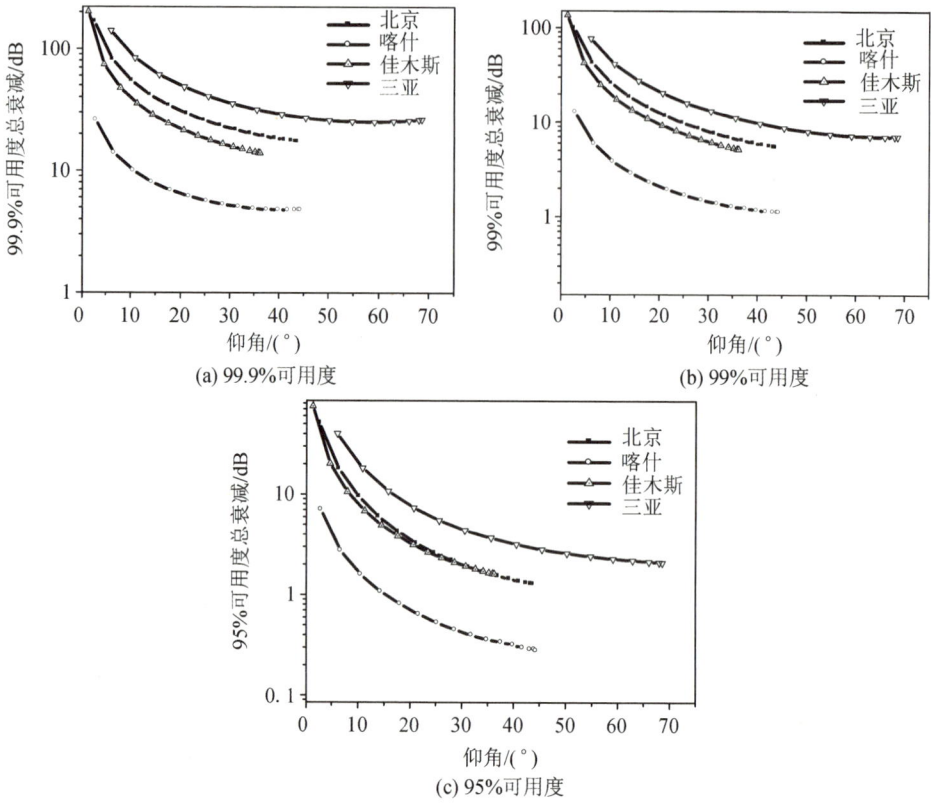

(a) 99.9%可用度

(b) 99%可用度

(c) 95%可用度

图 4 - 9　30 GHz 总衰减随仰角变化

较。可以看出北京、喀什地区不同可用度总衰减随仰角的变化趋势比较一致，但相同可用度时喀什地区的总衰减要小很多。

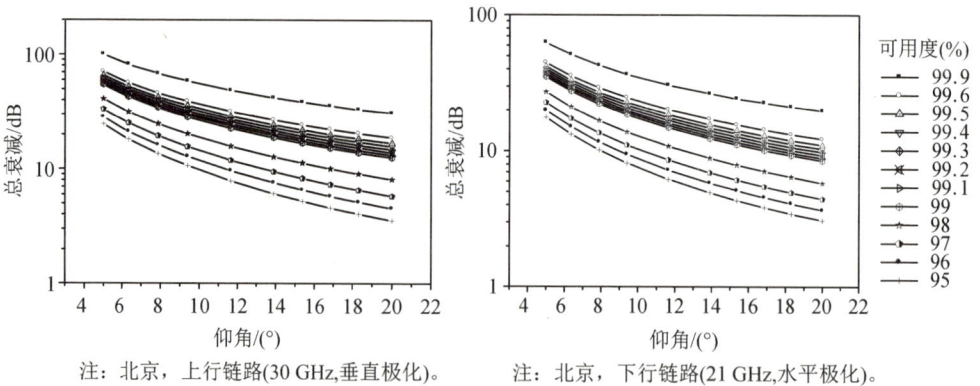

注：北京，上行链路(30 GHz，垂直极化)。

注：北京，下行链路(21 GHz，水平极化)。

图 4 - 10　北京地区总衰减随仰角变化

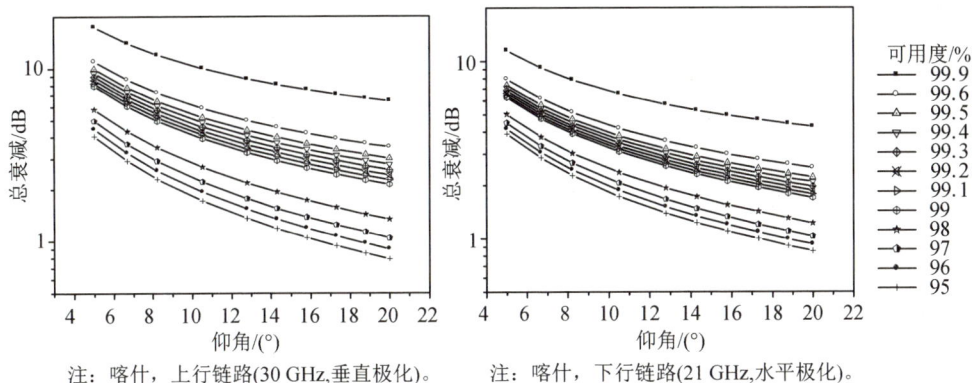

注：喀什，上行链路(30 GHz，垂直极化)。　　注：喀什，下行链路(21 GHz,水平极化)。

图4-11　喀什地区总衰减随仰角变化

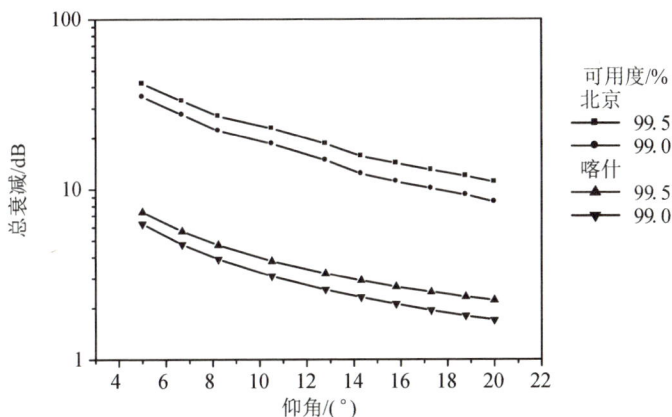

注：北京、喀什，下行链路(21 GHz)衰减比较。

图4-12　北京、喀什地区总衰减随仰角变化比较

2. 衰减随频率变化

从图4-8和图4-9中还可以看出,30 GHz信号的衰减比20 GHz信号要严重得多。为了更细致地了解不同频率的传播特性,选择北京地区计算总衰减特性,假定卫星经度为58°(地面站仰角约为15.3°),采用水平极化,6个频点总衰减特性随可用度概率变化曲线如图4-13所示。可见,在可用度概率较大时,总衰减随频率的不同有一定的变化,随着可用度概率的减小,不同频率的总衰减趋于一致。

3. 衰减随极化变化

对低仰角和高仰角情况下不同极化波的传播特性进行对比分析,图4-14和图4-15所示分别为北京地区30 GHz信号在低仰角与高仰角情况下,不同极化波

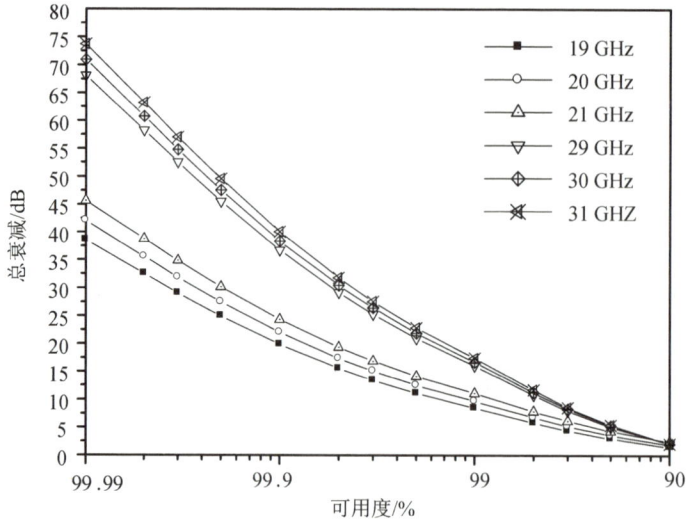

图 4 - 13　不同频率波总衰减随可用度的变化

总衰减随可用度概率的变化情况。可见,在高仰角情况下,垂直极化波路径衰减小于水平极化波,而在低仰角情况下则不遵循此规律。总的来看,极化方式对衰减的影响不大。

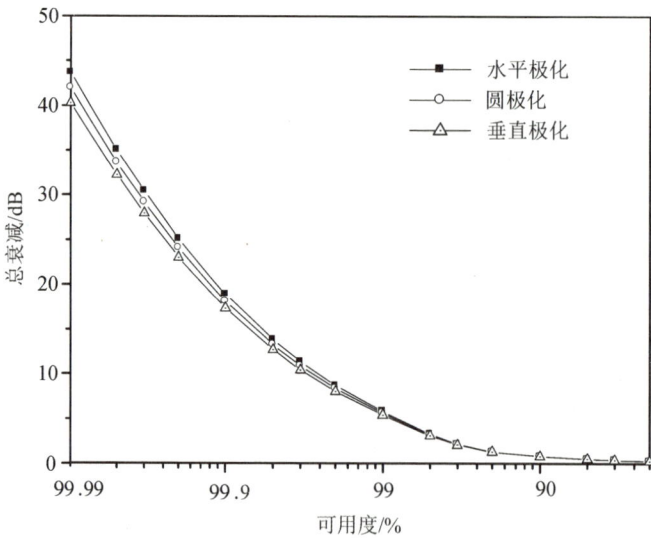

图 4 - 14　不同极化波总衰减随可用度的变化(北京,仰角 40°)

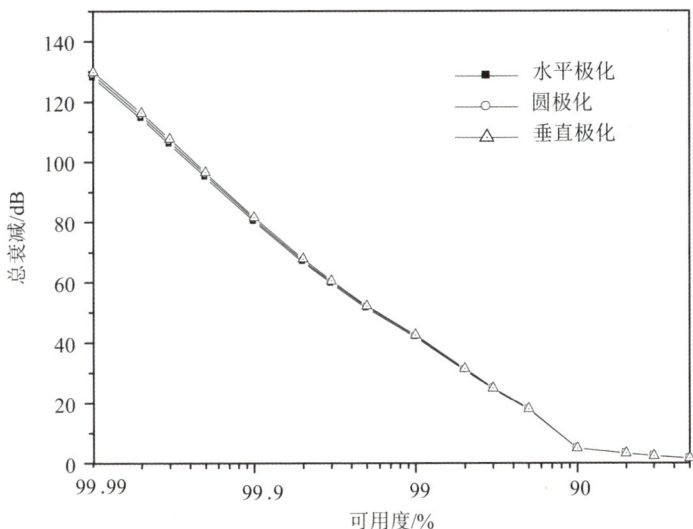

图 4 - 15   不同极化波总衰减随可用度的变化(北京,仰角 6°)

4.2.4   对品质因数影响

接收系统品质因数主要取决于接收天线增益、天线噪声温度和场放噪声温度,其中,天线噪声温度容易受到传输路径损耗的影响,其升高将会降低品质因数。在进行链路预算时,接收天线接收到的是天线覆盖范围之内的热辐射,其天线噪声温度需要根据天线指向区域情况分析取值。因此,位于大气层的接收天线噪声温度,受大气衰减的影响程度远大于位于太空的接收天线噪声温度。

1. 星地链路

中继卫星 Ka/Ku 频段星地天线固定指向地面站所处陆地,按照相应频率的地面亮温将噪声温度取为 280 K。中继卫星 S 频段星地天线为准全向天线,当波束覆盖区域地面和海面各占一半时天线噪声温度约为 230 K。

地面站天线固定指向中继卫星,其噪声温度受到大气衰减的较大影响。对于 Ka/Ku 频段,云雨混合时介质有效温度取为 270 K。云雨混合时不同大气衰减对应的噪声温度如表 4 - 2 所列。

表 4 - 2   不同大气衰减时的地面站噪声温度

大气衰减/dB	1	10	20	30
噪声温度/K	56	135	243	267

2. 星间链路

中继卫星星间天线噪声温度,可以根据具体任务分析取值情况。例如,用户目标为车辆时,噪声温度根据地面亮温取为 280 K;用户目标为舰船时,噪声温度根据海面亮温取为 150 K;若用户目标为卫星时,则需要根据中继卫星星间链路天线指向情况综合计算。

当用户目标位于近地大气层内时,其噪声温度计算方法可参考地面站噪声温度计算方法。当用户目标位于中低轨道等几百公里高空以外位置时,由于大气十分稀薄,可不考虑其对用户目标造成的噪声温度影响,此时用户目标的背景噪声主要是与频率无关的宇宙背景福射,约为 2.7 K。但当用户目标天线波束对准某些天体时,会产生较大的噪声温度。例如,宁静期的太阳在 Ka 频段的辐射亮温 T_{SUN} 为

$$T_{\text{SUN}} = 120\,000 f^{-0.75} \quad \text{K} \tag{4-50}$$

式中,f 为频率,单位是 GHz。

计算表明,太阳噪声温度在 Ka 频段可达到 1 000 K 左右,会对接收方品质因数造成较大影响,因此用户终端的波束应尽量避开太阳方向,从而避免由于日凌造成通信中断。月亮噪声温度为 200 K,在 2 GHz 以上频率还需考虑仙后座 A,天鹅座 A、X 和巨蟹座星云,银河系噪声在 Ka/Ku 频段可不予考虑。

4.2.5 极化损耗

对于线极化波,极化损耗由发射波线极化方向与接收天线线极化方向之间的夹角确定;对于椭圆极化波,极化损耗由发射方和接收方的天线轴比,以及发送波椭圆极化半长轴方向与接收天线椭圆极化半长轴之间的夹角确定,即在天线轴比或交叉极化隔离度确定后,确定极化损耗的关键是发送方和接收方之间的夹角。

1. 线极化

当不采用同频极化复用时,发射波线极化方向与接收天线线极化方向之间有一定夹角并不严重影响系统性能,例如,当夹角达到 20°时,极化损耗仅略高于 0.5 dB;当采用同频极化复用时,一般要求该夹角为 5°以内,并以此为条件进行大气传播去极化效应计算。此时,直接极化损耗小于 0.04 dB,因为极化鉴别度 XPD 下降引起的信号损失小于 0.03 dB,所以合计极化损耗取为 0.1 dB,具体去极化效应计算示例如表 4 - 3 所列。

表 4 - 3 去极化效应计算示例

项　目	取　值
频率 f/GHz	20
极化角 τ/(°)	5
传播路径仰角 θ/(°)	10
可用概率 P	0.99
雨滴倾斜角分布标准差 σ(当 P 为 1% 取值为 0)	0

项　目	取　值		
$U = 30\log f - 10\log(0.516 - 0.484\cos 4\tau) - 40\log(\cos\theta) + 0.005\,2\sigma^2$	51.43		
$V = 22.6(20\ \text{GHz} \leqslant f \leqslant 35\ \text{GHz})$ 或 $12.8 f^{0.19}(8\ \text{GHz} \leqslant f \leqslant 20\ \text{GHz})$	22.6		
降雨衰减 A/dB	10		
仅考虑降雨 XPD = $(U - V\log A)$/dB	28.83		
冰晶相关项/dB	4.32		
考虑降雨和冰晶 XPD/dB	24.51		
地面站 XPD/dB	35	30	30
卫星 XPD/dB	30	30	25
系统 XPD/dB	23.14	22.57	21.13

综合大气传播的去极化效应、卫星极化鉴别度和地面站极化鉴别度可以计算出系统极化鉴别度。从表 4 - 3 可以看出,虽然极化损耗较小,但大气传输影响将造成系统 XPD 有较大幅度下降,可能引起同频极化干扰。当同频不同极化信道传输速率和功率相当的信号时,不同极化信道之间影响较小;但当同频不同极化信道传输速率和功率差别较大的信号时,会对传输的低速和低功率信号产生较大影响,需要在任务设计时予以考虑。

2. 椭圆极化

对于椭圆极化,当发送波椭圆极化半长轴方向与接收波椭圆极化半长轴夹角为 90°时,极化损耗最大。当收发天线的天线轴比均为 3 dB 时,同极化旋向的极化损耗约为 0.5 dB。对于椭圆极化,极化鉴别度 XPD 与天线轴比 X 的关系为

$$\text{XPD} = \left(\left| \frac{X+1}{X-1} \right| \right)^2 \qquad (4-51)$$

当天线的天线轴比为 3 dB 时,极化鉴别度 XPD 约为 15.3 dB,即使不考虑衰减去极化效应也难以进行极化复用。因此,当中继卫星与用户目标之间通信采用椭圆极化时,一般不进行极化复用,也不需要特别关注收发夹角问题,在进行链路预算时直接取极化损耗为 0.5 dB。

4.2.6　指向损耗

天线跟踪误差导致的指向损耗,是全程链路指标和信号动态范围的一个影响因素。为使全程链路有足够的余量,并使中继卫星、地面站和用户目标接收信号的电平波动保持在一定范围内,需要对天线跟踪误差提出要求。指向损耗 $[L_{\text{rp}}]$ 与天线跟踪误差 $\Delta\theta$ 之间的关系,可参考 GJB 5421—2005《星 - 地数据传输链路的计算和标定方法》中的指向损耗计算公式,即

$$[L_{\text{rp}}] = 12\left(\frac{\Delta\theta}{\theta_{3\text{dB}}}\right)^2 \tag{4-52}$$

式中，$\theta_{3\text{dB}}$ 为半功率波束宽度，可以通过天线方位图测试得出，工程上也用频率 λ 和天线口径 D 的简单算式 $\theta_{3\text{dB}} = \dfrac{70\lambda}{D}$ 来估算。

1. 星地链路指向损耗分析

为保证可靠性，中继卫星星地天线一般不采用 Ka/S 双频段或 Ku/S 双频段设计，而采用一副单独的 Ka 或 Ku 频段星地天线用于数据传输，并配置专用 Ka/Ku 测控天线和 S 频段准全向天线专门用于测控。考虑到卫星指向误差、姿态误差和小倾角轨道距离变化引起的天线增益下降，一般中继卫星 Ka/Ku 频段星地天线指向误差小于 $0.2\theta_{3\text{dB}}$（$\theta_{3\text{dB}}$ 通常取收发频率中频率较高的计算），计算得星地天线指向损耗为 0.5 dB 以内。

地面站天线一般采用 Ka/S 双频段或 Ku/S 双频段设计。由于 Ka 或 Ku 频段天线方位图与 S 频段天线方位图存在一定的共轴误差，且 S 频段的 $\theta_{3\text{dB}}$ 远大于 Ka/Ku 频段的 $\theta_{3\text{dB}}$，所以分析认为，当地面站采用 S 频段跟踪时，Ka/Ku 频段数据传输链路有最大的指向误差。此时，地面站仍可以满足跟踪误差小于等于 $\pm0.2\theta_{3\text{dB}}$ 的需求，计算得地面站天线指向损耗为 0.5 dB。

2. 星间链路指向损耗分析

当星间链路采用 Ka/Ku 频段时，由于中继卫星星间天线波束狭窄（天线口径一般为 3 m 以上，半功率波束宽度为 0.2°左右），在目前中继卫星星间天线能够达到的指向精度下，指向精度大于或相当于波束宽度，理论上无法实现程序跟踪。因此，一般情况下，中继卫星星间天线采用自跟踪模式，指向误差能够达到 $0.25\theta_{3\text{dB}}$，计算得中继卫星星间天线指向损耗为 0.7 dB。当星间链路采用 S 频段时，由于中继卫星天线波束较宽，因此可以选择使用自跟踪或程序跟踪模式，指向误差能够达到 $0.15\theta_{3\text{dB}}$，计算得中继卫星星间天线指向损耗为 0.3 dB。

根据工程经验，由于用户终端天线波束较宽，无论采用自跟踪模式或程序跟踪模式，在 Ka/Ku/S 频段下指向误差一般都可以达到 $0.2\theta_{3\text{dB}}$，计算得中继卫星星间天线指向损耗为 0.5 dB。

参考文献

[1] 牛继烈. 数字微波接力通信系统原理与设计[M]. 北京：北京邮电出版社，1989.

[2] 刘嘉兴. TDRSS 中 KSA/SSA 信道非线性对误码率的影响[C]//成都：中国雷达行业协会航空电子分会暨四川省电子学会航空航天专委会学术交流会，2005.

[3] 彭晶波. 非线性失真环境下的多载波系统优化[D]. 合肥：中国科学技术大

学,2008.

[4] 刘嘉兴.飞行器测控与信息传输技术[M].北京:国防工业出版社,2014.

[5] 黄爱军,代红.高动态卫星链路多普勒频移特性分析[J].电讯技术,2020,60(3):263-267.

[6] 黄爱军.飞行器卫星通信链路设计与分析[J].电讯技术,2012,52(2):125-129.

[7] 郝学坤,马文峰,方华,等.三阶锁相环跟踪卫星多普勒频偏的仿真研究[J].系统仿真学报,2004,16(4):625-627.

[8] 李永波.本振相位噪声对接收机性能的影响[J].电讯技术,2012,52(4):562-565.

[9] 张金贵.信道特性对卫星通信系统性能影响仿真[J].无线电工程,2015,45(4):9-11,19.

第5章
中继卫星系统链路传输特性仿真模拟方法

在本书第3章和第4章给出了中继卫星系统链路信道特性的数学模型,并分析了各种传输特性给全程链路及信号处理带来的影响,如果考虑中继卫星系统测试评估及用户终端入网验证需求,就需要研究中继卫星系统链路传输特性的仿真模拟方法。

链路传输特性的仿真模拟方法研究主要包括链路特性建模和模拟实现两个方面:前者基于不同传输条件下的信号特性数据,采用电磁场、统计等理论建立起描述信道特性的数学模型;后者则是利用计算机和微电子等技术搭建数字仿真或半实物仿真平台,以尽可能真实地模拟出不同环境下的链路传输特性。

对中继卫星系统链路传输特性模拟可分为电波传输特性模拟和设备传输特性模拟。对电波传输特性的模拟,本章主要介绍动态传输延时特性、信道衰落特性、传播路径损耗中的电离层色散特性模拟方法,传播路径损耗中的对流层损耗可直接采用相关ITU(国际电信联盟)模型,不再赘述。对于设备传输特性的模拟,主要介绍相位噪声特性、功放非线性特性、群时延特性模拟方法,功放交调效果可以由功放非线性输出产生,幅频特性等可通过简单手段进行模拟,不再赘述。此外,由于信道噪声在中继卫星系统链路中的广泛存在,以及其在各种模拟方法中起到的基础性作用,因而本章还介绍了信道噪声特性模拟方法。

5.1 动态传输延时特性研究及模拟方法

由中继卫星系统工作场景及无线电波在自由空间的传播机理可知,中继卫星系统传输延时包括时间延时及多普勒效应两个方面内容。若暂不考虑信道传输的其他特性,无线电波由发射端发射并以光速在自由空间中传播,到达接收端的信号将是发射信号的动态延迟信号。延时的大小取决于收、发终端的径向距离,延时的变化快慢取决于收、发终端的径向速度。动态传输延时模拟方法可归纳为如下几种。

5.1.1 直接延时转发法

直接延时转发法的突出特点是通用性强,且不关注信号先验信息,通过对信号直接延时转发来实现传输延时的模拟。在实现层面上,该方法又可分为模拟延迟线法和数字射频存储转发法。

模拟延迟线法是应用最早的一种传输延时模拟方法,其发展与延迟线技术的发展密切相关。尽管近年来有不少新型延迟线不断问世,但光纤延迟线和声表面波延迟线仍是应用最为广泛的延迟线类型。光纤延迟线只能提供离散的固定距离延时模拟,而声表面波延迟线可以模拟连续的距离变化和距离变化率。总体而言,模拟延迟线法存在集成度低、扩展性差、延时模拟范围小、难以实现高动态延时模拟等突出问题,已逐渐被其他方法所取代。

随着数字信号处理技术的发展,传输延时模拟经历了由模拟方法向数字化方法的转变。自 1974 年英国 EMI 电子公司提出数字射频存储器(DRFM)技术以来,基于 DRFM 的动态传输延时模拟方法得到了广泛应用。DRFM 是采用高速 ADC(模数转换)、DAC(数模转换)和数字存储器来存储射频与微波信号的一种技术,通过将接收到的信号进行实时采样、存储、延迟及外放来实现传输延时的模拟。一般情况下,由于受到 ADC、DAC 转换速度和数字信号处理能力的限制,该方法在实现时,多在中频或者基带进行类似于 DRFM 的处理。根据存储器类型、工作频率、实现架构等方面的不同,基于 DRFM 的动态传输延时模拟的性能也存在着较大差异。相比于模拟延迟线法,数字射频存储转发法具有集成度高、扩展性好、时延模拟范围大等优点。但是,该方法的时延模拟精度直接受限于采样频率及星地轨道仿真数据密集度等因素,无法在较低采样频率下实现高精度、高保真度的动态传输延时模拟。例如,针对 0.01 m 的距离模拟精度要求,需要高达 30 GHz 以上的 ADC、DAC 采样速率及相应的信号处理速率,目前工程上实现难度极大。

5.1.2 再生延时转发法

再生延时转发法是近年来逐渐发展起来的一种动态传输延时模拟方法。该方法根据输入信号的先验信息,首先在模拟设备本地再生出输入信号的复基带信号,然后在复基带信号上进行模拟运动规律的叠加,最后进行调制、外放来实现传输延时模拟。再生延时转发法虽然额外增加了输入信号的再生过程,但先验信息的有效利用极大地增加了处理的灵活性,使得在某些情况下,不需要引入真正的延时器件即可实现模拟功能。例如,可根据输入信号的测距伪码码型、码速率等先验信息,将延时信息转换为对应的码相位和码相位变化率,通过实时改变再生信号的码相位就可实现动态传输延时的模拟。正是由于这种动态延时信息到信号参数的转换,使得再生延时转发法可以不受器件特性的限制,更容易实现大范围、高精度的动态延时模拟功能。

直接延时转发法和再生延时转发法特点鲜明,各具优劣。直接延时转发法的突出特点是通用性强,但模拟性能受延迟线类型、器件水平限制明显,难以实现大范围、高动态的传输延时模拟;再生延时转发法的突出特点是灵活性好,凭借信号体制、信号形式、信号参数等先验信息易于实现大范围、高精度的动态传输延时模拟性能,但通用性、适用性均差于直接延时转发法。这两类动态传输延时模拟方法都存在各自的相应缺陷,无法同时兼顾通用性、大范围、高动态、高保真度。

5.1.3 等间隔采样–非等间隔重构法

等间隔采样–非等间隔重构法是在数字射频存储法基础上发展起来的一种通用化动态传输延时模拟方法。该方法的本质是将宽带、任意波形信号的高精度延时问题转化为非等间隔外放时钟的高精度产生问题,通过产生与延时变化规律相一致的非等间隔外放重构时钟,并由其控制已存储的等间隔采样数据进行非等间隔外放,从而实现大范围、高精度的动态传输延时模拟。等间隔采样–非等间隔重构法原理如图 5 – 1 所示。

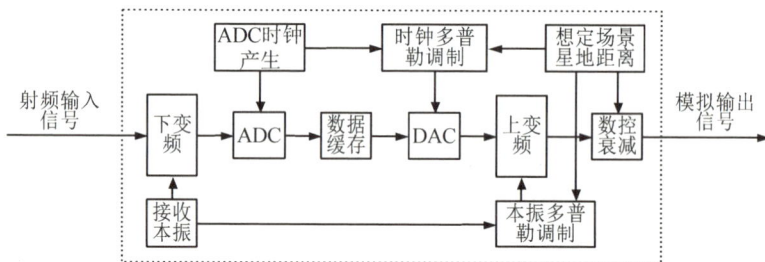

图 5 – 1 等间隔采样–非等间隔重构法原理框图

等间隔采样–非等间隔重构法的时延模拟精度主要取决于非等间隔重构时钟的相位及频率控制精度。与数字射频存储法相比,该方法在满足采样定理前提下与非等间隔重构时钟速率无关,可以在较低的采样速率下,实现高精度的动态传输延时模拟。

然而,从模拟运动规律叠加的角度来看,等间隔采样–非等间隔重构法为一种模/数混合方法,存在扩展性差、灵活性差等问题。

5.1.4 动态内插重构法

动态内插重构法是由等间隔采样–非等间隔重构法发展而来,它源于带宽有限信号的内插重建及延迟重采样思想。该方法的本质是将宽带、任意波形信号的高精度延时问题转化为一种全数字的动态内插处理,通过对已存储信号的采样序列进行动态索引及分段内插处理后等间隔输出,从而实现动态传输延时模拟。动态内插重构法原理如图 5 – 2 所示。

与等间隔采样–非等间隔重构法相比,动态内插重构法为一种全数字方法。因此,除了具备大范围、高精度、高动态的传输时延模拟性能外,还具有灵活性大、扩展性强、硬件复杂度低等优点。

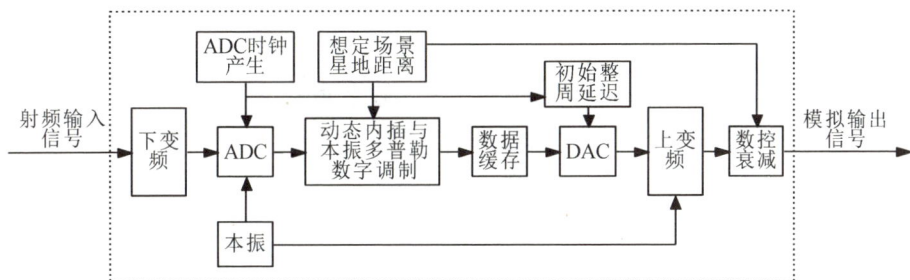

图 5 - 2　动态内插重构法原理框图

5.2　信道衰落特性研究与模拟方法

根据信号带宽和信道相干带宽的关系,信道衰落特性可分为平坦衰落和频率选择性衰落两类。

5.2.1　平坦衰落特性及其模拟方法

平坦衰落信道是用于描述信号带宽远小于信道相干带宽的衰落信道,其信道响应在信号带宽内假定相同。这种情况下,信号的不同频率分量在信道传输时会经历几乎相同程度的衰落,不会引起频率选择性失真,从而将影响集中体现在信号包络或功率的随机波动上。

为了解释衰落机制,刻画信道衰落对无线电波的影响,国内外学者建立了大量用于描述平坦衰落特性的概率统计模型。最早的概率统计模型是 Ossana 于 1964 年基于入射波与建筑物表面引起反射波相互干涉而提出的,但该模型将反射角限定于一个严格区间之内,具有较大局限性。1968 年,Clarke 根据移动平台接收信号场强的统计特性,基于散射原理建立了经典的 Clarke 模型。该模型假设到达接收端的多径信号由多个平面波组成,这些平面波具有相等的幅度、任意的相位和入射方位角。当无直射分量时,接收信号包络服从 Rayleigh 分布;当存在直射分量时,接收信号包络则服从 Rician 分布。1985 年,加拿大通信研究中心的学者 Loo 提出了另一种经典的概率统计模型,称之为 Loo 模型或部分阴影模型,很多单状态模型都可由它派生出来。该模型认为接收信号是由受到阴影遮蔽的直射分量和不受阴影遮蔽的多径分量组成,其中,阴影衰落服从 Lognormal 分布,多径衰落服从 Rician 分布。如果假设 Loo 模型中的多径分量也受到和直射分量一样的阴影衰落,则构成 Corazza 模型或全阴影模型。在 Corazza 模型的基础上,如果放宽"直射分量与多径分量服从相同的阴影衰落"这一限制而允许彼此独立,则构成 Hwang 模型。如果 Loo 模型中的阴影衰落服从 Nakagami 分布而非 Lognormal 分布,则构成 Abdi 模型。如果 Loo 模型中不存在直射分量，只有受到阴影遮蔽的多径分量，则构成 Suzuki 模型。同样，如果 Loo 模型中描述小尺度衰落的不是 Rician 分布而是伽马分布，则构成 Yongjun Xie 模型。20 世纪 90 年代中后期，Patzold 教授在信道衰落特性建模方面进行了深入研究，并于 1998 年提出了 Patzold 模型。从理论上讲，Patzold 模型对平坦衰落统计特性的描述更加准确和完整，但实现具有极大难度。

以上概率统计模型均假定接收信号的包络或功率服从唯一的概率分布，因此也称之为单状态模型，适合描述平稳信道。然而，由于实际信道环境复杂多变，利用单一状态描述平坦衰落还存在较大局限性。为此，国内外学者尝试用不同类型的概率密度分布或参数不同的同类型概率密度分布来描述信道特性的变化，建立了大量多状态模型。Lutz 等人于 1991 年提出了一个包含"好状态"和"坏状态"的马尔可夫双态模型。"好状态"下，不存在阴影遮蔽，接收信号的包络服从 Rician 分布；"坏状态"下，无信号直射分量，包络服从 Rayleigh – Lognormal 分布。2001 年，西班牙维戈大学的 Fontan 教授给出了一种基于广域环境下 3 状态马尔可夫链的统计模型。该模型将信道特性划分为 3 个状态：直射状态、中等阴影遮蔽状态及深度阴影遮蔽状态，所有状态都基于 Loo 模型，只是不同状态下的 Loo 模型参数不同。2004 年，Lin 等人提出了一个两等级、多状态的马尔可夫模型。该模型将传输损耗划分为快、慢两个等级，每一等级又被划分为若干个状态。相比于单状态模型，多状态模型灵活性大、实用性强、可靠性高。一般而言，信道划分的状态越多，信道刻画越细致、近似程度越高。然而，随着状态的增多，信道建模的参数也越多、仿真模拟的难度也越大，甚至无法工程实现。

在平坦衰落特性模拟方面，抽头延迟线法是应用最早的一种模拟方法，它由多径衰落产生机理发展起来。该方法由模拟或数字延迟器件构成多个相互独立的不可分辨路径，通过控制不同路径的延时和衰减后，再合成一个可分辨路径。抽头延迟线法虽然简单、易行，但信道衰落特性刻画粗糙，与不同传播环境下的真实场景相差较大。随着信道衰落模型的不断发展，各种单状态、多状态的概率统计模型凭借衰落特性刻画真实、分析过程简单、物理意义直观等突出优点，被广泛应用于平坦衰落特性模拟当中。这类模拟方法将平坦衰落特性对电波的影响建模为乘性噪声干扰，模拟的关键在于如何以较低的运算量和实现复杂度，生成具有指定概率密度分布和多普勒功率谱密度的噪声序列。由信道衰落模型介绍可知，概率统计模型一般都是利用 Rayleigh 分布、Rician 分布、Lognormal 分布和 Nakagami 分布的不同组合建立而来，而这 4 种概率分布均可由色高斯过程实现。例如，Rayleigh、Rician 和 Nakagami 分布需要两个色高斯过程，而 Lognormal 分布则只需要一个色高斯过程。色高斯过程的产生方法主要包括滤波器法和正弦叠加法。滤波器法的基本原理是利用线性时不变滤波器对高斯白噪声成型，以产生满足指定多普勒功率谱密度的色噪声。根据成型滤波器的不同，又可进一步分为 FIR 滤波器法、IIR 滤波器法和 AR 滤波器法等。滤波器法虽然原理简单，但灵活性差、计算量大、复杂度高。正弦叠加法基于有限个加权谐波叠加的方式,通过控制每个谐波的多普勒衰减系数、离散多普勒频率和多普勒相位这 3 个重要参数,从而产生符合理论多普勒功率谱密度的色高斯过程。针对最常用的 Jakes 型和 Guassian 型多普勒功率谱密度函数,谐波参数的计算方法主要包括:等面积法、等距离法、均方误差法、精确多普勒扩展法、蒙特卡洛法等。

5.2.2 频率选择性衰落特性及其模拟方法

频率选择性衰落信道是用于描述信号带宽大于信道相干带宽的衰落信道,其信道响应在信号带宽内不同。这种情况下,信号的不同频率分量在信道传输时会经历频率选择性衰落,除信号包络或功率随机波动外,频谱还会产生明显失真。相比于平坦衰落信道,频率选择性衰落信道更加复杂。平坦衰落信道只有一个可分辨路径,其中包括多个不可分辨路径;频率选择性衰落信道则由多个可分辨路径组合而成,每一个可分辨路径又包括多个不可分辨路径。

1963 年,Bello 等人给出了一种对频率选择性信道衰落进行建模的方法,提出了广义平稳非相关散射(Wide – Sense Stationary Uncorrelated Scattering ,WSSUS)信道模型。自此以后,国内外学者大多都在 WSSUS 模型的基础上开展宽带信道衰落特性仿真及模拟的研究。1996 年,Patzold 等人提出了离散 WSSUS 多径衰落信道的确定性仿真模型。Bug 等人将 WSSUS 信道模型用于宽带移动无线通信系统的性能分析。除此之外,雍明远等人还从多径衰落、阴影效应和多普勒效应 3 个方面研究了宽带衰落信道的频率色散特性和多普勒功率谱非对称特性。

在频率选择性衰落特性模拟的具体实现上,一般采用抽头延迟线法。该方法首先利用平坦衰落信道模拟方法搭建多个互不相关的可分辨路径;其次,在各可分辨路径上乘以相应的衰落因子并叠加离散时延;最后,将具有不同幅度和时延的多个平坦衰落信道合成,从而模拟频率选择性衰落特性。此外,有研究人员提出采用多点散射理论来模拟频率选择性衰落特性,但该方法存在计算量大、仿真效率低、实现难度大等突出问题。

目前来看,国内外对频率选择性衰落特性的研究仍然处于探索阶段,尚缺少经过实测数据验证的信道模型,相应的信道仿真及模拟方法也相对较少。随着宽带、超宽带无线电系统的不断发展,频率选择性衰落的研究仍需不断深入。

5.3 电离层特性研究与模拟方法

电波在电离层中的传播过程非常复杂,涉及电波在等离子体、非均匀媒质、随机媒质和非线性媒质中的传播问题。虽然电离层对无线电波传播的影响是各种传播效应的综合作用结果,但按照作用机理和研究方法的不同,国内外研究人员通常将其分为两类:无随机变化的背景电离层对电波传播的影响和随机起伏的电子密度不规则体对电波传播的影响。前者采用确定性方法研究,影响主要包括吸收、色散、时延、相移、Faraday 旋转等,各种影响集中体现在与背景电离层电子浓度分布或电波传播路径上的积分电子总量(TEC)有关;后者采用随机、统计等方法研究,影响主要包括振幅、相位、极化状态、到达角闪烁等,电子密度不规则体随机起伏的尺度、形状、统计特性决定了影响程度。

5.3.1　背景电离层特性及其模拟方法

背景电离层作为沉浸在地磁场中的等离子体,是一种表现为色散、双折射、各向异等特性的复杂介质。电离层的电子浓度分布或电波传播路径上的积分电子总量是描述背景电离层的重要参数。它除了存在各种时、空变化外,还会受到太阳和地磁活动的影响,产生电离层风暴、突然骚扰和电离层行扰等扰动现象。为此,国内外学者在大量电离层探测数据基础上,通过统计分析、函数拟合等手段建立了各种电离层模型,用来定量描述背景电离层参量随太阳活动、地磁活动、季节、地方等各种外界因素变化的特征。这些模型的参量可以是常规参量(如电子浓度、漂移速度和温度等),也可以是这些常规参量的函数(如电离层电子总含量(TEC)、天顶方向电离层电子总含量(VTEC)、高度剖面上的电子峰值浓度(NmF2)、峰值浓度对应的高度(hmF2)等)。采用的函数形式可以是确定的(如球谐函数、Chapman 函数、多项式函数、样条函数、经验基函数等),也可以是黑匣子式的(如采用神经网络法等)。

1965 年,Jones 和 Gallet 在国际无线电咨询委员会(CCIR)的建议下,利用全世界范围内约 150 个测高仪固定站在 1954—1958 年期间的观测结果,构建了一个 foF2 和 M(3000)F2 的经验模型。该模型共包括 34 296 个系数,称之为 CCIR 系数。1972 年,Bent 等人在 CCIR 系数的基础上,采用抛物线和 3 个指数函数描述电离层电子浓度的顶部剖面,并用双抛物线描述底部剖面,建立了 Bent 模型。该模型在考虑时间、地面站位置等基本参数的同时,又加入了太阳活动的影响,以期达到对 TEC 尽可能准确的刻画。该模型简单、使用方便,但精度不高。1978 年,国际无线电科学联盟和空间研究委员会公布了 IRI 1978 模型,随后经过不断修改和完善,又先后推出了 IRI 1979、IRI 1986、IRI 1990、IRI 2000、IRI 2001、IRI 2007 等模型。IRI 模型是目前公认最有效的电离层经验模型,它通过给定位置、时间和日期等,可以得到电子浓度、电子温度、离子温度、离子成分的月平均值,以及给定积分起止点的 TEC 等。意大利萨拉姆国际理论物理中心与奥地利格拉茨大学共同研究的 NeQuick 模型,同样可根据月份、位置、高度等信息,计算卫星信号传播路径上的 VTEC、TEC 以及 50~20 000km 高度范围内的电子浓度垂直剖面图等。1987 年,美国科学家 Klobuchar 给出了另一种电离层模型,它由 Bent 模型简化而来,具有简单、实用、方便、可靠性好等优点,但对于电离层活动剧烈的高纬度和赤道地区,误差较大。1994 年,Georgiadous 采用三角级数函数(TSF)来建立电离层模型,提高了局部电离层周日变化特性的刻画能力,但参数固定的特点在一定程度上限制了它的计算精度。1995年,Wilkson 和 Schaer 等人提出用二维球谐函数来模拟电离层活动。研究结果表明,此函数模型比 Klobuchar 模型精度高,用它来模拟全球或区域性的电离层变化基本可行。然而,二维球谐函数模型一直都很难解决的一个问题就是当卫星仰角较低时,精度明显受限。基于经验正交函数(EOF)的电离层模型就很好的解决了卫星低仰角的问题,还可以提供三维空间的各种电离层参量。该模型在水平方向上采用二维球谐函数来表示电子密度分布,在垂直方向上用几个 EOF 函数来描述电子密度分布,这样就可以得到三维空间中任一点的电子浓度。

在国内,1994 年,刘瑞源等人利用中国测高仪观测的数据,对部分 IRI 系数进行了修正,建立了中国参考电离层模型 CRI。1997 年,刘立波等人利用武汉站多年的观测数据,构建了武汉站系列特性参量模型。2005 年,袁运斌等人基于广义三角级数函数建立了一种电离层延迟模型。该模型相比于参数固定的三角级数函数模型和目前广泛应用的多项式模型,能够更好地描述电离层 TEC 的变化特性。2007 年,毛田等人采用 kriging 方法构建了中纬度区域电离层 TEC 地图,并比较了目前被广泛使用的 Klobuchar 模型、IRI 模型的数据与真实 TEC 分布的符合情况。

在开展电离层模型研究的同时,背景电离层特性模拟技术也在同步发展。在背景电离层的各种特性中,色散被认为是影响电波传播的最主要因素。对于穿越电离层的无线电波,电离层色散会改变无线电波相路径和群路径长度,从而引起非线性相位超前和附加延时。目前,电离层色散特性模拟在导航定位系统的应用中比较常见,但方法单一,可简单归纳为:首先,利用电离层模型直接或间接计算得到导航信号传播路径上的 TEC;其次,根据导航信号的载波频率、码型、码速率等先验信息,将电离层引入的非线性附加延时近似为载波频点处的平均延时,叠加至模拟生成的基带信号上;再次,将电离层引入的非线性相位超前近似为载波频点处的相位超前,叠加至模拟生成的载波上;最后,将两者合成,经上变频后生成最终的导航模拟信号。尽管该方法较好地模拟了电离层延迟随 TEC 变化对导航定位系统的影响,但其依然存在逼真度低、通用性差、适用范围小等突出问题。一方面,该方法忽略了相位超前和附加延时关于频率的非线性特性,只是背景电离层色散特性的一种近似,无法真实刻画色散对宽带、超宽带信号传播的影响,如信号畸变、脉冲展宽等;另一方面,该方法对信号先验信息的极大依赖性限制了它的适用范围,不具备通用化的特点。对于某些信号体制,如宽带直扩/跳扩混合扩频体制,该方法甚至无法实现。

5.3.2　随机起伏电离层特性及其模拟方法

目前,电离层闪烁的研究大多集中在幅度和相位闪烁两个方面,分别用幅度闪烁指数 S_4 和相位闪烁指数 σ_φ 来描述其闪烁强度。

电离层随机起伏电波传播问题涉及连续随机介质的电波传输和散射理论,这一理论早期是由苏联科学家建立起来的。最初的电离层随机传播问题基于薄相位屏衍射理论,它将电离层建模为一个仅改变相位的薄屏,并在早期广泛应用于电离层闪烁研究当中。19 世纪 50 年代后期,苏联科学家 Tatarskiil 采用 Rytov 近似法并引入现代湍流的统计理论获得了成功,成为处理弱起伏条件下电波传播的经典理论。在弱起伏情况下,电离层闪烁指数 S_4、互相关函数以及谱密度都可以利用相位屏理论或者 Rytov 解来计算。然而,当起伏增强,多重散射效应变得重要时,以 Rytov 解为基础的弱起伏理论不再适用。为此,国内外学者针对随机介质的强起伏情况,先后提出了研究电离层闪烁的各种理论模型及方法,如多相位屏模型、图解法、积分方程法、扩展 Huygens – Fresnel 原理、抛物方程法、Markov 近似理论、路积分法、双尺度展开方法及裂步算法等。

上述以 Rytov 解为核心的弱起伏理论和以多相位屏模型为核心的强起伏理论为电离层闪烁的研究奠定了基础。为了更好的分析电离层闪烁对无线电波的影响、预报电离层闪烁的发生,国内外学者建立了各种电离层闪烁模型。

19 世纪 70 年代末,NWRA(Northwest Research Associate, Inc)公司在美国政府的支持下,利用大量电离层闪烁观测数据,同时结合等离子体密度不规则结构的气候学特征以及穿越电离层的电波传播效应,提出了一种电离层闪烁模型 WBMOD(Wide Band Mode)。WBMOD 模型由一个电子密度不规则体模型和一个电波传播模型构成。前者可根据地点、日期、太阳活动指数、地磁活动指数等,给出电离层电子密度不规则体的几何形状、朝向、浓度和运动特征等信息;后者可直接给出 2 个描述幅度闪烁的参数和 3 个描述相位闪烁的参数。目前,该模型已被应用在 SCINDA(Scintillation Network Decision Aid)系统上,建立了用于支撑美国战术通讯卫星和 GPS 卫星导航的地面电离层闪烁监测网系统,向用户提供实时区域性闪烁预报。2002 年,Beniguel 提出了一种全球电离层闪烁模型 GISM(Global Ionospheric Scintillation Model),后来在欧洲航天局的支持下将其发展并完善。该模型基于多相位屏理论和 NeQuick 电子浓度经验模型,可以直接给出幅度闪烁指数 S_4、相位闪烁指数 σ_φ、衰落持续时间等统计特征参数。上述电离层闪烁模型虽然可以很好的给出不同区域、不同时间的闪烁强度及分布情况,但在研究电离层闪烁对无线电波的影响、产生电离层闪烁序列时,却存在参数设置复杂、运算量大的问题。为此,很多研究人员根据电离层闪烁实测数据分析出了振幅和相位起伏的统计特性,建立了相对简单的统计模型,如 AJ – Stanford 模型、Cornell 模型等。

从 20 世纪 80 年代开始,中国电波传播研究所、武汉大学、中国科学院空间科学与应用中心、中国科学技术大学、西安电子科技大学等研究机构,也开始了电离层闪烁的研究。目前,已在电离层闪烁严重的中低纬地区,如海口、广州、昆明、重庆、上海等地布设了闪烁观测站,获得了大量电离层闪烁观测数据。尚杜平、周彩霞等人在海南地区,祁威、王冬丽等在桂林地区,黄林峰、王斯宇等在广州地区,分别对电离层闪烁监测数据进行了统计分析。分析内容主要包括:电离层闪烁强度随昼夜、季节和地区的变化特性,地磁和太阳活动对电离层闪烁的影响,GISM 模型和 WBMOD 模型在中国区域的适用性等问题。除此之外,中国科学院空间科学与应用研究中心还利用海南空间天气综合观测站 2003 年 7 月—2005 年 6 月的闪烁观测数据,建立了海南单站电离层闪烁初步预报模型。该预报模型可根据日期、时间、区域代码、太阳辐射通量和地磁活动指数等输入参数,给出闪烁指数大于 0.1、大于 0.3 和大于 0.5 概率的几何分布。

在电离层闪烁模拟方面,最早的模拟方法大多基于电离层弱闪烁理论,如薄相位屏散射理论、Rytov 近似法、Born 近似法等。1983 年,Knepp 在薄相位屏模型基础上进行扩展,提出了多相位屏模型。由于该模型可同时解释电离层的弱闪烁及强闪烁现象,因而在早期得到了广泛应用。有些文献利用多相位屏模型产生电离层闪烁序列,给出了幅度闪烁指数和相位闪烁指数的计算方法;Carrano 等人利用多相位屏模型模拟电离层闪烁,分析了电离层闪烁对 SAR 成像的影响等。然而,由于多相位屏模型参数多、计算量大、使用不便等原因,国内外学者均积极研究电离层幅度、相位闪烁的统计特性,以寻求相对简单的模拟方法。目前,常用的幅度闪烁分布主要包括 Rayleigh 分布、Nakagami - m 分布、Rician 分布及对数-正态分布等;常用的相位闪烁分布主要包括均匀分布和高斯分布。Deckelman 等人利用两个相互独立且服从均匀分布的随机数,经过一系列线性、非线性变换及 Butterworth 滤波后,产生服从二变量正态分布(bivariate - normal distribution)的时间序列,很好地模拟了穿越电离层电波的幅度闪烁。1998 年,美国 Stanford 大学的 Dierendonck 提出了 AJ - Stanford 模型。该模型分别产生满足 Nakagami - m 分布的振幅序列和满足高斯分布的相位序列,在相关变换之后通过一系列滤波器进行频谱成型来产生电离层闪烁信号。2002 年,Mountcastle 等人提出了一种电离层闪烁模拟方法。该方法假定幅度闪烁服从 Rician 分布,相位闪烁服从高斯分布,解相关时间由线性滤波器控制。2004 年,S. Y. Li 等人根据低轨卫星通信系统的路径概率分布、WBMOD 模型提供的幅度闪烁指数 S_4 和 Nakagami - m 的概率分布函数,提出了一个适用于描述电离层闪烁对低轨卫星通信系统影响的时变统计模型。2009 年,Cornell 大学研究小组发现了电离层闪烁对接收机环路影响最为严重的 Canonical 衰落现象,并基于复闪烁信号滤波的方法提出 Cornell 模型,很好地模拟了该现象。在该模型中,幅度闪烁服从 Rice 分布,相位闪烁没有假定分布。

5.4　相位噪声特性研究与模拟方法

相位噪声是指振荡器或变频器内部热噪声、闪变噪声、随机游走噪声等引起的信号相位随机起伏现象。相位噪声的影响在时域体现为正弦波幅度与相位的随机抖动,在频域表现为理想的 δ 函数产生裙摆。国内外学者大多采用随机过程等理论开展相位噪声研究,研究内容主要集中在相位噪声建模与定量分析、相位噪声计算机仿真两方面。

5.4.1 相位噪声建模与定量分析

国外学者对相位噪声建模的研究始于 20 世纪 60 年代,以 Lesson 于 1966 年提出的基于线性时不变(LTI)分析方法的经验模型为代表。该模型将振荡器视为一个线性负反馈系统,根据其传递函数来计算器件噪声引起的振荡器相位噪声。Lesson 模型很好地预测了振荡器的相位噪声行为,而且数学模型简单,一经提出就得到了广泛应用。在 Lesson 模型基础上,Razafi 等人根据振荡器开环传递函数提出了 Q 值的一种新定义;Craninckx 等人则分析了不同器件噪声对相位噪声的影响,并提出通过等效阻抗来计算振荡器相位噪声的方法。相比于线性时不变模型,Hajkniri 等人于 1998 年提出采用线性时变(LTV)模型来描述振荡器相位噪声特性。该模型将噪声源视为一个冲击函数电流源,采用冲击敏感函数来描述电流脉冲对振荡器波形相位的影响。由于冲击敏感函数通常是通过电路仿真获得,因此 Andreani 等人针对常用的 LC 结构振荡器,推导出了冲击敏感函数的具体表达式。1998 年,Samori 指出大信号情况下,噪声通过非线性器件会发生频谱折叠现象,即位于高频和低频处的噪声会转换到载波附近。在此基础上,Nallatamby 等人进一步证明了非线性转换噪声比线性加性噪声对相位噪声的影响更加显著,传统的线性模型并不能满足准确计算相位噪声的要求。为此,Kaertner 采用了非线性微分方程扰动理论对振荡器的相位噪声进行了研究与分析。根据其研究成果,Demir 等人提出了一种计算振荡器相位噪声的非线性模型,详细分析了白噪声和色噪声对振荡器输出相位噪声谱的影响。

除上述研究外,国内外学者还开展了不少关于相位噪声时、频表征与定量分析的研究工作。Chorti 等人利用相关理论对相位噪声功率谱密度进行估计,结果表明,相位噪声的功率谱密度呈幂律分布特性,这与 Lesson 提出的经验模型相符合。Kester 等人提出了一种简单的方法将振荡器的相位噪声转换为时间抖动,即先对相位噪声功率谱密度按面积积分得到噪声功率,再根据噪声功率与时间抖动之间的关系计算时间抖动值。这种方法虽然可以估计与相位噪声对应的时间抖动,但并不准确。Moon 等人研究总结了各种时域相位抖动测量方法的频域表征,建立了时域相位抖动与频域之间的关系,从而把几乎所有相位抖动测量方法的理论基础统一起来。除此之外,国内学者还详细分析了相位噪声和时钟周期抖动之间的联系,指出不同频段的相位噪声对时钟周期抖动的影响不同。高树廷等人则将振荡器输出信号等效为连续噪声对单载波信号进行调制,并将瞬时噪声电压近似为正弦波,采用矢量法对两个正弦信号的调制结果进行了分析。

5.4.2 相位噪声计算机仿真

国内外学者对相位噪声计算机仿真的研究大多基于相位噪声功率谱密度的幂

律分布特性,常用方法主要包括:小波变换法、ARMA 模型法、分数阶积分法、时域滤波法及逆 FFT 变换法等。

Flandrin 等人提出采用小波变换计算机仿真生成相位噪声。该方法通过选取合适的小波变换基和一定的变换级数来逼近任意精度的相位噪声,但因实际采用的小波变换级数有限,导致仿真生成相位噪声的幂律谱曲线会出现纹波现象。林敏等人则利用小波变换法仿真产生了具有分形结构的分形随机信号,即功率谱满足幂律分布特性的 $1/f^{\alpha}$ 信号。该方法利用了正交小波变换的高度不相关性,通过小波变换使 $1/f^{\alpha}$ 信号时域结构的复杂性得到简化。

Corsimi 等人以谱表示定理为依据,提出基于 ARMA 模型法的相位噪声仿真方法。该方法从实测相位噪声功率谱密度出发,根据谱表示定理反演出具有适当极点的有限数量线性时不变系统的叠加,从而构建出能够产生相位噪声功率谱密度分布特性的成型滤波结构。通常,为了逼近真实相位噪声,理想线性时不变系统往往需要无限数量的极点,但实际只能采用极点数量有限的系统进行逼近,因此该方法存在较大逼近误差。另一方面,为了获得更低频段的相位噪声,理想系统存在无限接近于单位圆的极点。然而,设计过程中为了保证系统稳定,往往会截掉接近于单位圆的极点,从而导致生成的相位噪声功率谱在低频部分接近于常数。

Mandelrot 等人注意到闪变调相噪声与布朗运动有一定的相似性且布朗运动的本质是白噪声的积分,据此提出采用离散分数阶积分仿真生成 $1/f^{\alpha}$ 离散噪声序列。分数阶布朗运动是非平稳过程,分数阶积分法必须在布朗运动的基础上施加一定的限制条件,才能保证生成的离散噪声序列在时域收敛。

Staszewski 等人提出了基于时域滤波的相位噪声仿真方法。该方法借鉴了噪声成型滤波原理,通过设计符合一定要求的滤波器系统对白噪声成型滤波来达到噪声色化的目的。时域滤波法的优点在于可以灵活改变滤波器参数,产生符合不同分布特性的相位噪声。然而,由于实际振荡器相位噪声分布非常复杂,因此难以根据振荡器输出信号的建模结果推导出满意的滤波器系统函数。

仲崇霞等人提出采用逆 FFT 变换法仿真生成相位噪声。该方法适用于平稳随机过程,也适用于 $1/f$ 形式的弱平稳过程,但由于需要对相位噪声的功率谱密度进行精确刻画,因而难以通过逆变换推导出需要的闭式解。

总体来说,国内外学者已经对相位噪声计算机仿真方法进行了广泛而深入的研究。然而,现存方法大多存在硬件结构复杂、难于工程实现等问题。

5.5　功放非线性特性研究与模拟方法

功率放大器(简称功放)是无线通信系统的关键器件,主要由晶体管、电容和电感等非线性元件组成。为了提高工作效率,功放往往工作在饱和点附近,非线性影响严重。功放非线性会不可避免地引起信号扭曲,产生码间干扰,导致星座图发生翻转,误码率升高。除此之外,还将引起信号频谱扩展,产生邻道干扰,降低频带利用率,严重影响通信系统性能。为了准确刻画功放非线性特性,最大程度地减小功放非线性的影响,国内外学者进行了大量研究工作,研究内容主要集中在功放非线性建模与功放线性化技术这两个方面。

5.5.1 功放非线性建模

功率放大器的模型研究是电路仿真和系统仿真的一个重要组成部分,关键是如何利用一组数学方程来描述功率放大器特性。根据模型提取数据类型的差异,功放非线性模型主要包括物理模型、等效电路模型及行为模型,其中,以行为模型应用最为广泛。功放的行为建模不关心内部电路结构,把功放看成一个"黑箱",通过测量功放的输入与输出特性构造非线性响应函数,从而建立起描述功放非线性特性的行为模型。根据是否考虑记忆效应,功放行为模型又可分为无记忆模型和有记忆模型两类。

功放的无记忆模型以 Taylor 级数模型、Saleh 模型和 Rapp 模型为代表。Taylor 级数是分析无记忆非线性系统的通用工具,也是描述非线性系统最通用的数学模型。然而,常用的低阶 Taylor 级数模型对实际功放的拟合精度有限,通过增加模型阶数并不能很好的提高拟合精度,反而会导致模型输出产生"振荡"现象,因此其使用受到了一定限制。Saleh 专门针对行波管放大器提出了一种非线性模型,采用了不同的表达式分别描述无记忆功放的 AM - AM 和 AM - PM 非线性变换特性。然而,由于固态功率放大器与行波管放大器具有不同的非线性特性,因此利用 Saleh 模型对固态功放建模往往不能达到令人满意的效果。为此,Rapp 在 Saleh 模型的基础上,提出了一种专门描述固态功放的非线性行为模型。相比而言,固态功放输出功率一般较低,相位失真相对较小,几乎达到可以忽略的程度,因此 Rapp 模型只建立了 AM - AM 非线性转换特性的数学描述。除上述模型外,多项式模型、Ghorbani 模型和 Hyperbolic tangent 模型等也被广泛用于无记忆功放的行为建模。

在对功率放大器模型的研究中,国内外学者很早就注意到了功放的记忆效应。记忆效应是指功放当前的输出信号不仅取决于当前的输入信号,还与过去的输入信号有关。功放记忆效应的研究是建立有记忆行为模型的基础,因此许多学者都开展了相关研究工作,取得了一系列标志性的研究成果:Bosch 和 Gatti 等人研究了功放记忆效应的产生原因及仿真与测量方法;Carvalho 和 Pedro 等人以双音输入信号为基础,分析了功放频移匹配网络导致的边带不对称现象;Vuolevi 等人提出了电记忆效应和热记忆效应概念,分析了这两种记忆效应产生的原因;Ku 等研究了基于系数延时结构的记忆多项式模型,定量分析了功放的记忆效应;Liu 等提出了一种在宽带射频功放中定量分析记忆效应的方法。根据功放记忆效应的研究成果,目前已建立起许多不同类型的有记忆模型,但仍存在各自的缺陷。Volterra 级数是一种泛函级数,可以用来表示一大类具有记忆效应的非线性系统,它是分析弱非线性系统最经典的方法。然而,Volterra 级数模型有一个明显缺点,即模型参数会随着核阶数和记忆深度的增加而迅速增多,从而导致系统复杂度大大增加,为此,Volterra 级数的简化模型逐渐进入人们的研究范畴。当前常用的简化模型主要包括:Wiener 模型、并联 Wiener 模型、Hammerstein 模型、并联 Hammerstein 模型及记忆多项式模型等。Wiener 模型和 Hammerstein 模型都是由一个线性时不变系统和一个无记忆非线性系统级联组成,具有结构简单、参数少、易于实现等优点。研究表明,这两种模型比较适合描述具有线性记忆效应的功放,当功放具有大量非线性记忆效应时,这两种模型的误差将急剧变大,与无记忆模型相比并没有明显优势。Ku 等人提出了一种并联 Wiener 模型来对有记忆功放进行建模。相比于 Wiener 模型,并联 Wiener 模型采用不同的滤波器来描述不同阶的非线性,同样的方法也适用于并联 Hammerstein 模型。并联 Wiener 模型与并联 Hammerstein 模型能够对具有强记忆效应的功放进行精确建模。同时,由于功放长时间的恒定记忆效应包括在并联分支中,因此采用这两种模型进行功放建模时,通常能够对三阶交调幅度进行更加精确的预测。Ku 和 Kenney 等提出了一种采用 Volterra 级数简化形式进行建模的方法,也就是后来得到广泛应用的记忆多项式模型。记忆多项式模型只考虑了 Volterra 核的对角项,大大减少了参数数量,但模型精度有限。近年来,人工神经网络因其具有灵活有效的自组织学习方式与分布式的存储结构等特点,引起了许多研究人员的关注。例如,Liu 等人采用实值 BP 网络对有记忆功放进行建模,而 Isaksson 等人则将径向基函数网络运用于功放建模,并在一定程度上克服了 BP 网络模型存在的收敛速度慢等问题。

5.5.2　功放线性化技术

功率放大器的线性化方法主要包括回退法、负反馈法、前馈法、预失真法、包络重构法及谐波注入法等,其中,预失真法是国内外学者研究的热点。预失真法是指在功放前端放置一个非线性预处理模块,使其与功放级联后的传输特性表现为线性特性。根据预失真模块位置的差异,预失真可以分为射频预失真、中频预失真和基带预失真。根据预失真处理信号形式的差异,又可分为模拟预失真和数字预失真。

早在 1959 年,Macdonald 等人就提出用相反的非线性特性来补偿三极管自身的非线性,这就是模拟预失真的基本思想。早期的模拟预失真主要用于卫星通信和有线电视等系统中。到 20 世纪 80 年代以后,开始出现自适应数字预失真,其应用对象主要为移动通信系统。1988 年,Bateman 等人第一次提出基于查找表来实现功放的预失真。1989 年,Nagata 等人提出了映射预失真方法,即利用两张二维预失真表把输入信号的 IQ 分量映射成输出信号的 IQ 分量来实现预失真功能。该方法无需对信号进行转换,减少了由此引入的额外失真,同时也降低了预失真设备的复杂性。然而,二维查找表通常要做得很大才能满足性能要求,因此收敛速度较慢。Cavers

等人假设功放非线性只与输入信号的幅度有关,提出了一种利用较少表项实现预失真的方法,即复增益查找表法。相比于映射法,复增益查找表法大大减少了查找表的尺寸,加快了预失真的收敛速度。Faulkner 等人提出极坐标预失真法,即采用两张分别包含增益和相位信息的一维预失真表来实现预失真功能。然而,由于实现时需要进行直角坐标至极坐标的转化,从而导致复杂性有所增大。但由于查找表法存在存储空间大、收敛速度慢等缺点,基于功放行为模型的预失真技术开始被关注。Kim 等人提出了基于延迟的记忆多项式模型,可通过简单的迭代算法来获得稳定的记忆多项式预失真器。Ding 等人提出了一种基于稳健记忆多项式模型的预失真器,分析了预失真器对于 Wiener、记忆多项式、并行 Wiener 结构功放非线性补偿的稳健性。无论是基于查找表的数字预失真还是基于功放行为模型的数字预失真,大多采用自适应算法实现查找表内容或功放模型参数的更新。目前,常用的自适应算法主要包括:最小均方(LMS)算法、递归最小二乘(RLS)算法、归一化最小均方(NLMS)算法及基于 QR 分解的递归最小二乘算法等。

在预失真技术研究的同时,国内外工程人员已经开展了数字预失真芯片的研究工作。GC5322 是 TI 公司推出的一款集成了数字上变频、波峰因子削减和数字预失真的单芯片无线射频处理器。Xilinx 提供了软硬件相结合的基于多项式的数字预失真技术方案,用户可根据需要配置多项式的阶数和记忆深度等参数。除此之外,Altera 公司还推出了基于查找表和多项式模型两种数字预失真技术方案。

综上所述,功放非线性建模建立了功放非线性特性的描述手段,线性化技术给出了减小非线性失真的有效方法,二者为功放非线性特性的逼真模拟奠定了基础。然而,目前国内外有关功放非线性模拟理论与实现方法的报道却比较少见。

5.6 群时延特性研究与模拟方法

中继卫星转发器理想的群时延特性在通带内应为常数,即具有线性相位特性。然而,由于中继卫星转发器通道中低噪声放大器、限幅器、带通滤波器等非线性器件的影响,使得转发器通道频率响应具有非线性特性。因此,为评估其群时延非理想性引起符号间干扰或传输波形失真对中继卫星系统通信的影响,需要对中继卫星转发器群时延特性进行模拟。在考虑具体实现时,模拟设备本身也存在群时延特性的非理想性,为此,正确模拟中继卫星转发器的群时延特性,需要解决两个问题:模拟设备自身群时延特性的测试及均衡和群时延特性模拟。

① 对于模拟设备自身群时延特性的测试及均衡问题,可采用矢量网络分析仪等通用仪器在工作前进行群时延特性的测量,进而根据群时延与相位频率响应的积分关系得到模拟设备自身的相位频率响应曲线,之后在数字域设计滤波器进行宽带均衡,以消除模拟设备自身的群时延非线性。

② 对于群时延特性模拟问题,可以在均衡的基础上,根据设定的中继卫星转发器群时延特性,采用频域加权最小二乘法等,在频域进行复系数 FIR 滤波器的设计来逼近所需模拟的群时延特性曲线。

5.7 信道噪声特性研究及模拟方法

信道噪声一般包括 3 个方面:人为噪声、自然噪声和内部噪声。人为噪声来源于人类活动造成的干扰源,如电火花等;自然噪声来源于自然界存在的各种电磁波源,包括太阳系噪声、宇宙噪声、大气噪声、降雨噪声、地面噪声和干扰噪声等;内部噪声则主要来源于系统内部,如电子的热运动、电子管中载流子的起伏变化等。信道中的噪声普遍存在,不可预知,通常建模为加性高斯白噪声来进行模拟。

高斯白噪声的产生方法大致可分为 4 种:累积分布函数反变换法、均匀随机数变换法、拒绝-接受法及递归法等。

1. 累积分布函数反变换法

累积分布函数反变换法的基本思想是将任意给定随机变量的累积分布函数做反变化,从而得到该累积分布函数对应的随机变量。该方法直观、容易理解,但硬件实现时需要存储非线性高斯累积分布函数与高斯随机数之间的映射关系,因而会占用大量存储资源。

2. 均匀随机数变换法

均匀随机数变换法无需求解累积分布函数的反变换,通过对 (0,1) 上均匀分布的随机数进行直接变换来产生高斯白噪声。目前,这类方法应用较为广泛,主要包括 Box - Muller 算法、中心极限定理累加法、Monty Python 算法和基于三角分布的分段线性近似算法等。Box - Muller 算法是一种最经典的均匀随机数变换法,它利用均匀随机数分别计算出高斯随机数的幅度和相位,在进行一系列变换后产生高斯白噪声。2003 年,Boutillon 等人第一次利用这种算法实现了基于硬件的高斯白噪声发生器。2004 年,Lee 等人提出更高精度高斯随机数产生应满足的条件,同时给出了 Box - Muller 算法的一种硬件实现结构。另一种比较经典的均匀随机数变换法是中心极限定理累加法,该方法的基本原理是多个均匀随机数叠加后的概率密度函数近似为高斯分布。2006 年,有学者就在延迟 Fibonacci 算法产生的均匀随机数基础上,利用中心极限定理累加法设计了高斯白噪声发生器。1998 年,Marsaglia 提出的 Monty Python 算法将高斯分布函数拆分成若干个不连续区域,通过一系列变换后重新组成一个矩形分布,从而产生高斯白噪声。2000 年,Kabal 提出的基于三角分布的分段线性近似算法,将高斯分布函数的分布区域分解为若干个三角形区域,通过定义每个三角形区域的底、中心和概率,并将所有三角形区域合成来近似高斯白噪声。

3. 拒绝-接受法

拒绝-接受法的基本思想是根据某些给定的判别准则来确定所产生的随机变量是否属于高斯随机变量,进而决定随机变量的取舍。Polar 算法、Marsaglia – Bray 拒绝算法、Ahrens – Dieter Table – Free 算法、均匀比例算法、GRAND 算法、Ziggurat 算法等均属于拒绝-接受法范畴。这些算法的一个共同点是需要利用循环条件对输入变量进行判别,舍弃那些经转换后不能产生高斯随机数的数据,因而效率不高,并不适宜硬件实现。Polar 算法是对 Box – Muller 算法的改进,该方法将介于($-1,1$)之间的两个均匀随机数的幅度值与 1 作比较,如果超过了就舍去该均匀随机数,否则就转换成一个加权因子,通过与两个均匀随机数进行加权产生高斯白噪声。Marsaglia – Bray 拒绝算法是一种精确产生高斯噪声的算法,它利用 4 种分布函数转换来产生高斯白噪声,其中,两个分布函数转换基于拒绝算法,另外两个进行直接转换。Ahrens – Dieter Table – Free 算法把一对独立的指数和柯西分布随机数转换成为高斯随机数,其中心思想与 Box – Muller 算法异曲同工,只不过是基于指数和柯西分布的随机数来进行转换,并非基于均匀随机数。Ziggurat 算法是目前应用最广泛的拒绝-接受算法,由 Marsaglia 和 Tsang 在 1984 年提出,并于 2000 年进行了修正。2005 年,Zhang 等人基于 Ziggurat 算法在 FPGA(现场可编程门阵列)设计实现了高斯白噪声发生器。2011 年,罗海坤等人指出 Ziggurat 算法在楔形区域和截尾区域的判决计算包含非线性运算,存在计算量大、硬件消耗多等问题,因此,采用分段线性原理对楔形区域和截尾区域的判决算法进行优化,给出了一种改进的 Ziggurat 算法,并基于 FPGA 设计了高斯白噪声发生器。

4. 递归法

在递归法方面,Wallace 算法最为典型,其基本思想是利用正交矩阵对标准高斯序列进行线性变换来得到新的高斯随机序列。该算法虽然不算精确,但它不需要先产生均匀随机序列,而是基于最大熵原则直接产生具有高斯分布的随机序列。因此,该算法适合硬件实现,具有速度快、利用率高和结构简单的特点。2009 年,有研究人员采用 Wallace 算法,并基于 FPGA 设计实现了高斯白噪声发生器。与 Xilinx 内嵌高斯白噪声发生器(基于 Box – Muller 算法和中心极限定理)占用的资源相比,该噪声发生器极大地减小了产生高斯白噪声所需乘法器、存储器、逻辑资源等硬件的消耗。

需要指出的是,在上述高斯白噪声的产生算法中,除个别算法外均需要先产生均匀分布的随机数。目前,产生均匀随机数方法很多,主要包括线性同余法、非线性同余法、Fibonacci 法、延迟 Fibonacci 法、移位寄存器法、混沌法、小数开方法等。

参考文献

[1] 杨明川. 卫星移动信道衰落特性模拟研究[D]. 哈尔滨: 哈尔滨工业大学, 2009.

[2] 张永芳. 卫星通信链路及联合仿真平台的设计与实现[D]. 合肥: 安徽大学, 2016.

[3] Zheng Z, Wu S L, Zhou Y. Research on generalized simulation of aerospace TT & C channel based on equal interval sampling-unequal interval reconstruction[J]. Chinese Journal of Electronics, 2011, 20(4): 766-768.

[4] Zhou Y, Zheng Z, Wu S L. Principle and key technology of generalized high precision simulation of TT&C channel[J]. Journal of Systems Engineering and Electronics, 2013, 24(2): 768-774.

[5] Zhou Y, Zheng Z, Wu S L. A novel generalized simulation technology of aerospace TT&C channel [J]. Chinese Journal of Electronics, 2014, 23 (1): 204-208.

[6] Zhou Y, Zheng Z and Wu S L. Signal delay reconstruction method based on dynamic index and complex- coefficient lagrange interpolation [J]. Chinese Journal of Electronics, 2015, 24(4): 750-754.

[7] Paetzold M. Mobile fading channels[M]. New York: Wiley, 2002.

[8] Cheng C F. ANakagami-m fading channel simulator[D]. Kinston: Queen's University, 2000.

[9] Wu Z. Model of independent Rayleigh faders[J]. Electronics Letters, 2004, 40 (15): 1162-1163.

[10] Lin H P, Tseng M J. Two-level multistate Markov model for satellite propagation channels[J]. IEE Proceeding of Microwaves, Antennas and Propagation, 2004, 151(3): 241-248.

[11] Bello P A. Characterization of randomly time-variant linear channels [J]. IEEE Transactions onCommuications Systems, 1963, 11(4): 360-393.

[12] Sykora J. Tapped delay line model of linear randomly time-variant WSSUS channel[J]. Electronics Letters, 2000, 36(19): 1656-1657.

[13] 许正文. 电离层对卫星信号传播及其性能影响的研究[D]. 西安: 西安电子科技大学, 2005.

[14] 乐新安. 中低纬电离层模拟与数据同化研究[D]. 北京: 中国科学院地质与地球物理研究所, 2008.

[15] 梁秀娟. 基于双频 GNSS 信号的电离层延迟模型的研究[D]. 哈尔滨: 哈尔滨

工业大学，2011.

[16] Bidaine B，Warnant R. Ionosphere modeling for Galileo single frequency users：illustration of the combination of the NeQuick model and GNSS data ingestion[J]. Advances in Space Research，2011，47(2)：312-322.

[17] Crane K. Ionosphere scintillation[J]. Proceedings of the IEEE，1977，65(2)：180-197.

[18] 易欢.电离层和对流层中电波传播的相关问题研究[D]. 西安：西安电子科技大学，2008.

[19] Li S Y，Liu C H. Modeling the effects of ionospheric scintillations on LEO satellite communications[J]. IEEE Communications Letters，2004，8(3)：147-149.

[20] 张明.基于 OVCDM 的高斯随机数的研究与实现[D]. 哈尔滨:哈尔滨工业大学,2010.

[21] 钱柳羲.高斯随机数发生器的研究与设计[D]. 成都:电子科技大学,2009.

[22] 狄欣.高性能伪随机数发生器设计[D]. 哈尔滨:哈尔滨工业大学，2009.

[23] Andreani E，Wang X Y. A study of phase noise incolpitts and LC-tank CMOS oscillator[J]. IEEE Journal of Solid-State Circuits，2005，40(5)：1107-1118.

[24] Moon U K. Spectral analysis of time-domain phase jitter measurements[J]. IEEE Transactions on circuits and systems-I：Analog and Digital Signal Processing，2002，49(5)：321-327.

[25] Demir A，Mehrotra A，Roychowdhury J. Phase noise in oscillators：A unifying theory and numerical methods for characterization[J]. IEEETransactiom on Circuits and Systems-I，2000，47(5)：655-674.

[26] Karner F K. Analysis of white andf^{α} noise in oscilators[J]. International Journal of Circuit Theory and Applications，1990，18(1)：485-519.

[27] 杨冬云,王司. $1/f$ 分形噪声理论及其在信号处理中的应用研究综述[J]. 黑龙江工程学院报(自然科学版),2004,18(3):31-35.

[28] Demir A. Computing timing jitter from phase noise spectra for oscillators and phase-locked loops with white and$1/f$ noise[J]. IEEE Transactions on circuits and systems-I：Regular Papers，2006，53(9):1869-1884.

[29] 刘一.宽带通信中有记忆射频功率放大器建模技术研究[D]. 成都:电子科技大学，2009.

[30] Saleh A. Frequency-independent and frequency-dependent nonlinear models of TWT amplifiers[J]. IEEE Transactions Communications，1981，29(11)：1715-1720.

[31] Rapp C. Effects of HPA-nonlinearity on a 4-DPSK/OFDM-Signal for aDigitial

Sound broad- casting system[C] // Liege，Belgium. Second European Conference on Satellite Communications. 1991：179-184.

[32] 南敬昌.宽带功率放大器非线性、行为模型与数字预失真系统研究[D]. 北京：北京邮电大学,2007.

[33] Muhonen K J，Kavehrad M，Krishnamoorthy R. Look-up table techniques for adaptive digital predistortion：a development and comparison[J]. IEEE Transactions on Vehicular Technology，2000，49(5)：1995-2002.

[34] 翟建锋.宽带功率放大器模型和线性化技术研究[D]. 南京：东南大学,2009.

[35] Ooi B Z，Lee S W，Chung B K. Development of non-linear transfer functions for power amplifiers[J]. IET Microwaves，Antennas and Propagation，2011，5(13)：1654-1660.

[36] 李波.无线通信中射频功率放大器预失真技术研究[D]. 西安:西安电子科技大学,2009.

[37] Kumar A，Debasattem P. All-pass filter design using Blaschke interpolation [J]. IEEE Signal Processing Letters，2020，27：226-230.

[38] Lin Z，Liu Y. Design of complex FIR filters with reduced group delay error using Semidefinite programming[J]. IEEE Signal Processing Letters，2006，13 (9)：529-532.

第6章

中继卫星系统链路传输特性模拟实现原理

本书第 5 章阐述了动态传输延时、信道衰落、电离层、信道噪声、相位噪声、功放非线性和群时延等中继卫星系统链路传输特性模拟方法,本章将结合研究现状,介绍中继卫星系统链路传输特性模拟实现原理。

6.1 动态传输延时特性模拟实现原理

中继卫星系统无线通信链路由"地面站-中继卫星-用户终端"构成的前向链路和由"用户终端-中继卫星-地面站"构成的返向链路组成。若以链路类型进行划分,可分为"地面站-中继卫星"的前返向双向星地链路和"中继卫星-用户终端"的前返向双向星间链路,共 4 种链路。由于中继卫星相对于地面站运动,则地面站发出的前向信号到达中继卫星的时间延时不等于中继卫星发出的返向信号到达地面站的时间延时,即前返向双向星地链路的传输延时存在不对称特性。同理,中继卫星发出的前向信号到达用户星的时间延时也不等于用户星发出的返向信号到达中继卫星的时间延时。事实上,用户星至中继卫星的动态远大于中继卫星至地面站的动态,因此前返向双向星间链路的传输延时不对称特性更加显著。

为了逼真模拟中继卫星系统的动态传输延时特性,必须真实地模拟出这种前返向星地与星间链路传输延时的不对称特性。因此,下面以"中继卫星-用户终端"的双向星间链路为例,分别给出前向和返向链路动态传输延时特性的模拟实现原理。

6.1.1 前向链路动态传输延时模拟实现原理

设中继卫星的前向发射信号为 $S_{up}(t)$,t 时刻的星间时间延时为 $\tau(t)$,若暂不考虑信道对信号的衰减,t 时刻用户终端的接收信号 $S_{upr}(t)$ 应为中继卫星 $t-\tau(t)$ 时刻发出的信号,即

$$S_{upr}(t) = S_{up}[t - \tau(t)] \tag{6-1}$$

考虑到中继卫星和用户终端之间的相对运动,若假设 $\tau_{up}(t)$ 为中继卫星 t 时刻发出的信号到达用户终端所经历的时间延时,则上式将具有如下等价形式

$$S_{up}(t) = S_{upr}[t + \tau_{up}(t)] \tag{6-2}$$

即是说,中继卫星 t 时刻发出的信号应在 $t + \tau_{up}(t)$ 时刻到达用户终端,其中,$\tau(t)$ 和

$\tau_{up}(t)$存在如下关系

$$\begin{cases} \tau\left[t+\tau_{up}(t)\right]=\tau_{up}(t) \\ \tau_{up}\left[t-\tau(t)\right]=\tau(t) \end{cases} \tag{6-3}$$

前向链路动态传输延时特性模拟就是要接收中继卫星的前向发射信号 $S_{up}(t)$，按照星间时间延时变化规律 $\tau(t)$，精确产生到达用户终端的前向模拟输出信号

$$S_{upr}(t)=S_{up}\left[t-\tau(t)\right] \tag{6-4}$$

考虑到中继卫星系统星间链路的传输延时范围大、时延变化快、要求模拟精度高，常用的再生延迟转发法和直接延迟转发法均难以在信号体制、信号形式、信号参数等先验信息未知的情况下，实现这种大范围、高动态、高精度的传输延时特性模拟。因此，可采用基于动态内插重构法的高精度延迟重构技术来实现前向动态传输延时特性的逼真模拟。具体方法如下：

对中继卫星的前向发射信号 $S_{up}(t)$ 进行采样，可得到采样序列 $\{S_{up}(nT_s)\}$，其中，T_s 为采样周期。根据带宽有限信号的采样及重构理论可知，只要满足奈奎斯特采样定理，连续时间的前向信号 $S_{up}(t)$ 可由其采样序列 $\{S_{up}(nT_s)\}$ 按下式重构

$$S_{up}(t)=\sum_{n=-\infty}^{+\infty}S_{up}(nT_s)h_1(t-nT_s) \tag{6-5}$$

式中，$h_1(t)$ 为理想连续时间内插滤波器的单位脉冲响应。将式(6-5)代入式(6-4)式，可得

$$\begin{aligned} S_{upr}(t) &= S_{up}\left[t-\tau(t)\right] \\ &= \sum_{n=-\infty}^{+\infty}S_{up}(nT_s)h_1\left[t-\tau(t)-nT_s\right] \end{aligned} \tag{6-6}$$

对前向模拟信号 $S_{upr}(t)$ 重新以 $t=kT_s$ 进行离散化处理，可得

$$\begin{aligned} S_{upr}(kT_s) &= S_{up}\left[kT_s-\tau(kT_s)\right] \\ &= \sum_{n=-\infty}^{+\infty}S_{up}(nT_s)h_1\left[kT_s-\tau(kT_s)-nT_s\right] \end{aligned} \tag{6-7}$$

式中，n 为中继卫星前向发射信号的离散时间变量，k 为前向模拟输出信号的离散时间变量。

根据式(6-7)可知，前向模拟输出信号的采样序列 $\{S_{upr}(kT_s)\}$ 可由前向发射信号的采样序列 $\{S_{up}(nT_s)\}$ 和理想连续时间内插滤波器单位脉冲响应的延迟采样 $\{h_1\left[kT_s-\tau(kT_s)\right]\}$ 构造产生。然而，理想连续时间内插运算包含的无限项求和运算无法实现，通常需要用有限 M 项求和来对其逼近。尽管这样，针对大范围、高精度、高动态的延时模拟要求，还存在如下问题：

① 数字脉冲响应的长度 M 取决于时间延时的大小，无法实现大范围的传输延时模拟。

② 数字脉冲响应直接取决于时间延时变化规律，为实现高精度、高动态的传输延时模拟，每进行一次数字内插都需要计算一次数字脉冲响应，同样难以实现。

为此，可对式(6-7)进行变量代换。定义索引位置变量为

$$
\begin{aligned}
m_k &= \mathrm{int}\left\lceil \frac{kT_s - \tau(kT_s)}{T_s} \right\rceil \\
&= \mathrm{int}\left\lceil \frac{kT_s - p_{in}(kT_s)T_s - p_d(kT_s)T_s}{T_s} \right\rceil \\
&= k - p_{in}(kT_s)
\end{aligned}
\tag{6-8}
$$

式中，$\mathrm{int}\lceil\ \rceil$表示向上取整运算，$p_{in}(kT_s)$为星间时间延时$\tau(kT_s)$对应的整数采样周期个数，$p_d(kT_s)$为星间时间延时对应的小数采样周期个数，即

$$
\begin{cases}
p_{in}(kT_s) = \mathrm{int}\left\lfloor \dfrac{\tau(kT_s)}{T_s} \right\rfloor \\[3mm]
p_d(kT_s) = \dfrac{\tau(kT_s)}{T_s} - p_{in}(kT_s)
\end{cases}
\tag{6-9}
$$

式中，$\mathrm{int}\lfloor\ \rfloor$表示向下取整运算，$p_d(kT_s)\in[0,1)$。定义内插滤波器变量为

$$
m = m_k - n \tag{6-10}
$$

小数延时为

$$
\begin{aligned}
d_k &= m_k - \frac{kT_s - \tau(kT_s)}{T_s} \\
&= p_d(kT_s)
\end{aligned}
\tag{6-11}
$$

将式(6-8)~式(6-11)代入式(6-7)，可得

$$
\begin{aligned}
S_{upr}(kT_s) &= S_{up}[kT_s - \tau(kT_s)] = S_{up}[(m_k - d_k)T_s] \\
&\cong \sum_{m=M_1}^{M_2} S_{up}[(m_k - m)T_s] h_I[(m - d_k)T_s]
\end{aligned}
\tag{6-12}
$$

对式(6-12)中参数解释如下：

① 内插滤波器变量 m。当内插滤波器具有有限脉冲响应时，内插滤波器变量的取值范围$[M_1,M_2]$固定。

② 索引位置变量 m_k。当第 k 次内插运算时，索引位置变量用于从$\{S_{up}(nT_s)\}$中选择出 $M = M_2 - M_1 + 1$ 个参与运算的采样点。

③ 小数延时 d_k。当第 k 次内插运算时，小数延时用于计算 $M = M_2 - M_1 + 1$ 个参与内插运算的数字脉冲响应。

经过上述变量代换，数字脉冲响应的长度固定，只取决于星间时间延时的小数延时部分d_k。但是，数字脉冲响应对小数延时的依赖性仍不利于连续可变的延时模拟。因此，可利用小数延时的 L 阶多项式逼近内插滤波器的数字脉冲响应，即

$$
h_I[(m - d_k)T_s] = \sum_{l=0}^{L} c(m,l)d_k^l \tag{6-13}
$$

式中，$c(m,l)$为固定的多项式逼近系数。将式(6-13)代入式(6-12)，可得

$$
S_{upr}(kT_s) = S_{up}[kT_s - \tau(kT_s)] = S_{up}[(m_k - d_k)T_s]
$$

$$\cong \sum_{m=M_1}^{M_2} S_{\text{up}}(m_k - m) \left[\sum_{l=0}^{L} c(m,l) d_k^l \right]$$

$$= \sum_{l=0}^{L} \left[\sum_{m=M_1}^{M_2} c(m,l) S_{\text{up}}(m_k - m) \right] d_k^l \tag{6-14}$$

可见,由于系数 $c(m,l)$ 固定,前向模拟信号的采样序列只需利用索引位置变量 m_k 和小数延时 d_k 这两个参数即可按式(6-14)构造得到。由于 $S_{\text{up}}(t)$ 和 $S_{\text{upr}}(t)$ 均为带宽有限信号,因此只要采样率选择适当,对 $\{S_{\text{upr}}(kT_s)\}$ 进行 D/A 转换及滤波,即可得到前向模拟输出信号 $S_{\text{upr}}(t)$。

考虑到中继卫星前向发射信号频率高,直接实现动态内插重构法需要很高的 ADC、DAC 转换速率及相应速度的数据存储器。因此,下面给出动态内插重构法对前向链路动态传输延时的一种有效实现方法。

设宽带、任意波形的前向发射信号为

$$S_{\text{up}}(t) = r_{\text{up}}(t) \cos\left[2\pi f_{\text{upc}} t + \varphi_{\text{up}}(t)\right] \tag{6-15}$$

或

$$\begin{aligned} S_{\text{up}}(t) &= \text{Re}\left[S_{\text{upE}}(t) \exp(\text{j}2\pi f_{\text{upc}} t)\right] \\ &= \frac{1}{2} S_{\text{upE}}(t) \exp(\text{j}2\pi f_{\text{upc}} t) + \frac{1}{2} S_{\text{upE}}^*(t) \exp(-\text{j}2\pi f_{\text{upc}} t) \end{aligned} \tag{6-16}$$

式中,f_{upc} 为前向信号的载波频率,$S_{\text{upE}}(t)$ 为前向信号 $S_{\text{up}}(t)$ 的复包络,即

$$S_{\text{upE}}(t) = r_{\text{up}}(t) \exp\left[\text{j}\varphi_{\text{up}}(t)\right] \tag{6-17}$$

利用频率为 f_{upL} 的稳定本振信号,即

$$S_{\text{upL}}(t) = \exp(-\text{j}2\pi f_{\text{upL}} t) \tag{6-18}$$

对前向信号作正交解调,经滤波及幅度调整后,得到前向复基带信号,即

$$S_{\text{upB}}(t) = S_{\text{upE}}(t) \exp(\text{j}2\pi f_{\text{upB}} t) \tag{6-19}$$

对 $S_{\text{upB}}(t)$ 进行等间隔采样,得到采样序列 $\{S_{\text{upB}}(nT_s)\}$。根据星间时间延时,实时计算索引位置变量 m_k 和小数延时 d_k,按下式构造信号

$$S_{\text{uprB}}(kT_s) = \sum_{l=0}^{L} \left[\sum_{m=M_1}^{M_2} c(m,l) S_{\text{upB}}(m_k - m) \right] d_k^l = S_{\text{upB}}\left[kT_s - \tau(kT_s)\right] \tag{6-20}$$

同时,设法产生信号

$$S_{\text{upD}}(kT_s) = \exp\left[-\text{j}2\pi f_{\text{upL}} \tau(kT_s)\right] = \exp(-\text{j}\omega_{\text{upL}} p_k) \tag{6-21}$$

式中,$\omega_{\text{upL}} = 2\pi f_{\text{upL}} T_s$,$p_k = \tau(kT_s)/T_s$。

式(6-20)和式(6-21)在数字域复乘,可得

$$\begin{aligned} S_{\text{uprB1}}(kT_s) &= \sum_{l=0}^{L} \left[\sum_{m=M_1}^{M_2} c(m,l) S_{\text{upB}}(m_k - m) \right] d_k^l \exp(-\text{j}\omega_{\text{upL}} p_k) \\ &= S_{\text{upB}}\left[kT_s - \tau(kT_s)\right] \exp\left[-\text{j}2\pi f_{\text{upL}} \tau(kT_s)\right] \end{aligned} \tag{6-22}$$

根据信号 $S_{upB}(t)$ 的有限带宽特性可知，只要采样率选择适当，对 $S_{uprB1}(kT_s)$ 作 D/A 转换及低通滤波，可得

$$
\begin{aligned}
S_{uprB1}(t) &= S_{upB}[t-\tau(t)]\exp[-j2\pi f_{upL}\tau(t)] \\
&= S_{upE}[t-\tau(t)]\exp[j2\pi f_{upB}t-j2\pi f_{upc}\tau(t)]
\end{aligned}
\tag{6-23}
$$

由 $S_{uprB1}(t)$ 和 $S_{upL}^*(t)$ 按下式合成

$$
\begin{aligned}
S_{upr}(t) &= \mathrm{Re}[S_{uprB1}(t)]\mathrm{Re}[S_{upL}^*(t)] - \mathrm{Im}[S_{uprB1}(t)]\mathrm{Im}[S_{upL}^*(t)] \\
&= r_{up}[t-\tau(t)]\cos\{2\pi f_{upc}[t-\tau(t)]+\varphi_{up}[t-\tau(t)]\} \\
&= S_{up}[t-\tau(t)]
\end{aligned}
$$

$$
\tag{6-24}
$$

即可产生前向模拟输出信号。

6.1.2 返向链路动态传输延时模拟实现原理

由于用户终端相对中继卫星运动，则中继卫星发出的前向信号到达用户终端的传输延时，不等于用户终端发出的返向信号到达中继卫星的传输延时，即前返向双向星间链路的传输延时存在不对称特性。为了实现高保真的动态传输延时模拟，必须解决前返向时间延时同步问题，以真实地模拟出这种物理规律。因此，与前向链路动态传输延时模拟相比，中继卫星系统返向链路动态传输延时模拟将在动态运动规律的使用上存在明显差异。

将用户终端至中继卫星的返向信号经历的时间延时定义为用户终端发出信号时刻对应的星间时间延时。若假设用户终端的返向发射信号为 $S_{down}(t)$，t 时刻星间时间延时为 $\tau(t)$，暂不考虑信道对信号的衰减，则返向信号将于 $t+\tau(t)$ 时刻到达中继卫星，即

$$
S_{down}(t) = S_{downr}[t+\tau(t)]
\tag{6-25}
$$

式中，$S_{downr}(t)$ 为中继卫星的返向接收信号。考虑到中继卫星和用户终端之间的相对运动，若假设 $\tau_{down}(t)$ 为 t 时刻到达中继卫星的信号所经历的时间延时，则上式将具有如下等价形式

$$
S_{downr}(t) = S_{down}[t-\tau_{down}(t)]
\tag{6-26}
$$

即是说，中继卫星 t 时刻接收到的信号对应用户终端 $t-\tau_{down}(t)$ 时刻发出的信号，其中，$\tau(t)$ 和 $\tau_{down}(t)$ 存在如下关系

$$
\begin{cases}
\tau(t) = \tau_{down}[t+\tau(t)] \\
\tau_{down}(t) = \tau[t-\tau_{down}(t)]
\end{cases}
\tag{6-27}
$$

动态内插重构法对星间返向链路动态传输延时的模拟，就是要接收用户终端发射的返向信号 $S_{down}(t)$，根据星间时间延时变化规律 $\tau_{down}(t)$，精确产生到达中继卫星的模拟输出信号 $S_{downr}(t)$。下面给出动态内插法对星间返向链路动态传输延时模拟的数学原理。

对用户终端的返向发射信号 $S_{\text{down}}(t)$ 采样,得到采样序列 $\{S_{\text{down}}(nT_s)\}$,其中,$T_s$ 为采样周期。根据宽带有限信号的采样及重构理论可知,返向发射信号 $S_{\text{down}}(t)$ 可由其采样序列表示为

$$S_{\text{down}}(t) = \sum_{n=-\infty}^{+\infty} S_{\text{down}}(nT_s)h_{\text{I}}(t-nT_s) \tag{6-28}$$

式中,$h_{\text{I}}(t)$ 为理想连续时间内插滤波器的单位脉冲响应。

联立式(6-26)和式(6-28),同时以 $t=kT_s$ 对 $S_{\text{downr}}(t)$ 重新进行离散化处理,可得

$$
\begin{aligned}
S_{\text{downr}}(kT_s) &= S_{\text{down}}\left[kT_s - \tau_{\text{down}}(kT_s)\right] \\
&= \sum_{n=-\infty}^{+\infty} S_{\text{down}}(nT_s)h_{\text{I}}\left[kT_s - \tau_{\text{down}}(kT_s) - nT_s\right]
\end{aligned} \tag{6-29}
$$

式中,n 为返向发射信号的离散时间变量,k 为返向模拟输出信号的离散时间变量。

定义返向索引位置变量为

$$
\begin{aligned}
m_k' &= \text{int}\left\lceil \frac{kT_s - \tau_{\text{down}}(kT_s)}{T_s} \right\rceil \\
&= \text{int}\left\lceil \frac{kT_s - p_{\text{in}}'(kT_s)T_s - p_{\text{d}}'(kT_s)T_s}{T_s} \right\rceil \\
&= k - p_{\text{in}}'(kT_s)
\end{aligned} \tag{6-30}
$$

式中

$$
\begin{cases}
p_{\text{in}}'(kT_s) = \text{int}\left\lfloor \dfrac{\tau_{\text{down}}(kT_s)}{T_s} \right\rfloor \\[3mm]
p_{\text{d}}'(kT_s) = \dfrac{\tau_{\text{down}}(kT_s)}{T_s} - p_{\text{in}}'(kT_s)
\end{cases} \tag{6-31}
$$

定义内插滤波器变量为

$$m = m_k' - n \tag{6-32}$$

和小数延时为

$$
\begin{aligned}
d_k' &= m_k' - \frac{kT_s - \tau(kT_s)}{T_s} \\
&= p_{\text{d}}'(kT_s)
\end{aligned} \tag{6-33}
$$

将式(6-30)~式(6-33)代入式(6-29),可得

$$
\begin{aligned}
S_{\text{downr}}(kT_s) &= S_{\text{down}}\left[kT_s - \tau_{\text{down}}(kT_s)\right] = S_{\text{down}}\left[(m_k' - d_k')T_s\right] \\
&= \sum_{m=M_1}^{M_2} S_{\text{down}}\left[(m_k' - m)T_s\right]h_{\text{I}}\left[(m - d_k')T_s\right]
\end{aligned} \tag{6-34}
$$

利用小数延时的 L 阶多项式逼近内插滤波器的数字脉冲响应,即

$$h_{\text{I}}\left[(m - d_k')T_s\right] = \sum_{l=0}^{L} c(m,l)d_k'^{\,l} \tag{6-35}$$

式中,$c(m,l)$ 为固定的多项式逼近系数。将式(6-35)代入式(6-34)可知,返向模拟输出的采样序列 $\{S_{\text{downr}}(kT_s)\}$ 可由动态索引位置变量 m'_k 和小数延时 d'_k 这两个参数按下式构造产生

$$S_{\text{downr}}(kT_s) = S_{\text{down}}[kT_s - \tau_{\text{down}}(kT_s)] = S_{\text{down}}[(m'_k - d'_k)T_s]$$

$$= \sum_{l=0}^{L}\left[\sum_{m=M_1}^{M_2} c(m,l)S_{\text{down}}(m'_k - m)\right]d'^l_k \qquad (6-36)$$

由于 $S_{\text{down}}(t)$ 和 $S_{\text{downr}}(t)$ 均为宽带有限信号,只要采样率选择适当,对 $\{S_{\text{downr}}(kT_s)\}$ 进行 D/A 转换与滤波,即可得到返向模拟输出信号 $S_{\text{downr}}(t)$。

同理,下面给出动态内插重构法对返向链路动态传输延时模拟的有效实现方法。设宽带、任意波形用户终端的返向发射信号为

$$S_{\text{down}}(t) = r_{\text{down}}(t)\cos[2\pi f_{\text{downc}}t + \varphi_{\text{down}}(t)]$$

$$= \frac{1}{2}S_{\text{downE}}(t)\exp(j2\pi f_{\text{downc}}t) + \frac{1}{2}S^*_{\text{downE}}(t)\exp(-j2\pi f_{\text{downc}}t)$$

$$(6-37)$$

式中,$S_{\text{downE}}(t) = r_{\text{down}}(t)\exp[j\varphi_{\text{down}}(t)]$ 为返向发射信号的复包络。

利用频率为 f_{downL} 的稳定本振信号,即

$$S_{\text{downL}}(t) = \exp(-j2\pi f_{\text{downL}}t) \qquad (6-38)$$

对返向发射信号作正交解调,经滤波及幅度调整后,得到返向复基带信号

$$S_{\text{downB}}(t) = S_{\text{downE}}(t)\exp(j2\pi f_{\text{downB}}t) \qquad (6-39)$$

式中,$f_{\text{downB}} = f_{\text{downc}} - f_{\text{downL}}$ 为复基带信号的载波频率。对 $S_{\text{downB}}(t)$ 进行等间隔采样,并按照式(6-36)进行数字域重构,产生信号

$$S_{\text{downrB}}(kT_s) = \sum_{l=0}^{L}\left[\sum_{m=M_1}^{M_2} c(m,l)S_{\text{downB}}(m'_k - m)\right]d'^l_k$$

$$= S_{\text{downB}}[kT_s - \tau_{\text{down}}(kT_s)] \qquad (6-40)$$

同时,设法产生信号

$$S_{\text{downD}}(kT_s) = \exp[-j2\pi f_{\text{downL}}\tau_{\text{down}}(kT_s)]$$

$$= \exp(-j\omega_{\text{downL}}p'_k) \qquad (6-41)$$

式中,$\omega_{\text{downL}} = 2\pi f_{\text{downL}}T_s$,$p'_k = \tau_{\text{down}}(kT_s)/T_s$。

式(6-40)和式(6-41)在数字域复乘,可得

$$S_{\text{downrB1}}(kT_s) = \sum_{l=0}^{L}\left[\sum_{m=M_1}^{M_2} c(m,l)S_{\text{downB}}(m'_k - m)\right]d'^l_k\exp(-j\omega_{\text{downL}}p'_k)$$

$$= S_{\text{downB}}[kT_s - \tau_{\text{down}}(kT_s)]\exp[-j2\pi f_{\text{downL}}\tau_{\text{down}}(kT_s)]$$

$$(6-42)$$

根据信号 $S_{\text{downB}}(t)$ 的有限带宽特性可知,只要采样率选择适当,对 $S_{\text{downB1}}(kT_s)$

进行 D/A 转换及低通滤波,可得

$$S_{\text{downrB1}}(t) = S_{\text{downB}}\left[t - \tau_{\text{down}}(t)\right] \exp\left[-\text{j}2\pi f_{\text{downL}}\tau_{\text{down}}(t)\right]$$

$$= S_{\text{downE}}\left[t - \tau_{\text{down}}(t)\right] \exp\left[\text{j}2\pi f_{\text{downB}}t - \text{j}2\pi f_{\text{downc}}\tau_{\text{down}}(t)\right]$$

$$(6-43)$$

由 $S_{\text{downrB1}}(t)$ 和 $S_{\text{downL}}(t)$ 按下式合成

$$S_{\text{downr}}(t) = \text{Re}\left[S_{\text{downrB1}}(t)\right]\text{Re}\left[S_{\text{downL}}^*(t)\right] - \text{Im}\left[S_{\text{downrB1}}(t)\right]\text{Im}\left[S_{\text{downL}}^*(t)\right]$$

$$= r_{\text{down}}\left[t - \tau_{\text{down}}(t)\right]\cos\left\{2\pi f_{\text{downc}}\left[t - \tau_{\text{down}}(t)\right] + \varphi_{\text{down}}\left[t - \tau_{\text{down}}(t)\right]\right\}$$

$$= S_{\text{down}}\left[t - \tau_{\text{down}}(t)\right]$$

$$(6-44)$$

即可得到所需的返向模拟输出信号。

6.1.3　动态内插参数计算方法与实现结构

数字内插滤波器是基于动态内插重构法的前返向链路动态传输延时模拟的核心,其性能优劣将直接关系到中继卫星系统的动态传输延时模拟精度。因此,本节将给出动态内插参数计算方法及内插滤波器的一种高速实现结构。

1.　动态内插参数计算方法

根据数字信号处理理论可知,任意带宽有限的连续时间信号 $x(t)$,均可由其采样序列 $\{x(nT_s)\}$ 利用脉冲响应为

$$h_{\text{I}}(t) = \frac{\sin(\pi t/T_s)}{\pi t/T_s} \qquad (6-45)$$

的理想内插滤波器重构得到。对于任意的数字延时 D,令 $t = (m-D)T_s$,可得

$$h_{\text{I}}(m,D) = h_{\text{I}}\left[(m-D)T_s\right] = \frac{\sin\left[\pi(m-D)\right]}{\pi(m-D)} = \text{sinc}(m-D) \quad (6-46)$$

式中,定义 $\text{sinc}(z) = \dfrac{\sin \pi z}{\pi z}$。当约束 $D \in [0,1)$ 时,$h_{\text{I}}(m,D)$ 即是动态内插重构法中理想内插滤波器的数字脉冲响应。对于任意的整周期延时,理想内插滤波器的数字脉冲响应可简化为

$$h_{\text{I}}(m,D) = \begin{cases} 1 & m = D \\ 0 & m \neq D \end{cases} \qquad (6-47)$$

然而,对于非整周期延时,$h_{\text{I}}(m,D)$ 将在任意点均不为 0,它是持续时间无限长 sinc 函数移位后的采样。例如,当 $D = 2.3$ 时,理想内插滤波器在区间 $[-6,10]$ 的数字脉冲响应如图 6-1 所示。

理想内插滤波器的频率响应 $H_{\text{I}}(\omega,D)$ 具有如下形式

$$H_{\text{I}}(\omega,D) = \sum_{m=-\infty}^{+\infty}\left\{\frac{\sin\left[\pi(m-D)\right]}{\pi(m-D)}\right\}\text{e}^{-\text{j}\omega m} = \text{e}^{-\text{j}\omega D} \qquad (6-48)$$

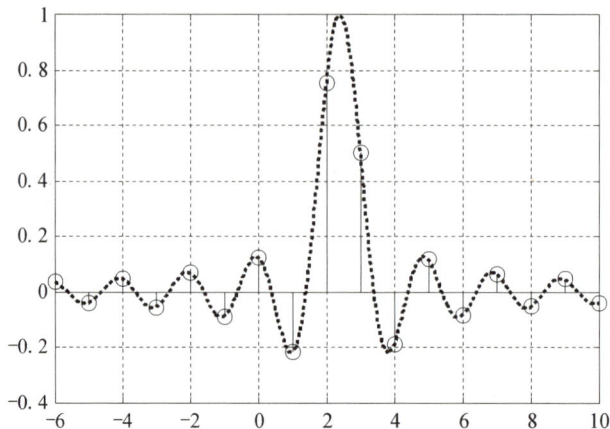

图 6-1   理论内插滤波器的数字脉冲响应(区间[-6,10],$D=2.3$)

式中,$\omega\in[-\pi,\pi]$为归一化数字角频率。对于任意ω,存在

$$\begin{cases} |H_1(\omega,D)|\equiv 1 \\ \arg[H_1(\omega,D)]=-\omega D \end{cases} \qquad (6-49)$$

即是说,理想内插滤波器是一个具有线性相位的全通系统。当信号经过该系统时,可实现线性的相移或恒定的群时延,且不会引起失真。

理想内插滤波器具有无限长脉冲响应,但实际上无法实现。因此,可在时域利用窗函数截断无限长脉冲响应或基于时域内插函数进行设计,如 Lagrange 内插、Hermite 内插、B-Spline 内插等,也可以在某种设计准则下利用 FIR 或 IIR 滤波器来逼近理论频响。下面利用 FIR 滤波器来逼近理论频响,并基于频域最大平坦准则来推导计算动态内插重构法的内插参数$c(m,l)$。

设 M 阶 FIR 滤波器的传递函数为

$$H(z,D)=\sum_{m=0}^{M}h(m,D)z^{-m} \qquad (6-50)$$

式中,$h(m,D)$为 FIR 滤波器系数,$D\in[0,M]$为任意的非整周期延时。

定义频域误差函数为

$$E(\omega,D)=H(\omega,D)-H_1(\omega,D)=\sum_{m=0}^{M}h(m,D)e^{-j\omega m}-e^{-j\omega D} \qquad (6-51)$$

令其在某特定频率$\omega_0\in[-\pi,\pi]$处具有最大平坦特性。这意味着频域误差函数的各阶导数在ω_0处需设定为零,即

$$\left.\frac{d^k[E(\omega,D)]}{d\omega^k}\right|_{\omega=\omega_0}=0, \quad k=0,1,\cdots,M \qquad (6-52)$$

取$\omega_0=0$时,式(6-52)可转化为 $M+1$ 个关于滤波器系数的线性等式,即

$$\sum_{m=0}^{M} h(m,D)m^k = D^k, \quad k=0,1,\cdots,M \tag{6-53}$$

或表示为矩阵形式

$$Vh = D \tag{6-54}$$

式中

$$V = \begin{bmatrix} 1 & 1 & 1 & \cdots & 1 \\ 0 & 1 & 2 & \cdots & M \\ 0 & 1 & 2^2 & \cdots & M^2 \\ \vdots & \vdots & \vdots & \ddots & \vdots \\ 0 & 1 & 2^M & \cdots & M^M \end{bmatrix} \tag{6-55}$$

$$h = \begin{bmatrix} h(0,D) & h(1,D) & h(2,D) & \cdots & h(M,D) \end{bmatrix}^{\mathrm{T}} \tag{6-56}$$

$$D = \begin{bmatrix} 1 & D & D^2 & \cdots & D^M \end{bmatrix}^{\mathrm{T}} \tag{6-57}$$

矩阵 V 为范德蒙矩阵，满足 $|V| \neq 0$。因此，滤波器系数可按下式计算

$$h = V^{-1}D \tag{6-58}$$

或根据 Cramer 法则，得到滤波器系数的闭合计算公式，即

$$h(m,D) = \frac{|V_m|}{|V|} = \prod_{k=0,k\neq m}^{M} \frac{D-k}{m-k} = \frac{\prod_{k=0,k\neq m}^{M}(D-k)}{(-1)^{M-m}m!\,(M-m)!} \tag{6-59}$$

式中，矩阵 V_m 是将列向量 D 替换范德蒙矩阵 V 中第 m 列后得到的新矩阵。V_m 仍为范德蒙矩阵，具有如下形式

$$V_m = \begin{bmatrix} 1 & 1 & 1 & \cdots & 1 & \cdots & 1 \\ 0 & 1 & 2 & \cdots & D & \cdots & M \\ 0 & 1 & 2^2 & \cdots & D^2 & \cdots & M^2 \\ \vdots & \vdots & \vdots & \cdots & \vdots & \ddots & \vdots \\ 0 & 1 & 2^M & \cdots & D^M & \cdots & M^M \end{bmatrix} \tag{6-60}$$

范德蒙矩阵的行列式可按下式计算

$$\begin{vmatrix} 1 & 1 & \cdots & 1 \\ a_0 & a_1 & \cdots & a_M \\ a_0^2 & a_1^2 & \cdots & a_M^2 \\ \vdots & \vdots & \ddots & \vdots \\ a_0^M & a_1^M & \cdots & a_M^M \end{vmatrix} = \prod_{0 \leqslant j < i \leqslant M}(a_i - a_j) \tag{6-61}$$

对于系数为 $h(m,D)$ 的 M 阶 FIR 滤波器，理论上延时 D 可在区间 $[0,M]$ 内取任意值，但最优化区间位于

$$I \leqslant D_{\mathrm{opt}} \leqslant I+1 \tag{6-62}$$

式中

$$I = \begin{cases} \dfrac{M-1}{2}, & \text{当 } M \text{ 为奇数时} \\[2mm] \dfrac{M}{2}, & \text{当 } M \text{ 为偶数时} \end{cases} \tag{6-63}$$

若令

$$D = I + d \tag{6-64}$$

式中

$$\begin{cases} -\dfrac{M-1}{2} \leqslant d \leqslant \dfrac{M+1}{2}, & \text{当 } M \text{ 为奇数时} \\[2mm] -\dfrac{M}{2} \leqslant d \leqslant \dfrac{M}{2}, & \text{当 } M \text{ 为偶数时} \end{cases} \tag{6-65}$$

则延时 d 的最优化区间为 $d_{\text{opt}} \in [0,1]$。

当约束 $d \in [0,1)$ 时，令 d 的 M 阶多项式逼近 FIR 滤波器系数

$$h(m,D) = \frac{\displaystyle\prod_{k=0,k \neq m}^{M}(D-k)}{(-1)^{M-m}m!\,(M-m)!} = \sum_{l=0}^{M} c(m,l)d^{l}, \quad m=0,1,\cdots,M \tag{6-66}$$

或表示成矩阵形式为

$$V^{-1}D = Cd \tag{6-67}$$

式中，C 为逼近多项式的系数矩阵，$d = \begin{bmatrix} 1 & d & d^2 & \cdots \end{bmatrix}^{\mathrm{T}}$。为求解系数矩阵 C，可将列向量 D 中任意元素 D^k 按二项式展开，即

$$\begin{aligned} D^k = (I+d)^k &= \sum_{m=0}^{k} \binom{k}{m} I^{k-m} d^m \\[2mm] &= \begin{bmatrix} I^k & \binom{k}{1}I^{k-1} & \binom{k}{2}I^{k-2} & \cdots & 1 \end{bmatrix} \begin{bmatrix} 1 \\ d \\ d^2 \\ \vdots \\ d^k \end{bmatrix} \end{aligned} \tag{6-68}$$

式中

$$\binom{k}{m} = \frac{k(k-1)(k-2)\cdots(k-m+1)}{m!} = \frac{k!}{m!\,(k-m)!} \tag{6-69}$$

根据式（6-68），列向量 D 可表示为

$$D = Td \tag{6-70}$$

式中，T 为下三角矩阵，即

$$T = \begin{bmatrix} 1 & 0 & 0 & 0 & \cdots & 0 \\ I & 1 & 0 & 0 & \cdots & 0 \\ I^2 & \binom{2}{1}I & 1 & 0 & \cdots & 0 \\ I^3 & \binom{3}{1}I^2 & \binom{3}{2}I & 1 & \cdots & 0 \\ \vdots & \vdots & \vdots & \vdots & & \vdots \\ I^M & \binom{M}{1}I^{M-1} & \binom{M}{2}I^{M-2} & \binom{M}{3}I^{M-3} & \cdots & 1 \end{bmatrix} \tag{6-71}$$

对比式(6-67)和式(6-70)可得,逼近多项式的系数矩阵为

$$C = V^{-1}T \tag{6-72}$$

式中,系数矩阵 C 中元素即为动态内插重构法的所需参数,即

$$C = \{c(m,l) \mid m = 0,1,2,\cdots,M; l = 0,1,2,\cdots,M\} \tag{6-73}$$

当 FIR 滤波器阶数 M 确定后,范德蒙矩阵 V 及下三角矩阵 T 均为常数矩阵,则动态内插参数 $c(m,l)$ 也为与延时无关的固定常数。

2. 动态内插高速实现结构

根据式(6-50)可知,数字 FIR 滤波器的传递函数可表示为

$$H(z,D) = \sum_{m=0}^{M} h(m,D)z^{-m} = h^{\mathrm{T}}z = z^{\mathrm{T}}h = z^{\mathrm{T}}V^{-1}D \tag{6-74}$$

式中, $z = \begin{bmatrix} 1 & z^{-1} & z^{-2} & \cdots & z^{-M} \end{bmatrix}^{\mathrm{T}}$。将 $D = Td$ 代入式(6-74),可得

$$H(z,d) = z^{\mathrm{T}}V^{-1}Td = z^{\mathrm{T}}Cd \tag{6-75}$$

若令

$$z^{\mathrm{T}}C = z^{\mathrm{T}} \cdot \begin{bmatrix} C_0 & C_1 & C_2 & \cdots & C_M \end{bmatrix}$$
$$= \begin{bmatrix} C_0(z) & C_1(z) & C_2(z) & \cdots & C_M(z) \end{bmatrix} \tag{6-76}$$

式中, C_l 为 C 的第 l 列,有

$$C_l(z) = z^{\mathrm{T}}C_l = \sum_{m=0}^{M} c(m,l)z^{-m}, \quad l = 0,1,\cdots,M \tag{6-77}$$

则

$$H(z,d) = \sum_{l=0}^{M} C_l(z)d^l = \sum_{l=0}^{M} \left[\sum_{m=0}^{M} c(m,l)z^{-m} \right] d^l \tag{6-78}$$

式中,小数延时 $d \in [0,1)$。

分析可知,上述 M 阶 FIR 滤波器可由一组并行的、固定系数的 FIR 子滤波器 $C_l(z)$ 并联构成,同时子滤波器的输出再与小数延时的各次幂进行加权求和。由于 FIR 子滤波器系数完全独立于小数延时,因而式(6-78)结构特别适合用于高速、连

续变化的小数延时内插控制。

为了给出动态内插结构,现将式(6-14)重写为

$$S_{\text{upr}}(k) = \sum_{l=0}^{M} \left[\sum_{m=M_1}^{M_2} c(m,l) S_{\text{up}}(m_k - m) \right] d_k^l \quad (6-79)$$

式中

$$\begin{cases} M_2 = -M_1 + 1 = \dfrac{M+1}{2}, & \text{当 } M \text{ 为奇数时} \\ M_2 = -M_1 = \dfrac{M}{2}, & \text{当 } M \text{ 为偶数时} \end{cases} \quad (6-80)$$

对于任意 k,定义相邻两个采样时刻动态索引位置变量的增量为

$$\begin{aligned} \Delta m_k &= m_k - m_{k-1} \\ &= k - p_{\text{in}}(k) - [k - 1 - p_{\text{in}}(k-1)] \\ &= 1 - \Delta p_{\text{in}}(k) \end{aligned} \quad (6-81)$$

式中,$\Delta p_{\text{in}}(k) = p_{\text{in}}(k) - p_{\text{in}}(k-1)$ 为相邻两个采样时刻的整周期延时增量。

考虑最大速度和实际系统采样率,整周期延时增量通常满足 $|\Delta p_{\text{in}}(k)| \leqslant 1$。因此,$\Delta p_{\text{in}}(k)$ 只存在 3 个离散的取值,即 $\Delta p_{\text{in}}(k) \in \{0, 1, -1\}$,则

$$\Delta m_k = \begin{cases} 1, & \text{当 } \Delta p_{\text{in}}(k) = 0 \\ 0, & \text{当 } \Delta p_{\text{in}}(k) = 1 \\ 2, & \text{当 } \Delta p_{\text{in}}(k) = -1 \end{cases} \quad (6-82)$$

联立式(6-81)和式(6-82),可得

$$m_k = \begin{cases} -p_{\text{in}}(0), & \text{当 } k = 0 \\ m_{k-1} + \Delta m_k, & \text{当 } k \neq 0 \end{cases} \quad (6-83)$$

可见,一旦初始的动态索引位置变量确定后,利用上式递推即可得到对应每个采样时刻的动态索引位置变量。

根据式(6-78)、式(6-79)和式(6-83),动态内插实现结构如图 6-2 所示。前向信号的采样序列 $\{S_{\text{up}}(nT_s) \mid n = 0, 1, 2, \cdots\}$ 被顺序存储至大容量数据存储单元。与此同时,参数解算单元依据星间时间延时 $\{\tau(kT_s) \mid k = 0, 1, 2, \cdots\}$ 实时计算产生小数周期延时 d_k、初始动态索引位置变量 $m_0 = -p_{\text{in}}(0)$ 与整周期延时增量 $\Delta p_{\text{in}}(k)$。变步长寻址及数据缓存单元利用初始动态索引位置变量 m_0 及整周期延时增量 $\Delta p_{\text{in}}(k)$,迭代产生对应每个时钟周期的动态索引位置变量 m_k。具体算法为:当整周期延时未跨周期时,即 $\Delta p_{\text{in}}(k) = 0$,动态索引位置变量 $+1$;当整周期延时因增大跨周期时,即 $\Delta p_{\text{in}}(k) = 1$,动态索引位置变量不变;当整周期延时因减小跨周期时,即 $\Delta p_{\text{in}}(k) = -1$,动态索引位置变量 $+2$。按上述算法进行迭代,当动态索引位置变量满足 $m_k > 0$ 后,利用 m_k 对存储的采样序列进行变步长寻址,将地址为 $\{n = m_k - m \mid m \in [M_1, M_2]\}$ 的一组采样数据读出。内插滤波器利用读出的采样数

据及小数周期延时,按图示结构进行分段内插,即可得到最终的 $\{S_{upr}(kT_s) \mid k=0,1,2,\cdots\}$。

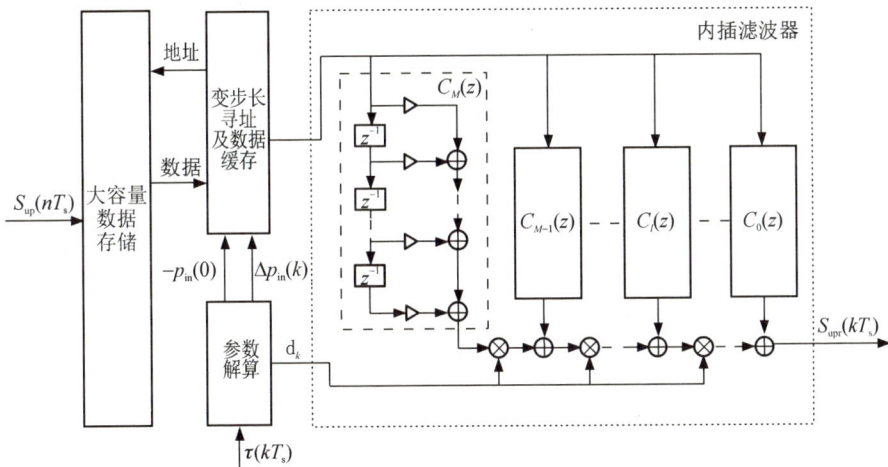

图 6 - 2　动态内插实现结构

6.1.4　性能分析

本章第 6.1.1 和 6.1.2 节严格遵循动态场景下中继卫星系统前返向信号在空间传播的真实物理过程,分别给出了基于动态内插重构法的前向和返向链路动态传输延时特性模拟的实现原理,实现了双向非对称动态传输延时的逼真模拟。第 6.1.3 节详细介绍了动态内插参数计算方法,给出了动态内插重构法的一种高速实现结构。本节将结合以上内容进行动态内插重构法的有效性验证和性能分析。

1. 有效性验证

为了验证动态内插重构法的有效性,下面依据图 6 - 2 进行 Matlab 仿真。假设利用 5 阶 FIR 滤波器来逼近理想内插滤波器,并采用小数周期延时的 5 阶多项式逼近 FIR 滤波器的每一个系数,可得系数矩阵 C 为

$$C = \begin{bmatrix} 0 & 0.050\,0 & -0.041\,7 & -0.041\,7 & 0.041\,7 & -0.008\,3 \\ 0 & -0.500\,0 & 0.666\,7 & -0.041\,7 & -0.166\,7 & 0.041\,7 \\ 1 & -0.333\,3 & -1.250\,0 & 0.416\,7 & 0.250\,0 & -0.083\,3 \\ 0 & 1 & 0.666\,7 & -0.583\,3 & -0.166\,7 & 0.083\,3 \\ 0 & -0.250\,0 & -0.041\,6 & 0.291\,7 & 0.041\,7 & -0.041\,7 \\ 0 & 0.033\,3 & 0 & -0.041\,7 & 0 & 0.008\,3 \end{bmatrix} \quad (6-84)$$

其中,系数矩阵 C 的列向量为内插滤波器结构中子滤波器的系数。取小数周期延时在 $[0.1,0.9]$ 范围内以 0.2 的步进递增,利用系数矩阵计算内插滤波器随小数周期延时变化的幅度和群时延特性曲线,分别如图 6 - 3 和图 6 - 4 所示。

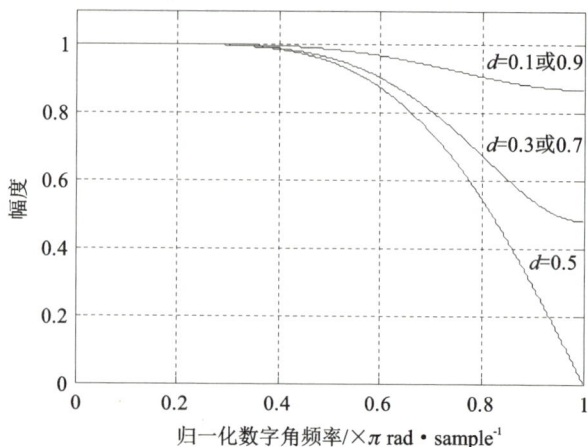

图 6-3 5 阶内插滤波器幅度特性曲线

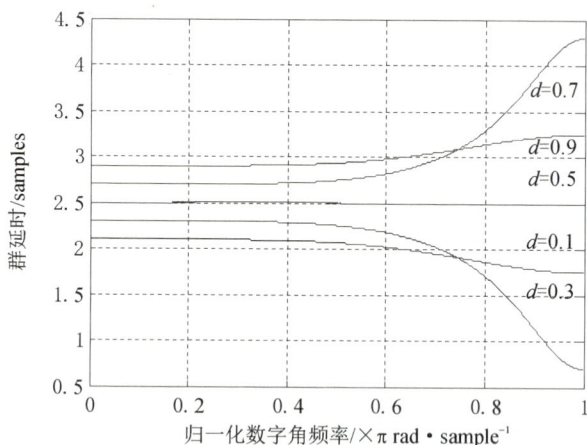

图 6-4 5 阶内插滤波器群时延特性曲线

设上行输入信号的离散序列具有如下正弦信号的形式

$$S_{\mathrm{up}}(nT_s) = \sin\left(2\pi\,\frac{f}{f_s}n\right) = \sin\left(\frac{\pi}{50}n\right) \qquad (6-85)$$

星间时间延时$\{\tau(kT_s)\}$按匀速直线运动变化,即

$$\tau(kT_s) = \tau_0 + \frac{v}{c}kT_s = \left(14 + \frac{k}{15}\right)T_s \qquad (6-86)$$

按照图 6-2 所示结构进行仿真,则前向发射信号的离散序列与前向模拟输出信号的离散序列关系如图 6-5 所示。

可见,随着仿真时间的推进,前向模拟输出信号的离散序列相对于前向发射信号的离散序列不断后移,实现了星间时间延时匀速递增的模拟。根据模拟实现原理可知,中继卫星 t 时刻发出的前向信号,应在 $t'=t+\tau_{\mathrm{up}}(t)$ 到达用户终端。利用 $\tau(t)$

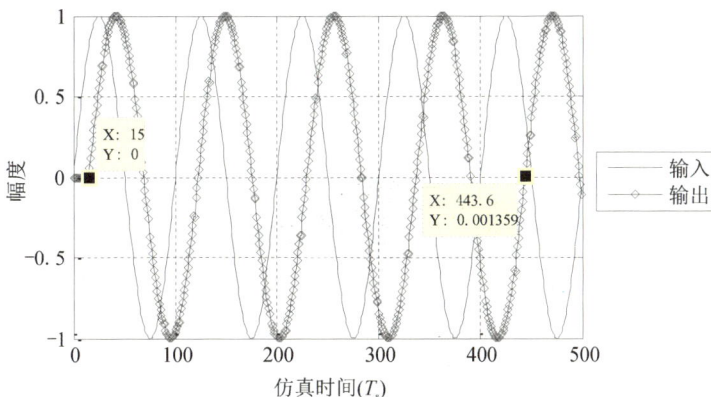

图 6 - 5　输入与输出离散序列关系

与 $\tau_{\text{up}}(t)$ 的关系式 $\tau[t+\tau_{\text{up}}(t)]=\tau_{\text{up}}(t)$，同时结合设定的动态运动规律，可得任意 $t_n=nT_s$ 时刻的输入信号经延时后应位于

$$t'_n=nT_s+\tau_{\text{up}}(nT_s)=nT_s+\left(15+\frac{n}{14}\right)T_s=\left(15+\frac{15n}{14}\right)T_s \quad (6-87)$$

取 n 分别为 0 和 400，可得

$$\begin{cases} t'_0=15T_s \\ t'_{400}\approx 433.571T_s \end{cases} \quad (6-88)$$

对比图 6 - 5 中坐标可知，输入序列与输出序列间的延时关系与星间时间延时严格对应，即验明了动态内插重构法的有效性。

2. 性能分析

动态内插重构法的时延模拟精度主要取决于基准频率源（或采样时钟）的准稳度、动态场景下星间时间延时仿真参数的计算精度与密集度、内插滤波器的延时精度 3 方面因素，其中，基准频率源的准稳度可通过选择高质量的基准频率源来保证，动态场景下星间时间延时仿真参数的计算精度与密集度可采用分段多项式拟合与实时递推的方法来保证。因此，下面重点分析内插滤波器的延时精度性能。

根据内插滤波器频响 $H(\omega,d)$ 和理论频响 $H_1(\omega,D)=\mathrm{e}^{-j\omega D}$，定义幅度误差和群时延误差分别为

$$\varepsilon_a(\omega,d)=20\log_{10}|H(\omega,d)|, \quad \omega\in[-\pi,\pi], d\in[0,1) \quad (6-89)$$

$$\varepsilon_\tau(\omega,d)=-\frac{\mathrm{d}\{\arg[H(\omega,d)]\}}{\mathrm{d}\omega}-D, \quad \omega\in[-\pi,\pi], d\in[0,1)$$

$$(6-90)$$

定义最大幅度误差和最大群时延误差分别为

$$\varepsilon_{\text{amax}}=\max\{|\varepsilon_a(\omega,d)|\}, \quad \omega\in[-\pi,\pi], d\in[0,1) \quad (6-91)$$

$$\varepsilon_{\tau\text{max}}=\max\{|\varepsilon_\tau(\omega,d)|\}, \quad \omega\in[-\pi,\pi], d\in[0,1) \quad (6-92)$$

设数字角频率 $\omega \in [-0.4\pi, 0.4\pi]$，步进为 0.025π，小数周期延时 $d \in [0,1)$，步进为 0.05。当内插滤波器的阶数分别为 5 和 6 时，计算得相邻阶次内插滤波器的幅度和群时延误差曲线，分别如图 6-6 和图 6-7 所示。

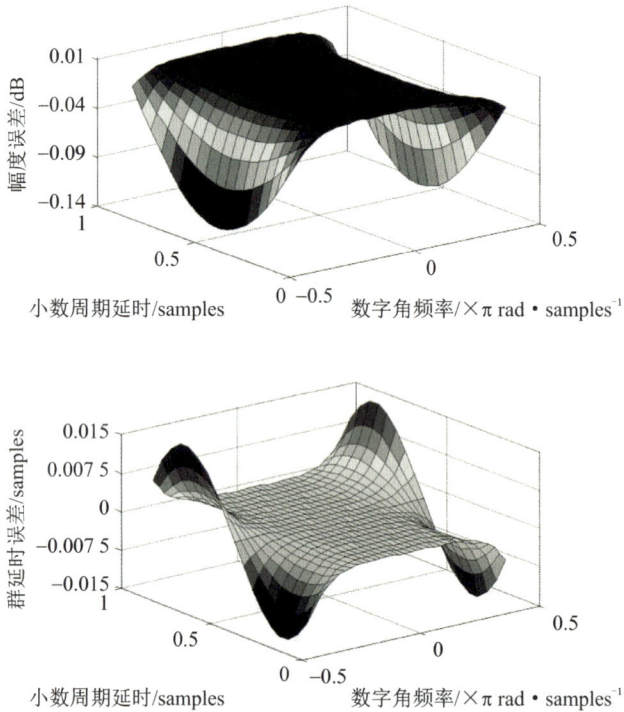

图 6-6　5 阶内插滤波器幅度和群时延误差曲线

对比可知，在数字角频率维，相邻阶次的内插滤波器均在低频处展现出良好的幅度和群时延特性，且随着频率的增加出现不同程度的恶化。这是由于内插滤波器设计时，指定了频率误差函数在零频点处具有最大平坦特性的原因。在小数周期延时维，相邻阶次的内插滤波器具有近似的幅度误差曲线，最大幅度误差均出现在小数周期延时 $d = 0.5$ 附近。然而，相邻阶次内插滤波器在群时延特性上却出现较大差异：奇数阶内插滤波器的最大群时延误差出现在 $d = 0.25$ 或 0.75 附近，偶数阶内插滤波器的最大群时延误差却位于 $d = 0.5$ 附近。在图 6-6 中，5 阶内插滤波器的最大幅度误差为 0.131 dB，位于 $(0.5, \pm 0.4\pi)$ 处；最大群时延误差为 0.015 个采样间隔，位于 $(0.75, \pm 0.4\pi)$ 处。在图 6-7 中，6 阶内插滤波器的最大幅度误差为 0.047 dB，位于 $(0.65, \pm 0.4\pi)$ 处；最大群时延误差为 0.037 个采样间隔，位于 $(0.45, \pm 0.4\pi)$ 处。

取内插滤波器阶数在 $M \in [3,18]$ 范围内以步进 1 递增，数字角频率 $\omega \in [-0.4\pi, 0.4\pi]$，步进为 0.025π，小数周期延时 $d \in [0,1)$，步进为 0.05。在设定角频

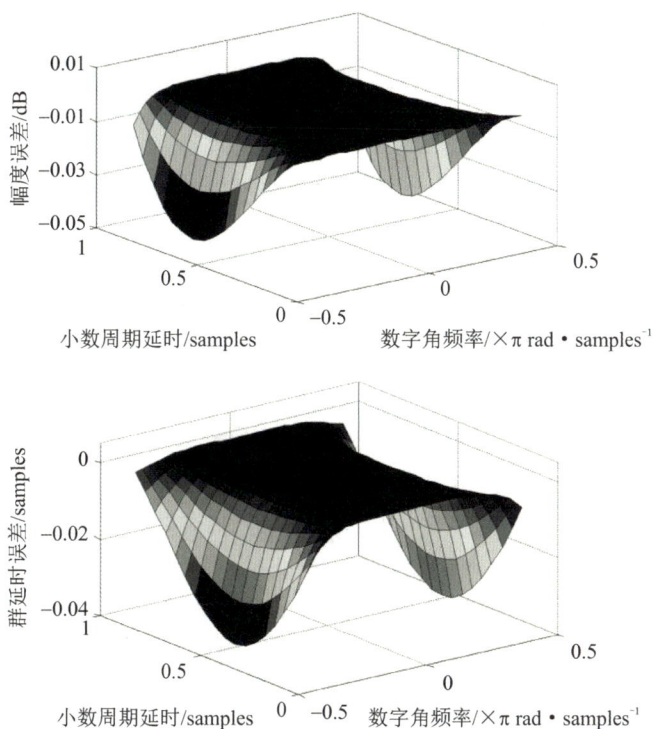

图 6 - 7　6 阶内插滤波器幅度和群时延误差曲线

率和小数周期延时范围内,计算得最大幅度误差 ε_{amax} 和最大群时延误差 $\varepsilon_{\tau max}$ 随内插滤波器阶数变化的曲线,分别如图 6 - 8 和图 6 - 9 所示。

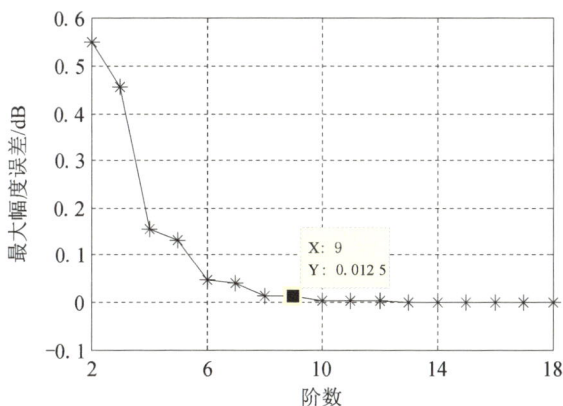

图 6 - 8　最大幅度误差随内插滤波器阶数变化的曲线

由此可见,内插滤波器最大幅度误差曲线随阶数的增加依次减小,当阶数由偶

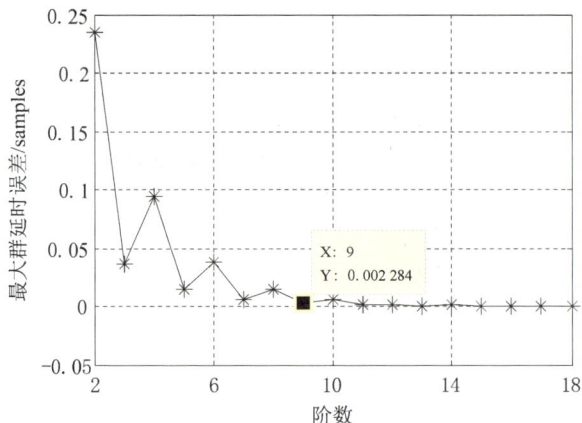

图 6-9　最大群时延误差随内插滤波器阶数变化的曲线

数递增到相邻的奇数时,曲线下降缓慢,但由奇数递增到相邻的偶数时,曲线下降快速。然而,最大群时延误差曲线却随阶数的增加呈震荡趋势下降,相邻阶次奇数阶内插滤波器的群时延特性明显优于偶数阶的群时延特性。除此之外,当内插滤波器阶数较小时,随着滤波器阶数的增加,最大幅度误差和最大群时延误差均下降快速,这表明低阶的内插滤波器即可展现出良好性能。例如,当取 $M=9$ 时,对于任意的小数周期延时 $d \in [0,1)$,内插滤波器在较宽的频率范围 $\omega \in [-0.4\pi, 0.4\pi]$ 内,最大幅度误差仅为 $0.012\,5$ dB,最大群时延误差仅为 $0.002\,284$ 个采样间隔。

6.2　信道衰落特性模拟实现原理

6.2.1　衰落特性模拟方法

在中继卫星系统通信过程中,到达接收端的信号往往不是从单一路径传播而来,而是从许多传播路径来的信号合成。由于各路径信号到达接收端的幅度和时间不同,这些路径的信号有时同相叠加而增强,有时反向抵消而减弱,导致到达接收端信号的幅度快速变化,从而产生多径衰落。通常,采用莱斯、瑞利、Nakagami 等概率密度分布来描述多径衰落信号的幅度分布特性。因此,可先产生满足指定概率密度分布的随机过程,再通过与信号复乘实现信道衰落特性的模拟。

1. 莱斯和瑞利衰落

当接收信号由直射分量和多径分量构成时,则其包络服从莱斯分布,概率密度函数为

$$f_r(r) = \frac{r}{\sigma^2} \exp\left[-\frac{r^2 + z^2}{2\sigma^2}\right] I_0\left(\frac{rz}{\sigma^2}\right) \tag{6-93}$$

式中，r 为接收信号的幅度，z 为直射波信号的幅度，σ^2 为平均多径功率，$I_0(*)$ 是第一类零阶 Bessel 函数。

当接收信号由纯多径分量构成，即不包含直射分量时，则其包络服从瑞利分布，概率密度函数为

$$f_r(r) = \frac{r}{\sigma^2} \exp\left[-\frac{r^2}{2\sigma^2}\right] \tag{6-94}$$

可见，瑞利分布是莱斯分布的一种特殊情况。当直射分量 $z=0$，莱斯分布将退化为瑞利分布。莱斯和瑞利分布主要用于描述平坦衰落信道小尺度特性对接收信号的影响。在平坦衰落信道中，接收信号的各频率分量将经过一致的衰落变化，与发射信号的主要区别在于叠加了一个具有不确定性幅度和相位的随机过程。因此，通常可用发射信号与表征随机变化因素的信道衰落因子的乘积来建模多径接收信号。

若假设发射信号为

$$S_t(t) = A(t)\cos\left[(\omega_c t) + \theta(t)\right] \tag{6-95}$$

式中，$A(t)$ 为幅度，ω_c 为频率，$\theta(t)$ 为相位。则其接收信号可表示为

$$S_r(t) \simeq \sum_{n=0}^{N-1} a_n A(t)\cos\left[\omega_c(t-\tau_n) + \theta(t)\right] \tag{6-96}$$

式中，a_n 为任意第 n 条多径的衰减因子，τ_n 为多径相对于直射分量的延时，两者均为随机变量。若令

$$\theta_n = -\omega_c \tau_n \tag{6-97}$$

则接收信号可重写为

$$\begin{aligned}
S_r(t) &= \sum_{n=0}^{N-1} a_n A(t)\cos\left[(\omega_c t) + \theta(t) + \theta_n\right] \\
&= h_c(t)A(t)\cos\left[(\omega_c t) + \theta(t)\right] - h_s(t)A(t)\sin\left[(\omega_c t) + \theta(t)\right]
\end{aligned} \tag{6-98}$$

式中

$$h_c(t) = \sum_{n=0}^{N-1} a_n \cos\theta_n \tag{6-99}$$

$$h_s(t) = \sum_{n=0}^{N-1} a_n \sin\theta_n \tag{6-100}$$

由式（6-99）和式（6-100）可知，当 N 足够大时，$h_c(t)$ 与 $h_s(t)$ 是大量独立随机变量之和。考虑到大量独立随机变量之和近似于正态分布，因此 $h_c(t)$ 和 $h_s(t)$ 是高斯随机过程。

若将接收信号表示为复包络的形式，即

$$S_r(t) = \mathrm{Re}\left\{\left[h_c(t) + \mathrm{j}h_s(t)\right]\left[A(t)e^{\mathrm{j}\theta(t)}\right]e^{\mathrm{j}\omega_c t}\right\}$$

$$= \text{Re}\{h(t)S_E(t)S_c(t)\} \tag{6-101}$$

式中，$S_E(t) = A(t)e^{j\theta(t)}$ 表示发射信号的复包络，$S_c(t) = e^{j\omega_c t}$ 为复载波，$h(t)$ 为信道冲激响应，具有如下形式

$$h(t) = h_c(t) + jh_s(t) = X(t)e^{j\psi(t)} \tag{6-102}$$

其中，$h(t)$ 的两个正交分量都为零均值高斯随机过程，因此其包络 $X(t)$ 服从瑞利分布，相位将服从均匀分布。若在 $h(t)$ 中加入直射分量，则包络 $X(t)$ 服从莱斯分布。

根据式（6-101）和式（6-102）可知，为了实现瑞利和莱斯衰落信道特性模拟，可先利用两个相互正交的高斯随机过程产生瑞利和莱斯随机过程，再将其与复基带信号复乘并进行频率变换即可。瑞利和莱斯随机过程的产生框图如图 6-10 所示。

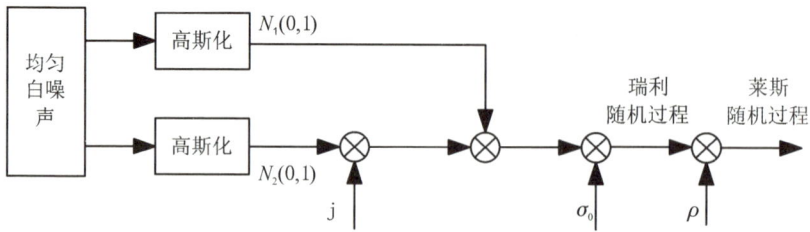

图 6-10　瑞利和莱斯随机过程产生框图

首先，产生两个相互正交且满足均匀分布特性的白噪声；其次，对两路均匀白噪声进行高斯化处理，产生两个相互正交、均值为 0 且方差为 1 的高斯随机过程；最后，两个高斯随机过程组成的复随机过程乘以多径分量的标准差 σ_0，即可产生满足瑞利分布的随机过程。在此基础上进一步添加直射分量 ρ，则可产生莱斯随机过程。

瑞利和莱斯随机过程通常用莱斯因子表征衰落深度，定义为接收信号直射分量功率与多径分量功率的比值，即

$$K = \frac{\rho^2}{2\sigma_0^2} \tag{6-103}$$

若进一步假设接收信号的功率为 $\delta^2 = \rho^2 + 2\sigma_0^2$，则存在

$$\sigma_o = \sqrt{\frac{\delta^2}{2(K+1)}} \tag{6-104}$$

$$\rho = \sqrt{\frac{K\delta^2}{K+1}} \tag{6-105}$$

显然，对于瑞利随机过程，衰落因子存在 $K \equiv 0$。此时，σ_0 直接由平均多径散射功率 b_0（即接收信号功率 δ^2）的平方根 $\sqrt{b_0}$ 来表示。

2. Nakagami 衰落

Nakagami 衰落模型是通过对现场测试数据拟合而产生的一种信道衰落模型，通过调整模型中的 m 参数能够刻画严重、适中，甚至轻微到无衰落的信道环境。

Nakagami 分布的概率密度函数为

$$f(r) = \frac{2m^m r^{2m-1}}{\Gamma(m)\Omega^m} \exp\left(-\frac{mr^2}{\Omega}\right) \tag{6-106}$$

累积分布函数为

$$F(r) = \int_0^x \frac{2m^m r^{2m-1}}{\Gamma(m)\Omega^m} \exp\left(-\frac{mr^2}{\Omega}\right) dr = \frac{\Gamma\left(m, \frac{mx^2}{\Omega}\right)}{\Gamma(m)} \tag{6-107}$$

n 阶矩为

$$E(r^n) = \frac{\Gamma(m+0.5)}{\Gamma(m)}\left(\frac{\Omega}{m}\right)^{\frac{n}{2}} \tag{6-108}$$

其中，r 为接收信号的包络，$\Omega = E(r^2) = 2\sigma^2$ 为平均接收功率，$m \geqslant 0.5$ 为衰落因子，$\Gamma(m)$ 为 Gamma 函数，即

$$m = \Omega^2 / E\left[(r^2 - \Omega^2)^2\right] \tag{6-109}$$

$$\Gamma(m) = \int_0^{\infty} x^{m-1} e^{-x} dx \tag{6-110}$$

衰落因子 m 用于表征信道的衰落程度，m 越小则衰落越严重，m 越大则衰落越平缓。当 $m = 0.5$ 时，Nakagami 分布退化为单边高斯分布；当 $m = 1$ 时，Nakagami 分布退化为瑞利分布；当 $m \to \infty$ 时，Nakagami 分布趋向于冲击函数，对应无衰落场景。当 $\Omega = 1$ 时，不同 m 参数的 Nakagami 分布概率密度曲线如图 6-11 所示。

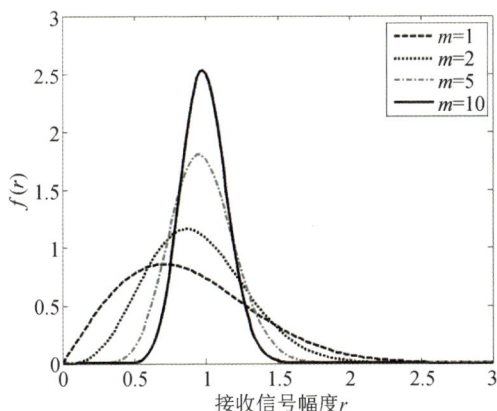

图 6-11 不同 m 参数的 Nakagami 分布概率密度曲线

Nakagami 分布有 3 条重要性质：

① 多个独立的瑞利变量之和服从 Nakagami 分布。

② 当 $m > 1$ 时，Nakagami 分布近似莱斯分布，莱斯因子 K 与参数 m 的对应关系为

$$m = \frac{(K+1)^2}{(2K+1)} \quad \text{或} \quad K = \frac{\sqrt{m^2 - m}}{m - \sqrt{m^2 - m}} \tag{6-111}$$

③ 如果包络服从 Nakagami 分布，则功率将服从 $2m$ 个自由度的 Gamma 分布。

基于 Nakagami 分布的性质，国内外学者提出了多种 Nakagami 衰落信道的仿

真模型,主要包括组合法模型、逆变换模型、舍弃法模型、秩匹配模型和 Brute Froce 模型等。下面介绍基于 Brute Froce 模型实现 Nakagami 信道衰落模拟的原理。

Brute Force 仿真模型利用 Nakagami 分布和高斯分布的对应关系产生服从 Nakagami 分布的随机变量。多个零均值独立分布高斯随机变量的平方和服从 Γ 分布,Γ 分布的随机变量再开方则服从 Nakagami 分布,即

$$Y = \sqrt{\sum_{k=1}^{n} X_k^2} = \sqrt{X_1^2 + X_2^2 + \cdots + X_n^2}, \quad n = 2m \qquad (6-112)$$

式中,$X_k (k=1,2,\cdots,n=2m)$ 为零均值独立分布的高斯随机变量,m 为 Nakagami 分布中的可调参数,Y 服从 Nakagami 分布。当 $m=0.5$ 时,$Y = |X_1|$ 服从单边高斯分布;当 $m=1$ 时,$Y = \sqrt{X_1^2 + X_2^2}$ 服从瑞利分布。

根据以上分析可知,Brute Force 仿真模型的 n 为整数,对应的可调参数 $m=0.5n$,其只能为 0.5 的整数倍,无法遍历 $m \geqslant 0.5$ 的所有场景。因此,可按下式对 Brute Force 仿真模型进行修正,即

$$Y = \sqrt{\alpha \sum_{k=1}^{p} X_k^2 + \beta X_{p+1}^2} \qquad (6-113)$$

式中,$p = \text{int}\lfloor 2m \rfloor$,$\text{int}\lfloor * \rfloor$ 为向下取整操作,加权系数 α,β 按下式计算:

$$\begin{cases} \alpha = \dfrac{2mp + \sqrt{2mp\left[(1+p) - 2m\right]}}{p(p+1)} \\ \beta = 2m - \alpha p \end{cases} \qquad (6-114)$$

基于修正 Brute Force 仿真模型的 Nakagami 随机过程产生框图如图 6-12 所示。可见,根据设定的衰落因子 m,计算出 p,α,β 参数后,按图示结构产生服从 Nakagami 分布的随机过程,随后再与接收信号相乘即可实现 Nakagami 信道衰落特性的模拟。

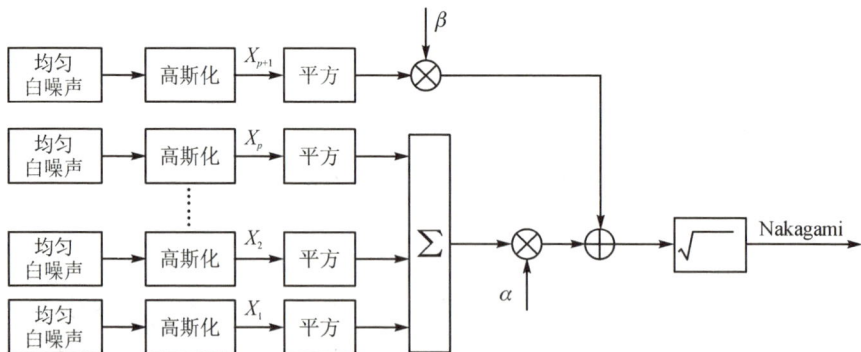

图 6-12 基于修正 Brute Force 仿真模型的 Nakagami 随机过程产生框图

6.2.2 基于细胞自动机的均匀白噪声产生方法

根据衰落特性模拟原理可知,瑞利、莱斯和 Nakagami 随机过程均可利用高斯随机过程通过变换产生,而高斯随机过程的产生又大多基于均匀白噪声。因此,实时产生周期长、统计特性好的均匀白噪声是信道衰落特性模拟的基础。

白噪声的功率谱密度在整个频域内为常数,自相关函数为 δ 函数,具有完全随机、不可预测的特点,在工程中无法产生。而伪随机序列满足白噪声的关键统计特性,同时又有相对成熟的算法,因此工程中常将伪随机序列作为白噪声序列使用。目前,常用的伪随机序列产生方法主要包括线性移位寄存器法、细胞自动机算法、线性同余算法、混沌映射法、延迟斐波那契法等。线性移位寄存器法是现阶段应用最为广泛的一种方法,具有算法简单、速度快、可重复性强和便于利用逻辑资源实现等突出优点。然而,由于该方法存在线性反馈结构,其产生的伪随机序列具有较强的相关性,导致产生的均匀白噪声质量相对较差。与线性移位寄存器法相比,细胞自动机算法除具备算法简单、速度快、便于逻辑实现等特点外,还具备长周期、随机性好、功率谱平坦等突出优点。

细胞自动机是由空间一组细胞单元组成的阵列,每个细胞单元的状态根据局部函数规则和相邻状态进行更新。细胞自动机是一个四元组,可定义为

$$CA = (A_D, Z_q, f_{i(o,r)}, B) \tag{6-115}$$

式中,A_D 表示 D 维细胞单元组成的空间结构,状态空间 Z_q 定义了细胞单元的状态取值范围,邻域函数规则 f_i 定义了细胞自动机邻域半径 r 确定的第 i 个细胞单元的邻域状态配置与其状态转换之间的映射,边界条件 B 规定了某个细胞单元超出 Z_q 状态空间时使用的规则。

零边界 90/150 规则的一维线性细胞自动机,其特征多项式具有不可约特性,只通过简单的逻辑运算就可以实时生成长周期、随机性好、功率谱密度平坦的均匀随机数。对于 M 阶一维线性细胞自动机,可用一个 M 维向量来表示细胞自动机的组成,即

$$s = \langle s(m) \mid m = 1, 2, \cdots, M \rangle \tag{6-116}$$

式中,m 表示向量中元素的位置,每个元素只有 0 或 1 两种取值,即 $s(m) \in \{0,1\}$。

若设任意时刻细胞自动机的状态向量为 $s(n) = \langle s(m,n) \mid m = 1, 2, \cdots, M; n = 1, 2, 3, \cdots \rangle$,则在零边界 90/150 规则下,细胞自动机的运算法则为

$$s(m,n) = s(m-1, n-1) \oplus [d(m)s(m, n-1)] \oplus s(m+1, n-1)$$

$$\tag{6-117}$$

可见,任意第 n 时刻,第 m 个元素的状态只与前一个时刻自身和相邻元素的状态有关。符号 $\oplus$ 表示异或运算,n 为离散时间变量。对于任意时刻 n,零边界条件规定了 $s(0,n) \equiv 0$ 与 $s(M+1, n) \equiv 0$。$d(m) \in \{0,1\}$ 为规则向量 $\boldsymbol{d}$ 中元素,规则向量与时刻 n 无关,即

$$d = \{d(m) \mid m = 1, 2, \cdots, M\} \tag{6-118}$$

根据 $d(m)$ 取 0 或 1 这两种情况,将式(6-117)可重写为

$$s(m,n) = \begin{cases} s(m-1, n-1) \oplus s(m+1, n-1) & d(m) = 0 \\ s(m-1, n-1) \oplus s(m, n-1) \oplus s(m+1, n-1) & d(m) = 1 \end{cases} \tag{6-119}$$

式中,当 $d(m)=0$ 表示 90 运算规则,$d(m)=1$ 表示 150 运算规则。

可见,对于任意给定的非零初始向量 s_0,根据欧几里得算法确定规则向量 d 后,按式(6-119)通过简单的异或运算即可实时产生高质量的均匀白噪声序列 $s(n)$。然而,对于高速设计而言,有必要推导并行细胞自动机的初始向量与运算法则。

若假设采用 N 路并行产生均匀白噪声,一种可行的途径是建立如下关系:

$$c_p(n) = s(N \times (n-1) + p) \tag{6-120}$$

式中,$s(n)$ 为串行细胞自动机的状态向量,$c_p(n)$ 为任意第 $p \in [1, N]$ 路,第 n 时刻并行细胞自动机的状态向量且将其定义为

$$c_p(n) = \{c_p(m,n) \mid p \in [1, N]; m \in [1, M]; n = 1, 2, 3, \cdots\} \tag{6-121}$$

这样,对任意非零初始向量 s_0,可令

$$c_p(1) = s(p) \tag{6-122}$$

作为任意第 p 路并行细胞自动机的初始向量,其内部元素可通过下式计算:

$$c_p(m,1) = s(m,p) = s(m-1, p-1) \oplus [d(m)s(m, p-1)] \oplus s(m+1, p-1) \tag{6-123}$$

式中,$p \in [1, N]$,$m \in [1, M]$,且存在 $s(m, 0) = s_0(m)$ 为串行细胞自动机非零初始向量 s_0 中元素。

零边界 90/150 规则下细胞自动机的规则向量 d 已知,对于任意第 n 时刻的状态向量 $s(n)$ 均可算出第 $n+1$ 时刻的状态向量 $s(n+1)$,即 $s(n)$ 与 $s(n+1)$ 之间存在确定的函数关系,记为

$$s(n+1) = f_1(s(n)) \tag{6-124}$$

式中,函数 f_1 只与细胞自动机规则及规则向量有关,且两者已知。因此,可根据零边界 90/150 细胞自动机规则,按式(6-119)递推 N 次,从而建立起状态向量 $s(n)$ 与 $s(n+N)$ 之间确定的函数关系 f,即

$$s(n+N) = f(s(n)) \tag{6-125}$$

注意到

$$\begin{cases} c_p(n+1) = s(N \times (n-1) + N + p) \\ c_p(n) = s(N \times (n-1) + p) \end{cases} \tag{6-126}$$

因此,确定的函数关系 f 即可作为任意第 p 路并行细胞自动机的运算法则

$$c_p(n+1) = f(c_p(n)) \tag{6-127}$$

式中,$p \in [1, N]$,$n = 1, 2, 3, \cdots$。

综上所述,基于零边界 90/150 规则的并行细胞自动机实现方法可总结为:首先,根据已知的规则向量 $\boldsymbol{d}$ 与某人为设定的非零初始向量 $\boldsymbol{s}_0$,计算任意第 p 路并行细胞自动机的初始向量 $\boldsymbol{c}_p(1)$;其次,根据零边界 90/150 规则与规则向量 $\boldsymbol{d}$,推导任意第 p 路并行细胞自动机的运算法则 f;最后,以 $\boldsymbol{c}_p(1)$ 作为初始向量,根据运算法则 f 即可计算生成任意时刻的状态向量 $\boldsymbol{c}_p(n)$。若将 $\boldsymbol{c}_p(n)$ 视为 M 位二进制数,其即可作为均匀白噪声序列。

例如,取零边界 90/150 规则下细胞自动机的阶次为 36,其产生白噪声序列的周期为 $L=2^{36}-1$,设置非零初始向量 $\boldsymbol{s}_0$ 与规则向量 $\boldsymbol{d}$ 分别为

$$\boldsymbol{s}_0 = [1111\ 1111\ 1111\ 1111\ 1111\ 1111\ 1111\ 1111\ 1111] \tag{6-128}$$

$$\boldsymbol{d} = [0100\ 1001\ 0001\ 1000\ 0101\ 1111\ 0000\ 1001\ 0010] \tag{6-129}$$

按照上述设置,基于细胞自动机产生均匀分布白噪声,其自相关函数和功率谱密度如图 6-13 所示。

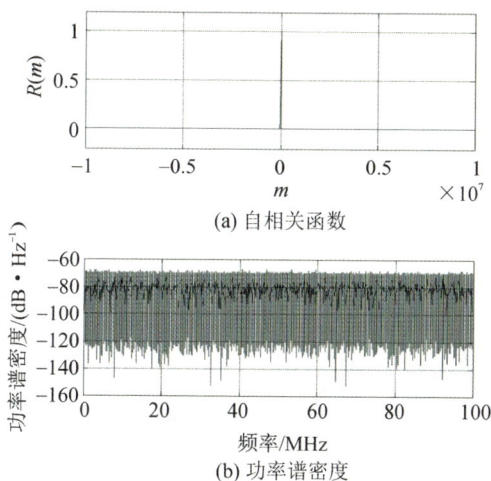

图 6-13 均匀白噪声的自相关函数与功率谱密度

6.2.3 基于 Box-Muller 算法的高斯化方法

本章第 6.2.2 节中,基于细胞自动机产生了均匀分布白噪声,将其进一步高斯化处理后,可用于产生服从瑞利、莱斯、Nakagami 等分布特性的随机过程。

高斯白噪声产生方法主要有:累积分布函数反变换法、拒绝-接受法和均匀随机数变换法等。累积分布函数反变换法的基本思想是将任意给定随机变量的累积分布函数作反变化,从而得到该累积分布函数对应的随机变量。该方法直观、容易理解,但硬件实现时需要存储非线性高斯累积分布函数与高斯随机数之间的映射关系,因而会占用大量存储资源。拒绝-接收法的基本思想是根据某些给定的判别准则来确定所产生的随机变量是否属于高斯随机变量,进而决定随机变量的取舍。该方

法存在转换效率低、实时性差的问题。均匀随机数变换法通过对$(0,1)$上均匀分布的随机数进行直接变换来产生高斯白噪声,主要包括 Box – Muller 算法、中心极限定理累加法、Monty Python 算法和基于三角分布的分段近似法等,其中,Box – Muller 算法应用较为广泛。

Box – Muller 算法是一种经典的均匀随机数变换法,它利用均匀随机数分别计算出高斯随机数的幅度和相位,在进行一系列变换后产生高斯白噪声。设 u_0 和 u_1 是在$(0,1)$上相互独立的均匀分布随机数,则高斯化过程为

$$f = \sqrt{-2\ln u_0} \tag{6-130}$$

$$g_0 = \cos(2\pi \times u_1) \quad g_1 = \sin(2\pi \times u_1) \tag{6-131}$$

$$x_0 = f \times g_0 \quad x_1 = f \times g_1 \tag{6-132}$$

式中,x_0 和 x_1 为相互正交的高斯随机数。

根据 Box – Muller 算法可知,中间结果 f 涉及自然对数与开方运算,在工程中大多采用查表法实现这种复杂函数的计算。这种算法需要事先存储 u_0 与 f 的函数映射关系,存储容量与 u_0 和 f 的量化精度或量化位数直接相关,量化位数每提高 1 位,存储容量将增加 1 倍。显然,在某些对高斯随机数产生质量要求较高的场景下,查表法会消耗大量存储资源。因此,下面给出一种基于非等间隔分段多项式拟合的复杂函数 f 计算方法。

设函数逼近误差要求为 ξ,将区间 $x \in (0,1)$ 非等间隔划分为 K 段,每段定义为 $x_k \in (q_k, q_{k+1})$,其中,$k = 0,1,\cdots,K-1$ 且存在 $q_0 = 0$,$q_K = 1$。从第 $k = 0$ 的分段 $x_0 \in (q_0, q_1)$ 开始,采用三次多项式

$$p_k(x_k) = a_k x_k^3 + b_k x_k^2 + c_k x_k + d_k \tag{6-133}$$

逼近函数 $f = \sqrt{-2\ln x}$,选择 q_1 使其满足 $|p_k(x_k) - f(x_k)| < \xi$,其中,$x_k = x_0 \in (q_0, q_1)$。然后重复上述操作直至 $k = K-1$。

对于任意第 k 个分段区间,在 $x_k \in (q_k, q_{k+1})$ 区间内对 x_k 和函数值 $f(x_k) = \sqrt{-2\ln x_k}$ 进行 4 点等间隔采样,建立如下线性方程组:

$$\boldsymbol{X}_k \boldsymbol{A}_k = \boldsymbol{F}_k \tag{6-134}$$

式中,多项式系数向量为 $\boldsymbol{A}_k = \begin{bmatrix} a_k & b_k & c_k & d_k \end{bmatrix}^{\mathrm{T}}$,$\boldsymbol{F}_k = \begin{bmatrix} f_{k1} & f_{k2} & f_{k3} & f_{k4} \end{bmatrix}^{\mathrm{T}}$,且存在

$$\boldsymbol{X}_k = \begin{bmatrix} x_{k1}^3 & x_{k1}^2 & x_{k1} & 1 \\ x_{k2}^3 & x_{k2}^2 & x_{k2} & 1 \\ x_{k3}^3 & x_{k3}^2 & x_{k3} & 1 \\ x_{k4}^3 & x_{k4}^2 & x_{k4} & 1 \end{bmatrix} \tag{6-135}$$

任意第 k 个分段区间的多项式拟合系数 $\boldsymbol{A}_k$ 可按下式计算:

$$\boldsymbol{A}_k = \boldsymbol{X}_k^{-1} \boldsymbol{F}_k \tag{6-136}$$

其中,$k = 0,1,2,\cdots,K-1$,共计 K 组分段系数。

对于任意 $x \in (0,1)$，首先实时判断 x 位于的分段数 k，随后调用系数 $\boldsymbol{A}_k$ 按三阶多项式计算函数值即可实现 Box - Muller 算法中 $f = \sqrt{-2\ln x}$ 的计算，同时保证了计算精度优于设定的函数逼近精度 ξ。采用这种非等间隔分段多项式拟合的方法可将对数与开方运算转换为简单的乘加运算，只耗费少量的逻辑资源和乘法器资源，且具有逼近精度可控的优点。按照上述方法产生的两路高斯白噪声分布如图 6 - 14 所示。

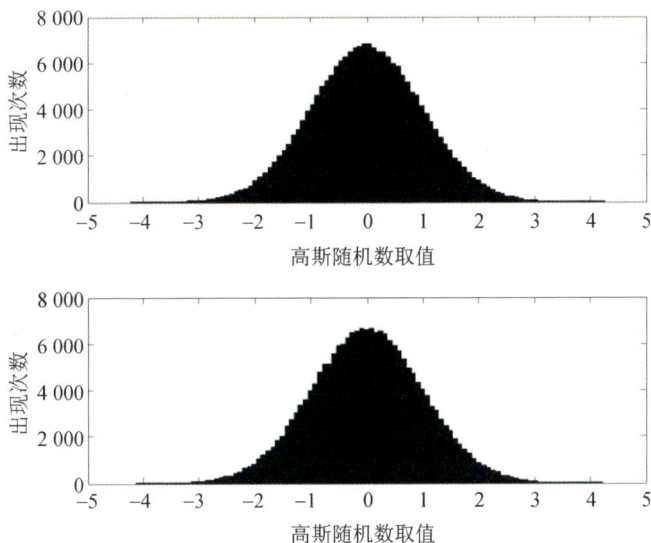

图 6 - 14 高斯变量概率分布柱状图

6.3 电离层色散特性模拟实现原理

背景电离层作为沉浸在地磁场中的等离子体，是一种表现为色散、双折射、各向异性等特性的复杂介质。电离层对宽带、超宽带信号传播影响很大，能够引起相移、延时、色散及 Faraday 旋转等。色散是电离层区别于其他空间信道环境的显著特性，也是影响宽带、超宽带信号传播的主要因素。

目前电离层色散特性模拟方法相对单一，可简单归纳为：首先，利用电离层模型直接或间接计算得到信号传播路径上的电离层电子总量；其次，根据信号的载波频率、码型和码速率等先验信息，将电离层引入的非线性附加延时近似为载波频点处的平均延时，并叠加至模拟生成的基带信号上；再次，将电离层引入的非线性相位超前近似为载波频点处的相位超前，并叠加至模拟生成的载波上；最后，将两者合成生成最终的模拟输出信号。然而，上述方法忽略了相位超前和附加延时关于频率的非线性特性，只是电离层色散的一种近似模拟，无法真实刻画色散对宽带、超宽带信号的影响。同时,现有方法对信号先验信息的极大依赖性还限制了它的适用范围,难以满足不同体制卫星通信设备的测试需求。因此,本节介绍一种通用性强、保真度高的宽带电离层色散特性模拟实现方法。

电离层色散导致信号的不同频率成份以不同的相速度和群速度传播,产生非线性相位超前

$$\varphi_{io}(\omega) = \frac{2\pi}{\lambda} \mid \Delta l_p(\omega) \mid = \frac{e^2}{2\varepsilon_0 mc\omega} \text{TEC} \qquad (6-137)$$

与附加延时

$$\tau_{io}(\omega) = \frac{\Delta l_g(\omega)}{c} = \frac{e^2}{2\varepsilon_0 mc\omega^2} \text{TEC} \qquad (6-138)$$

式中,$\varphi_{io}(\omega)$ 为非线性相位超前,$\tau_{io}(\omega)$ 为非线性附加延时,$\Delta l_p(\omega)$ 为电离层引起的相路径长度变化,$\Delta l_g(\omega)$ 为电离层引起的群路径长度变化,e 为电子电量,m 为电子质量,ε_0 为自由空间的介电常数,TEC 为信号传播路径上的积分电子总量,ω 为无线电波频率。

电离层色散特性模拟就是要根据信号传播路径上的积分电子总量 TEC,真实模拟出电离层色散对宽带信号引起的非线性相位超前与附加延时。根据式(6-137)和式(6-138)可知,非线性相位超前和附加延时关系为

$$\tau_{io}(\omega) = -\frac{d\varphi_{io}(\omega)}{d\omega} \qquad (6-139)$$

式中,$\varphi_{io}(\omega)$ 和 $\tau_{io}(\omega)$ 均为正值,分别表示超前和滞后。

若假定 TEC 在有限时间长度内可近似为常数处理,电离层色散对宽带信号的影响可建模为一个连续时间的非线性相位系统,其频率响应具有如下形式:

$$H_{io}(\omega) = \exp[j\varphi_{io}(\omega)] = \exp\left(j\frac{e^2 \text{TEC}}{2\varepsilon_0 mc\omega}\right) \qquad (6-140)$$

对于任意频率 $\omega \in [\omega_{min}, \omega_{max}]$,存在

$$\begin{cases} \mid H_{io}(\omega) \mid \equiv 1 \\ \arg[H_{io}(\omega)] = \varphi_{io}(\omega) \end{cases} \qquad (6-141)$$

可见,电离层色散引入的非线性相位超前 $\varphi_{io}(\omega)$ 和附加延时 $\tau_{io}(\omega)$ 可由同一个系统 $H_{io}(\omega)$ 表征。因此,精确逼近非线性相位系统 $H_{io}(\omega)$ 成为宽带电离层色散模拟的关键。

根据式(6-137)可知,相频特性 $\varphi_{io}(\omega)$ 具有如下特点:

① 它是频率的非线性函数,正比于 ω^{-1}。

② 它随频率单调递减,在宽带信号频率范围内近似线性。

③ 它具有较大的相位偏置。

以上特点表明,非线性相位系统 $H_{io}(\omega)$ 难以直接利用数字方法高精度逼近。因此,可对相频特性曲线进行分解,将非线性相位系统表征为若干个简单子系统的级

联。图 6-15 为相频特性曲线分解示意图,原始的相频特性曲线如图中标号 1 曲线所示。

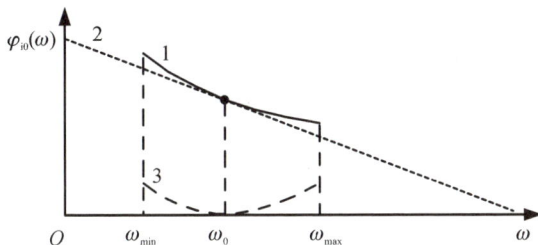

图 6-15 相频特性曲线分解示意图

在宽带信号频率范围($\omega \in [\omega_{\min}, \omega_{\max}]$)内,选择参考频点

$$\omega_0 = \frac{\omega_{\min} + \omega_{\max}}{2} \tag{6-142}$$

将原始相频特性曲线 $\varphi_{io}(\omega)$ 分解为两部分:过参考频点的线性相位部分(图 6-15 中标号 2 曲线)和相对于参考直线的非线性相位部分(图 6-15 中标号 3 曲线),即

$$\varphi_{io}(\omega) = \varphi_1(\omega) + \varphi_{nl}(\omega) \tag{6-143}$$

式中,$\varphi_1(\omega)$ 为线性相位部分,$\varphi_{nl}(\omega)$ 为非线性相位部分。

设线性相位部分具有如下形式:

$$\varphi_1(\omega) = k\omega + \varphi_0 \tag{6-144}$$

式中,斜率 k 定义为

$$k = \frac{\mathrm{d}\varphi_{io}(\omega)}{\mathrm{d}\omega}\bigg|_{\omega=\omega_o} = -\frac{e^2 \mathrm{TEC}}{2\varepsilon_0 mc\omega_0^2} = -\tau_{io}(\omega_0) \tag{6-145}$$

可见,线性相位部分 $\varphi_1(\omega)$ 的斜率 k 为参考频点处电离层引入附加延时的负值。根据线性相位部分过参考频点的约束条件

$$\varphi_1(\omega_0) = \varphi_{io}(\omega_0) \tag{6-146}$$

可得

$$\varphi_0 = \varphi_{io}(\omega_0) - k\omega_0 = \frac{e^2 \mathrm{TEC}}{\varepsilon_0 mc\omega_0} = 2\varphi_{io}(\omega_0) \tag{6-147}$$

由于纵截距 φ_0 与频率无关,线性相位部分可进一步分解为:过零频的线性相位部分 $\varphi_{10}(\omega)$ 和相位偏置部分 $\varphi_c(\omega)$,即

$$\varphi_{10}(\omega) = k\omega = -\omega\tau_{io}(\omega_0) \tag{6-148}$$

$$\varphi_c(\omega) = 2\varphi_{io}(\omega_0) \tag{6-149}$$

根据式(6-143)和式(6-144)式,非线性相位部分具有如下形式:

$$\varphi_{nl}(\omega) = \varphi_{io}(\omega) - \varphi_1(\omega) = \frac{e^2 \mathrm{TEC}}{2\varepsilon_0 mc\omega_0^2}(\omega - 2\omega_0 + \omega_0^2\omega^{-1}) = \tau_{io}(\omega_0)\left(\sqrt{\omega} - \frac{\omega_0}{\sqrt{\omega}}\right)^2$$
$$\tag{6-150}$$

且满足

$$\varphi_{nl}(\omega_0) = \tau_{io}(\omega_0)\left(\sqrt{\omega_0} - \frac{\omega_0}{\sqrt{\omega_0}}\right)^2 = 0 \tag{6-151}$$

即是说,非线性相位部分 $\varphi_{nl}(\omega)$ 关于参考频点 ω_0 具有近似对称的抛物线形式,且在参考频点处为零。

按照上述相频特性曲线分解,非线性相位系统可表征为如下 3 个子系统的级联,即

$$H_{io}(\omega) = H_{10}(\omega) \times H_{nl}(\omega) \times H_c(\omega) \tag{6-152}$$

式中

$$H_{10}(\omega) = \exp\left[-j\omega\tau_{io}(\omega_0)\right] \tag{6-153}$$

$$H_{nl}(\omega) = \exp\left[j\tau_{io}(\omega_0)\left(\sqrt{\omega} - \frac{\omega_0}{\sqrt{\omega}}\right)^2\right] \tag{6-154}$$

$$H_c(\omega) = \exp\left[j2\varphi_{io}(\omega_0)\right] \tag{6-155}$$

3 个子系统的特点如下:

① 线性相位子系统 $H_{10}(\omega)$:相频特性曲线为过零频点的直线,斜率为参考频点处电离层引入附加延时 $\tau_{io}(\omega_0)$ 的负值,可在复基带利用高精度数字延时实现。

② 非线性相位子系统 $H_{nl}(\omega)$:相频特性曲线具有零偏置、近似对称的抛物线形式,可在复基带设计具有指定相频特性的复系数 FIR 滤波器进行逼近。

③ 恒定相位子系统 $H_c(\omega)$:相频特性曲线与频率无关,易于在复基带利用数字复乘实现。

综上,为实现宽带电离层色散模拟,只需先复基带设计、级联上述 3 个全通子系统,再进行相应的频率变换即可。

设宽带信号的频谱为 $S(\omega)$,其中,$\omega \in [\omega_{min}, \omega_{max}]$,理想本振信号的频谱为

$$S_L(\omega) = 2\pi\delta(\omega + \omega_L) = 2\pi\delta(\omega + \omega_0) \tag{6-156}$$

式中,$\omega_L = \omega_0$ 为本振频率。利用理想本振对信号进行正交解调,可得复基带信号的频谱为

$$S_B(\omega) = \frac{1}{2\pi}\left[S(\omega) * S_L(\omega)\right] = S(\omega + \omega_0) \tag{6-157}$$

式中,复基带频率范围($\omega \in [\omega_{bmin}, \omega_{bmax}]$)满足

$$\begin{cases} \omega_{bmax} = \omega_{max} - \omega_0 \\ \omega_{bmin} = \omega_{min} - \omega_0 \end{cases} \tag{6-158}$$

将 3 个全通子系统等效到复基带,并进行简单合并后,得

$$H_{Bl0}(\omega) = \exp\left[-j\omega\tau_{io}(\omega_0)\right] \tag{6-159}$$

$$H_{Bnl}(\omega) = \exp\left[j\tau_{io}(\omega_0)\left(\sqrt{\omega + \omega_0} - \frac{\omega_0}{\sqrt{\omega + \omega_0}}\right)^2\right] \tag{6-160}$$

$$H_{Bc}(\omega) = \exp\left[j\varphi_{io}(\omega_0)\right] \tag{6-161}$$

复基带信号依次经过上述 3 个全通子系统,可得复基带输出信号的频谱为

$$S_{B1}(\omega) = S_B(\omega) \times H_{B10}(\omega) \times H_{Bn1}(\omega) \times H_{Bc}(\omega) \tag{6-162}$$

$$= S(\omega + \omega_0) \times H_{io}(\omega + \omega_0)$$

利用理想本振信号

$$S_{L1}(\omega) = 2\pi\delta(\omega - \omega_L) = 2\pi\delta(\omega - \omega_0) \tag{6-163}$$

对复基带输出信号 $S_{B1}(\omega)$ 作正交上变频

$$S_{io}(\omega) = \frac{1}{2\pi}\left[S_{B1}(\omega) * S_{L1}(\omega)\right] \tag{6-164}$$

$$= S(\omega) \times H_{io}(\omega)$$

即可产生所需的电离层色散模拟输出信号。

从技术路线上来看,本节介绍的电离层色散模拟方法将电离层色散对信号的影响建模为一个全通的非线性相位系统,从而可不关注信号的具体形式、参数等先验信息,具有通用性强、适用范围广的特点。除此之外,进一步将已建立的全通非线性相位系统分解成 3 个结构简单、易于数字逼近的子系统,使其更容易实现高精度、高保真度的电离层色散特性模拟性能。

6.4 信道噪声特性模拟实现原理

信道噪声普遍存在、不可预知,通常建模为加性高斯白噪声。在第 6.2 节已经介绍了高斯白噪声的实时产生方法,在此基础上本节介绍按指定信噪比在数字域实现信道噪声特性模拟的原理。

设输入的数字采样信号为 $s(n)$,高斯白噪声为 $\zeta(n)$,则可按下式实现指定信噪比的加性高斯白噪声模拟

$$s_o(n) = K_s \times s(n) + K_n \times \zeta(n) \tag{6-165}$$

式中,$s_o(n)$ 为已叠加噪声的模拟信号,K_s 为信号功率调整因子,K_n 为噪声功率调整因子,两者用于控制 $s_o(n)$ 的信噪比。信道噪声特性模拟原理框图如图 6-16 所示。

为实现信噪比控制,首先按下式实时统计输入信号的数字功率

$$P_0 = \frac{1}{N}\sum_{n=0}^{N-1}|s(n)|^2 \tag{6-166}$$

式中,N 为统计点数。高斯白噪声功率可按下式统计得到,即

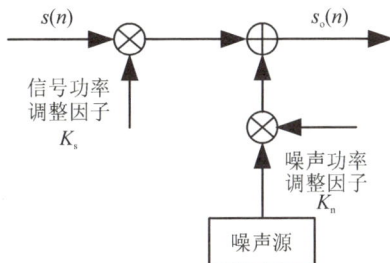

图 6-16 信道噪声特性模拟原理

$$\sigma^2 = \frac{1}{N} \sum_{n=0}^{N-1} \mid \zeta(n) \mid^2 \qquad (6-167)$$

则在噪声模拟输出信号 $s_o(n)$ 中,信号功率为

$$P_s = \frac{1}{N} \sum_{n=0}^{N-1} \mid K_s s(n) \mid^2 = K_s^2 P_0 \qquad (6-168)$$

噪声功率为

$$P_n = \frac{1}{N} \sum_{n=0}^{N-1} \mid K_n \zeta(n) \mid^2 = K_n^2 \sigma^2 \qquad (6-169)$$

因此,信噪比为

$$\text{SNR} = 10\log_{10}\left(\frac{P_s}{P_n}\right) = 10\log_{10}\left(\frac{K_s^2 P_0}{K_n^2 \sigma^2}\right) \qquad (6-170)$$

式中,SNR 以 dB 为单位。

为保证信号加噪声模拟后不溢出,需满足如下约束条件

$$P_s + P_n = K_s^2 P_0 + K_n^2 \sigma^2 = P_0 \qquad (6-171)$$

联立式(6-170)和式(6-171),可得

$$\begin{cases} K_s = \sqrt{\dfrac{10^{\frac{\text{SNR}}{10}}}{1 + 10^{\frac{\text{SNR}}{10}}}} \\[4mm] K_n = \sqrt{\dfrac{P_0}{\sigma^2 \left(1 + 10^{\frac{\text{SNR}}{10}}\right)}} \end{cases} \qquad (6-172)$$

可见,信号功率调整因子只与 SNR 有关,噪声功率因子与 SNR 和 P_0/σ^2 有关。先按上式计算信号与噪声功率调整因子后,再按图 6-16 所示结构即可实现指定 SNR 的加性噪声模拟。

6.5 相位噪声特性模拟实现原理

相位噪声一般是指振荡器或变频器内部热噪声、闪烁噪声、随机游走噪声等引起的相位随机起伏现象,它是影响中继卫星系统通信性能的重要因素。相位噪声会引起信号的随机相位旋转,增大信号散布,从而导致误码率升高。除此之外,还将导致信号频谱展宽,增大带外辐射,产生邻道干扰,从而降低系统容量。

国内外学者对相位噪声特性的研究主要集中在相位噪声建模与定量分析、相位噪声计算机仿真两个方面。相位噪声建模与定量分析主要是利用数学手段建立起描述振荡器相位噪声行为的等效电路模型,进而来揭示并定量分析相位噪声的成因与影响作用机理等。相位噪声计算机仿真则是基于相位噪声的幂律分布特性或相位噪声模型,通过相应方法来仿真生成满足一定要求的相位噪声序列。相比而言,

相位噪声模型是深刻认识相位噪声成因与影响作用机理的有力工具,而相位噪声计算机仿真则是分析相位噪声影响的有力手段,同时也为相位噪声模拟与实现奠定了一定基础。然而,现有相位噪声计算机仿真方法如小波变换法、ARMA 模型法、分数阶积分法、时域滤波法及逆 FFT 变换法等大多存在复杂、难以工程实现等问题。因此,本节给出一种基于并联一阶 IIR 滤波器的相位噪声模拟实现方法。

6.5.1　基于并联一阶 IIR 滤波器的相位噪声模拟方法

理想振荡电路的输出是幅度与相位恒定的正弦波,频谱为 δ 函数。由于振荡电路内部噪声的影响,实际振荡电路输出信号的幅度和相位将不可避免地产生随机抖动,导致频谱出现"裙摆"现象。理想与实际振荡电路输出信号频谱如图 6-17 所示。几乎所有的振荡器电路都含有抑制振幅扰动的机制,因此相位的随机抖动成为影响振荡电路输出的主要因素。

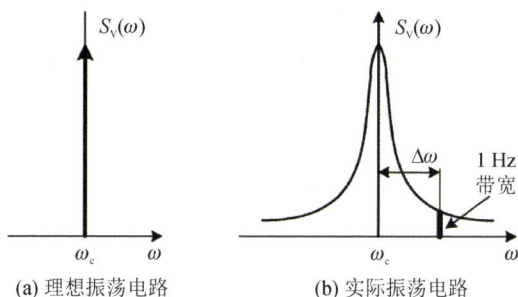

图 6-17　理想与实际振荡电路输出信号频谱

假设随时间变化的相位抖动为 $\varphi(t)$,实际振荡电路输出可表示为

$$s(t) = A\cos\left[(\omega_c t) + \varphi(t)\right] \qquad (6-173)$$

式中,$\varphi(t)$ 在时域表征为相位抖动,在频域则称之为相位噪声。相位抖动通常满足 $|\varphi(t)| \ll 1$,因此式(6-173)可近似为

$$
\begin{aligned}
s(t) &\cong A\cos(\omega_c t) - A\varphi(t)\sin(\omega_c t) \\
&= \mathrm{Re}\left[s_{\mathrm{p}}(t) \times A\exp(\mathrm{j}\omega_c t)\right]
\end{aligned}
\qquad (6-174)
$$

式中

$$s_{\mathrm{p}}(t) = 1 - \mathrm{j}\varphi(t) \qquad (6-175)$$

可见,若转换至复信号域,相位噪声影响可建模为复信号 $s_{\mathrm{p}}(t)$ 对振荡电路输出信号的调制,这也是相位噪声模拟的基本原理。因此,实现相位噪声特性模拟的关键就在于随机相位抖动 $\varphi(t)$ 的产生。

研究表明,相位噪声的功率谱密度呈幂律分布特性,即 $S_{\mathrm{p}}(\omega) \propto 1/\omega^{\alpha}$,且对于不同的十倍频程,幂指数 α 不同。越靠近载波频率,则幂指数越大,相位噪声功率谱密度越陡峭;越远离载波频率,则幂指数越小,相位噪声越接近于白噪声。

定义一阶 IIR 滤波器的系统函数为

$$H(z) = \frac{b}{1 - az^{-1}} \qquad (6-176)$$

式中,a 为 IIR 滤波器极点,用于控制数字滤波器的稳定性,b 用于控制增益。取 $z = e^{j\omega}$ 代入式(6-176),可得

$$|H(e^{j\omega})| = \frac{b}{\sqrt{(1-a)^2 + 4a\sin^2\left(\dfrac{\omega}{2}\right)}} \qquad (6-177)$$

式中,$\omega = 2\pi f / f_s$ 为数字角频率,f_s 为采样率。若假设相位噪声频率 f 远远小于采样率,则式(6-177)可近似为

$$|H(e^{j\omega})| \cong \frac{b}{\sqrt{(1-a)^2 + a\omega^2}} \qquad (6-178)$$

对于 $|H(e^{j\omega})|$,通过调整系数 b 使其在 $\omega = 0$ 处具有期望特性,即

$$|H(e^{j\omega})|\Big|_{\omega=0} \equiv 1 \qquad (6-179)$$

可得

$$b = 1 - a \qquad (6-180)$$

在保证滤波器稳定的前提下,为了使 $|H(e^{j\omega})|$ 在更低频率获得幂律特性,可令 $a < 1$ 但近似等于 1,则式(6-178)可进一步近似为

$$|H(e^{j\omega})| \cong \frac{1-a}{\sqrt{(1-a)^2 + \omega^2}} = \frac{1}{\sqrt{1 + \left(\dfrac{\omega}{1-a}\right)^2}} \qquad (6-181)$$

对于任意指定频点 $\omega_k = 2\pi f_k / f_s$,其中 $f_k \ll f_s$,取

$$a = 1 - \omega_k \qquad (6-182)$$

为了分析方便,结合式(6-181)和式(6-182)并取对数幅频,可得

$$20\log_{10}|H(e^{j\omega})| = 10\log_{10}|H(e^{j\omega})|^2$$
$$\cong -10\log_{10}\left[1 + \left(\dfrac{\omega}{\omega_k}\right)^2\right] \qquad (6-183)$$

根据对式(6-183)分析可知,一阶 IIR 滤波器的对数幅频响应具有如下特性:

① 极点 $a = 1 - \omega_k < 1$ 位于单位圆内,IIR 滤波器因果稳定,且对于 $\omega = 0$ 与 $\omega = \omega_k$ 这两种情况,对数幅频特性曲线分别具有 0 dB 和 3 dB 的衰减。

② 当 $\omega < \omega_k$ 时,由于平方律的关系,对数幅频特性曲线从 0 dB 缓慢衰减至 3 dB 且在 $\omega < \omega_k$ 较大频率范围内接近 0 dB。例如,当 $\omega/\omega_k = 0.1$ 时,$20\log_{10}|H(e^{j\omega})| \approx -0.04$ dB。

③ 当 $\omega > \omega_k$ 时,由于平方律的关系,对数幅频特性曲线迅速呈现出 20 dB/dec 的幂律特性。例如,当 $\omega/\omega_k = 10$ 时,$1 + (\omega/\omega_k)^2 \cong (\omega/\omega_k)^2$,即对数幅频特性曲线

已近似具有 20 dB/dec 斜率的衰减。

综上所述,根据以上推导的因果稳定 IIR 滤波器的传递函数特性,一种可行的途径是采用多个一阶 IIR 滤波器并联对白噪声进行成型滤波来产生相位噪声。该方法将若干一阶 IIR 滤波器并联对白噪声进行成型滤波,通过对 IIR 滤波器输出序列进行线性综合与补偿和功率调整等处理,来产生在一定范围内满足期望幂律特性的相位噪声序列,并由其对复基带信号进行调制即可实现相位噪声特性的逼真模拟,如图 6 - 18 所示。

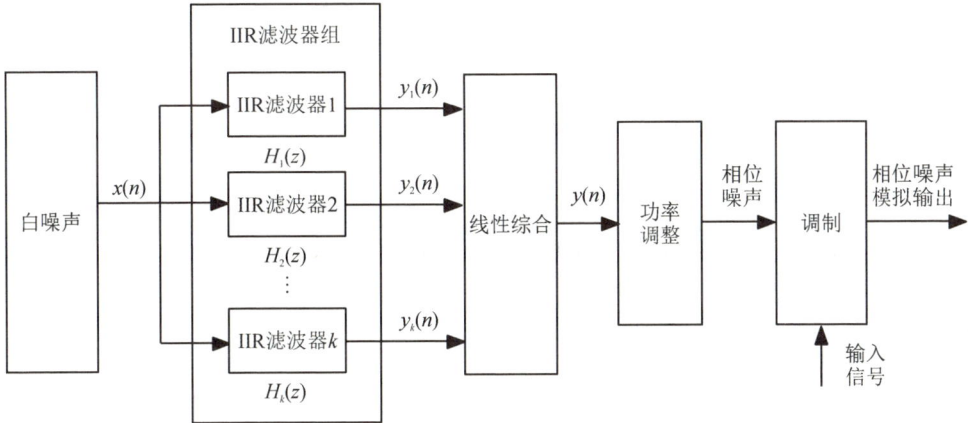

图 6 - 18 基于并联一阶 IIR 滤波器的相位噪声模拟方法

需要说明的是,对于待模拟的相位噪声频点 $\{f_k, k \in [1,K]\}$ 和功率谱密度值 $\{S_k^{\mathrm{dB}}, k \in [1,N]\}$,每个 IIR 滤波器只用于刻画相位噪声分段幂律分布特性的一小段,整个 IIR 滤波器组的合成频响才构成整个频段的分段幂律特性。考虑到图 6 - 18 所示相位噪声模拟结构涉及内容较多,因此本节先给出 IIR 滤波器的理想传递函数和相位噪声特性模拟的处理流程,有关白噪声产生方法已在前述章节说明,IIR 滤波器组的设计将在下一节展开介绍。

首先,定义图 6 - 18 中任意第 k 个 IIR 滤波器的传递函数为

$$H_k(z) = \frac{G_k b_k}{1 - a_k z^{-1}}, \quad k \in [1, K] \tag{6 - 184}$$

式中,G_k 为各个 IIR 滤波器的理论增益调整系数,与设置的相位噪声功率谱密度有关。通过设置 G_k 初值并进行循环迭代,可确保 IIR 滤波器组的合成频响在指定频点 f_k 处具有期望特性,从而借此来刻画出合成幅频特性以 0 dB 为参考的相对分段幂律特性。若暂不考虑 G_k 的影响,则各个 IIR 滤波器在零频处幅频响应应均为 1。a_k 和 b_k 与转角频率 f_k 有关,即

$$\begin{cases} a_k = 1 - 2\pi \dfrac{f_k}{f_s} \\ b_k = 2\pi \dfrac{f_k}{f_s} \end{cases}, \quad k \in [1, K] \tag{6 - 185}$$

设均值为 0，方差为 σ^2，白噪声序列为 $x(n)$，利用 IIR 滤波器对白噪声进行成型滤波，其输出为

$$y_k(n) = G_k b_k x(n) + a_k y_k(n-1) \tag{6-186}$$

对上式进行线性综合，可得

$$y(n) = \sum_{k=1}^{K} y_k(n) \tag{6-187}$$

其次，根据白噪声的功率谱密度与设置的相位噪声功率谱密度，计算功率调整因子 C，并由其对 $y(n)$ 进行功率调整，生成满足功率谱密度设置要求的相位噪声序列 $\varphi(n)$，即

$$\varphi(n) = C y(n) \tag{6-188}$$

最后，按下式对复基带输入信号 $s(n) = s_1(n) + j s_Q(n)$ 进行调制，即

$$
\begin{aligned}
s_o(n) &= [1 + j\varphi(n)] \times [s_1(n) + j s_Q(n)] \\
&= [s_1(n) - \varphi(n) s_Q(n)] + j[s_Q(n) + \varphi(n) s_1(n)]
\end{aligned} \tag{6-189}
$$

即可计算生成相位噪声影响下的复基带模拟输出信号。

6.5.2　IIR 滤波器组设计

根据上节分析可知，定义的任意第 k 个 IIR 滤波器的传递函数为

$$H_k(z) = \frac{G_k b_k}{1 - a_k z^{-1}}, \quad k \in [1, K] \tag{6-190}$$

式中，a_k 与 b_k 具有如下形式：

$$
\begin{cases}
a_k = 1 - 2\pi \dfrac{f_k}{f_s} \\
b_k = 2\pi \dfrac{f_k}{f_s}
\end{cases}, \quad k \in [1, K] \tag{6-191}
$$

G_k 为各个 IIR 滤波器的理论增益调整系数，与设置的相位噪声功率谱密度有关。通过设置 G_k 初值并进行循环迭代，以确保 IIR 滤波器组的合成频响在指定频点 f_k 处具有期望特性，从而借此来刻画出合成频响以 0 dB 为参考的相对分段幂律特性。下面给出理论增益调整系数 G_k 的计算与循环迭代方法。

设相位噪声的功率谱密度值为 $\{S_k^{\mathrm{dB}}, k \in [1, K]\}$，定义对应频点 $\{f_k, k \in [1, K]\}$ 并联 IIR 滤波器组的理论对数幅频响应为

$$G_k^{\mathrm{dB}} = S_k^{\mathrm{dB}} - S_1^{\mathrm{dB}}, \quad k \in [1, K] \tag{6-192}$$

式中，"dB"上标表示对数，且存在 $G_1^{\mathrm{dB}} \equiv 0$。即是说，并联 IIR 滤波器组的理论对数频响只用于刻画相位噪声的相对分段幂律特性，且只与不同频点相位噪声功率谱密度设置值的增量有关，与绝对大小无关。

对各频点的理论对数频响 G_k^{dB} 按下式进行转换，并将其分配至各个 IIR 滤波器作为 $H_k(z)$ 增益调整系数的初值，即

$$G_k(0) = 10^{G_k^{\text{dB}}/20} \tag{6-193}$$

因此,对于任意第 m 次增益调整系数的迭代过程,可先根据第 m 次增益调整系数 $G_k(m)$,计算 IIR 滤波器组的合成频响,即

$$H(e^{j\omega}, m) = \sum_{k=1}^{K} \frac{G_k(m) b_k}{1 - a_k e^{-j\omega}} \tag{6-194}$$

式中,$m = 0, 1, 2, \cdots$ 为迭代变量,ω 为数字角频率,$k \in [1, K]$ 为 IIR 滤波器标号。

取出 $\omega_k = 2\pi f_k / f_s$ 频点处,第 m 次迭代 IIR 滤波器组合成频响的绝对值 $|H(e^{j\omega_k}, m)|$,与理论值相比计算误差为

$$e_k(m) = |H(e^{j\omega_k}, m)| - 10^{G_k^{\text{dB}}/20} \tag{6-195}$$

根据 $e_k(m)$ 与 $G_k(m)$,则第 $m+1$ 次 IIR 滤波器的增益调整因子可按下式计算:

$$G_k(m+1) = G_k(m) - \mu e_k(m) \tag{6-196}$$

式中,μ 为步长因子。

当进行至任意第 m_0 次迭代时,对于某设定的常数 ε,若存在

$$|H(e^{j\omega_k}, m_0)| < \varepsilon \tag{6-197}$$

则 $G_k = G_k(m_0)$ 即可作为各个 IIR 滤波器最终的增益调整系数。

根据上述分析可知,利用并联一阶 IIR 滤波器 $H_k(z)$ 对白噪声进行成型滤波与线性综合,可产生满足分段幂律特性的相位噪声序列。然而,由于 IIR 滤波器组只用于刻画相位噪声的相对分段幂律特性,因此线性综合输出序列的功率谱密度并不能与相位噪声功率谱密度设置值相对应。为此,根据白噪声源的功率谱密度 S_σ^{dB} 和第 1 个频点的相位噪声功率谱密度设置值 S_1^{dB},求解功率调整系数为

$$C = 10^{0.05(S_1^{\text{dB}} - S_\sigma^{\text{dB}})} \tag{6-198}$$

将其与线性综合模块的输出序列相乘,即可产生最终的相位噪声序列。

下面举例说明 IIR 滤波器组的设计过程与相位噪声模拟效果。设置待模拟的相位噪声频点 $\{f_k, k \in [1, K]\}$ 分别为 10 Hz、100 Hz、1 kHz 和 10 kHz,对应的相位噪声模拟值 $\{S_k^{\text{dB}}, k \in [1, K]\}$ 分别为 -40 dB/Hz、-55 dB/Hz、-67 dB/Hz、-77 dB/Hz。由于 IIR 成型滤波器组只用于刻画相位噪声的相对分段幂律分布特性,因此理论合成频响在对应频点的增益分别为 0 dB、-15 dB、-27 dB 和 -37 dB。采用 4 个一阶 IIR 滤波器构成滤波器组,每个 IIR 滤波器的频响和滤波器组的合成频响如图 6-19 所示,IIR 滤波器组合成频响在设置频点的迭代误差如图 6-20 所示。

可见,随着迭代次数的增加,IIR 滤波器组合成频响在各频点的误差迅速下降并趋于平稳。当迭代次数为 50 时,各设置频点合成频响的误差分别为 -2.33×10^{-5} dB、5.26×10^{-4} dB、-1.58×10^{-4} dB 和 2.44×10^{-5} dB。除此之外,IIR 滤波器组的合成频响在 10 Hz~10 kHz 范围内,还呈现出与相位噪声理论相符的分段幂律特性(斜率分别为 -15 dB/dec、-12 dB/dec 和 -10 dB/dec)。

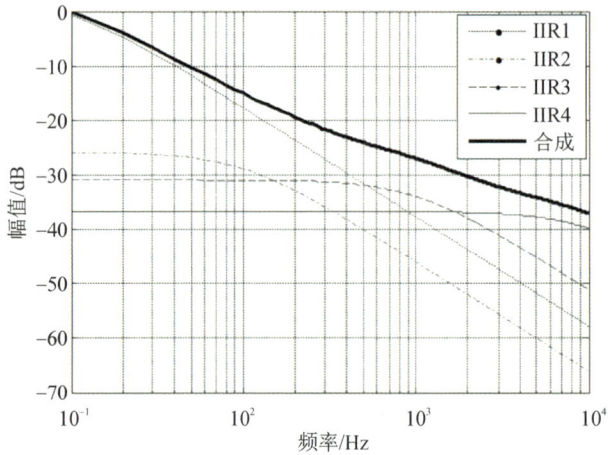

图 6 - 19 各个 IIR 滤波器的频响和滤波器组的合成频响

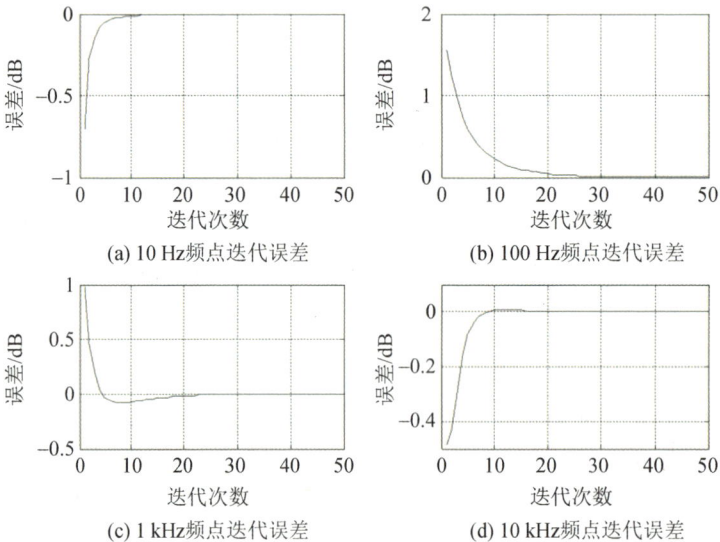

(a) 10 Hz频点迭代误差

(b) 100 Hz频点迭代误差

(c) 1 kHz频点迭代误差

(d) 10 kHz频点迭代误差

图 6 - 20 IIR 滤波器组合成频响在设置频点的迭代误差

IIR 滤波器组刻画了相位噪声相对的幂律分布特性,为实现相位噪声设置值 $\{S_k^{dB}, k \in [1, K]\}$ 的精确模拟,还需要利用式(6 - 198)计算相位噪声功率调整因子,对白噪声成型滤波的线性综合结果进行功率调整。取采样率为 100 MHz,白噪声功率为 0 dB,其对应的功率谱密度为 -80 dB/Hz。由于设置的第一点相位噪声模拟值为 -40 dB/Hz,因此可计算出功率调整因子 $C = 100$。按图 6 - 18 所示结构进行仿真,则产生的相位噪声功率谱密度估计结果如图 6 - 21 所示,相位噪声模拟输入/输出信号频谱对比如图 6 - 22 所示,各关键频点的相位噪声模拟误差如表 6 - 1 所列。

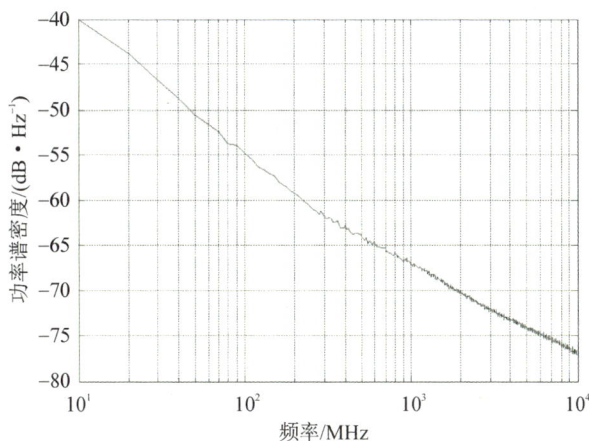

图 6 - 21   时域相位噪声序列的功率谱密度估计结果

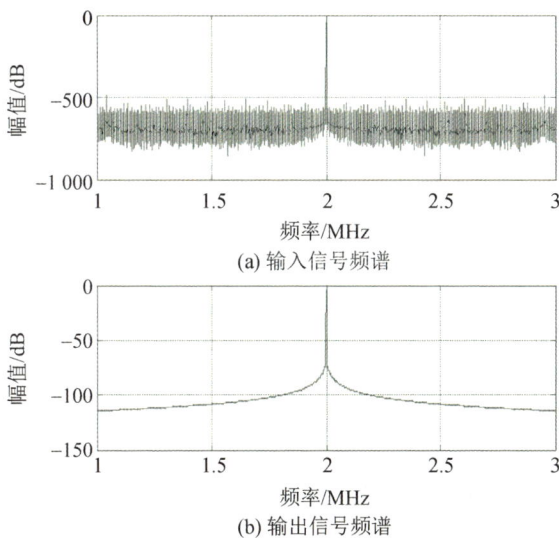

(a) 输入信号频谱

(b) 输出信号频谱

图 6 - 22   相位噪声模拟输入/输出信号频谱对比

表 6 - 1   各关键频点相位噪声仿真值、设置值及误差

频　点	设置值/(dB·Hz^{-1})	仿真值/(dB·Hz^{-1})	误差/dB
10 Hz	−40	−40.15	−0.15
100 Hz	−55	−54.87	0.13
1 kHz	−67	−67.24	−0.24
10 kHz	−77	−76.90	0.09

可见,利用 IIR 并联滤波器组对均匀白噪声进行成型滤波、线性综合与功率调整等处理后,产生了满足分段幂律分布特性的相位噪声序列。与理论相位噪声设置值

相比,各设置频点的相位噪声模拟误差将优于± 0.25 dB。

6.6 功放非线性特性模拟实现原理

功率放大器是中继卫星转发器的关键器件,主要由非线性元件构成。通常,为了提高工作效率,实际功放往往工作在饱和点附近,非线性影响严重。功放非线性会不可避免地引起中继信号扭曲,产生码间干扰,导致星座图发生变化,误码率升高。除此之外,还将导致信号频谱扩展,产生邻道干扰,降低频带利用率,从而严重影响中继卫星系统通信性能。描述功放非线性的传统模型主要有:Saleh 模型、Rapp 模型、多项式模型、Hyperbolic tangent 模型及 Ghorbani 模型等。然而,上述模型大多涉及高次方、除法、指数等复杂运算,直接实现硬件资源消耗极大,有时甚至无法工程实现。因此,本节给出一种基于查找表的功放非线性模拟实现原理及在有限字长效应下模拟实现原理。

6.6.1 基于查找表的功放非线性模拟实现原理

功率放大器是中继卫星系统主要的非线性器件之一。当功放输入信号功率较小时,功放呈现线性特性;当输入信号功率在饱和点附近时,功放非线性特性显著。功放非线性特性集中体现在幅度-幅度(AM-AM)和幅度-相位(AM-PM)转换特性上。一般认为,功放输出信号的幅度和相位主要由输入信号的幅度决定,与相位无关。

设功放等效的复基带输入信号为

$$
\begin{aligned}
x(t) &= x_{\mathrm{E}}(t)\exp(\mathrm{j}2\pi f_c t) \\
&= r_{\mathrm{E}}(t)\exp\{\mathrm{j}[2\pi f_c t + \varphi_{\mathrm{E}}(t)]\}
\end{aligned} \tag{6-199}
$$

其模和辐角为

$$
\begin{cases}
\mid x(t)\mid = r_{\mathrm{E}}(t) \\
\arg[x(t)] = 2\pi f_c t + \varphi_{\mathrm{E}}(t)
\end{cases} \tag{6-200}
$$

式中,f_c 为复基带信号载波频率,$x_{\mathrm{E}}(t)$ 为复包络

$$
x_{\mathrm{E}}(t) = r_{\mathrm{E}}(t)\mathrm{e}^{\mathrm{j}\varphi_{\mathrm{E}}(t)} \tag{6-201}
$$

式中,$r_{\mathrm{E}}(t)$ 为幅度调制信号,$\varphi_{\mathrm{E}}(t)$ 为相位调制信号。

无记忆功率放大器通常用一个复函数来描述它的复增益,即

$$
f(r) = G(r)\exp[\mathrm{j}\psi(r)] \tag{6-202}
$$

式中,r 为输入信号的幅度;$G(r)$ 和 $\psi(r)$ 为实函数,两者分别描述了功放的幅度非线性(AM-AM 变换)和相位非线性(AM-PM 变换)。

根据功放对信号的影响作用机理,输入信号经 AM-AM 变换和 AM-PM 变换

后,输出信号可建模为

$$y(t) = G(r_E(t))\exp\{j[2\pi f_c t + \varphi_E(t) + \psi(r_E(t))]\} \tag{6-203}$$

且存在

$$\begin{cases} |y(t)| = G(|x(t)|) \\ \arg[y(t)] = \arg[x(t)] + \psi[|x(t)|] \end{cases} \tag{6-204}$$

对比式(6-200)和式(6-204)可知,一种可行的功放非线性模拟基本原理框图如图6-23所示。

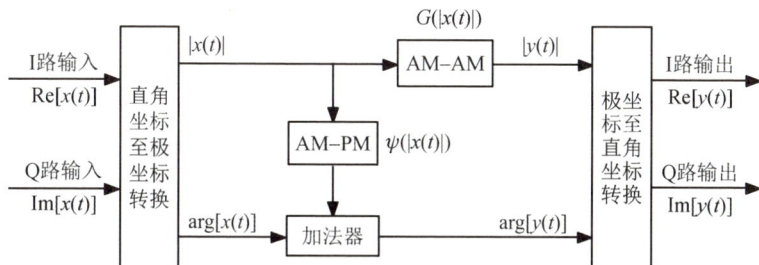

图6-23 功放非线性模拟基本原理框图

首先,对输入信号 $x(t)$ 进行坐标转换,求出模 $|x(t)|$ 和辐角 $\arg[x(t)]$;其次,根据模 $|x(t)|$ 及 AM-AM 模型函数 $G(r)$ 计算功放非线性模拟输出信号的模 $|y(t)|$;同时,根据模 $|x(t)|$ 及 AM-PM 模型函数 $\psi(r)$ 计算瞬时相移 $\psi(|x(t)|)$,将它与输入信号辐角 $\arg[x(t)]$ 相加后,计算生成模拟输出信号的辐角 $\arg[y(t)]$;最后,由 $|y(t)|$ 及 $\arg[y(t)]$ 经过坐标转换,产生最终功放非线性模拟输出信号。

图6-23是功放非线性模拟的一种通用结构,非线性函数 $G(r)$ 和 $\psi(r)$ 可根据实测曲线或基于任意功放非线性模型选定,如 Saleh 模型、Rapp 模型、多项式模型、Hyperbolic tangent 模型及 Ghorbani 模型等。然而,上述模型大多涉及到次方、除法、指数等复杂运算,直接实现硬件资源消耗极大。因此,下面介绍采用图示通用结构与查找表(LUT)相结合来实现功放非线性特性的模拟。

设任意 AM-AM 及 AM-PM 曲线的输入幅度范围为 $r \in [r_{min}, r_{max}]$,按下式进行离散化处理:

$$r(k) = r_{min} + k \times \frac{r_{max} - r_{min}}{2^W}, \quad k \in [0, 2^W - 1] \tag{6-205}$$

式中,$r(k)$ 为离散输入幅度,W 为 LUT 地址线宽度,对应 LUT 深度为 2^W。

根据 $r(k)$ 对 AM-AM 曲线 $G(r)$ 和 AM-PM 曲线 $\psi(r)$ 采样,可得

$$\begin{cases} G(k) = G(r)\big|_{r=r(k)} \\ \psi(k) = \psi(r)\big|_{r=r(k)} \end{cases}, \quad k \in [0, 2^W - 1] \tag{6-206}$$

离散化处理后,AM-AM 曲线 $G(r)$ 被量化为只有 2^W 个输入幅度 $r(k)$ 和输出幅度 $G(k)$ 的 LUT,记为 $\{r(k), G(k)\}, k \in [0, 2^W - 1]$。同理,AM-PM 曲线 LUT 可记

为 $\{r(k),\psi(k)\}$。

对于任意 t 时刻的复基带输入信号 $x(t)=x_I(t)+jx_Q(t)$，其模和辐角可计算为

$$\begin{cases} |x(t)|=\sqrt{x_I(t)^2+x_Q(t)^2} \\ \varphi_x(t)=\arctan\left[\dfrac{x_Q(t)}{x_I(t)}\right] \end{cases} \qquad (6-207)$$

式中，$\varphi_x(t)$ 为任意 t 时刻输入信号的辐角。

根据模 $|x(t)|$ 计算 LUT 地址为

$$k(t)=\mathrm{int}\left[\frac{|x(t)|-r_{\min}}{r_{\max}-r_{\min}}\times 2^W\right] \qquad (6-208)$$

式中，$\mathrm{int}[\,\cdot\,]$ 表示四舍五入操作。

利用 LUT 地址 $k(t)$ 查找 AM-AM 及 AM-PM 曲线 LUT，并进行相位叠加运算后，可得

$$\begin{cases} |y(t)|=G(k)|_{k=k(t)} \\ \varphi_y(t)=\varphi_x(t)+\psi(k)|_{k=k(t)} \end{cases} \qquad (6-209)$$

式中，$|y(t)|$ 和 $\varphi_y(t)$ 为任意 t 时刻功放非线性模拟输出信号的模和辐角。按下式对两者进行合成：

$$\begin{aligned} y(t)&=|y(t)|\exp[j\varphi_y(t)] \\ &=|y(t)|\cos[\varphi_y(t)]+j|y(t)|\sin[\varphi_y(t)] \end{aligned} \qquad (6-210)$$

可产生功放非线性模拟输出信号。

6.6.2 有限字长效应下功放非线性模拟实现原理

功放非线性建模与功放工作点的精确调整是影响功放非线性模拟的两个关键因素。上节给出了任意功放非线性模型和实测 AM-AM 与 AM-PM 曲线的描述方法（即 LUT），但未给出功放非线性模拟中功放工作点的精确调整方法。同时，在实际工程实现中，数字域处理和功放非线性模拟若干关键参数的有限字长效应，必然会对功放非线性模拟的精度与保真度产生影响。因此，本节介绍有限字长效应下功放非线性模拟的数学实现原理。

在有限字长效应下，功放非线性模拟一种可行的实现结构如图 6-24 所示，主要包括功放工作点精确调整与功放非线性模拟两大部分。

1. 功放工作点精确调整

功放工作点精确调整的目的是将模拟输入信号（等效于功放输入信号）的功率精确调整至待模拟的功放工作点。针对该目的，可根据 ADC 采样后的信号功率与待模拟的功放工作点首先计算出一个功率调整因子，然后在数字域将其与 ADC 采样信号相乘来实现。然而，针对大范围的输入信号功率场景，当输入信号小且功放工作点设置高时，采用上述工作点调整方法会不可避免地放大 ADC 量化噪声，影响

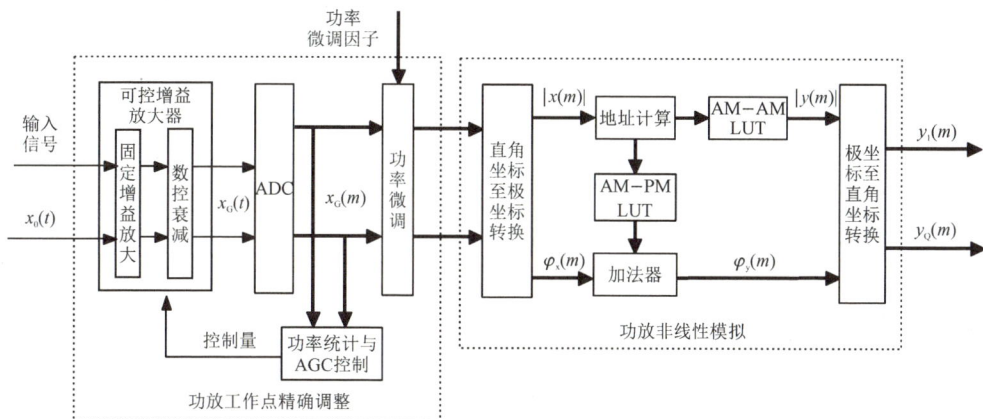

图 6 - 24　功放非线性模拟实现结构

功放非线性模拟的精度与保真度。因此,可采用模拟域 AGC 粗调结合数字域功率因子微调的两步调整方法来实现功放工作点的精确调整。

设任意功率的复基带输入信号为 $x_0(t)$,在模拟域对它进行可控增益放大,产生信号

$$x_G(t) = G_0 x_0(t) \tag{6-211}$$

式中,G_0 为可控增益放大器的初始增益,对应的对数增益为 G_{dB0}。

对信号 $x_G(t)$ 进行 A/D 采样,可得

$$x_G(m) = \text{int} \left[\frac{x_{G\_t}(mT_s)}{V_{ref}} \times 2^{N_{sig}} \right] \tag{6-212}$$

式中,$x_{G\_t}(mT_s)$ 表示对 $x_G(t)$ 只进行了时间维采样,$x_G(m)$ 是在其基础上继续进行了幅度维量化的结果,V_{ref} 为 ADC 参考电平,N_{sig} 为 ADC 有效位。

对 A/D 采样信号进行功率统计,计算数字域功率为

$$P_D = \frac{1}{M} \sum_{m=0}^{M-1} |x_G(m)|^2 \cong \frac{1}{M} \sum_{m=0}^{M-1} |x_{G\_t}(mT_s)|^2 \times \left(\frac{2^{N_{sig}}}{V_{ref}} \right)^2 = P_s C_p \tag{6-213}$$

式中,P_D 为 $x_G(m)$ 的数字域功率,P_s 为信号 $x_G(t)$ 的模拟域功率,C_p 为数字域功率与模拟域功率的转换系数,即

$$C_p = \left(\frac{2^{N_{sig}}}{V_{ref}} \right)^2 \tag{6-214}$$

可见,C_p 只取决于 A/D 参考电平与有效位。

若假设待模拟的功放工作点为 P_{dB_set},A/D 量化噪声功率为 P_{dB_noise},为减小量化噪声对功放工作点调整的影响,可先将 P_{dB_set} 转化为量化噪声影响下的目标功率,即

$$P_{dB\_obj} = 10 \log_{10} (10^{0.1 P_{dB\_set}} + 10^{0.1 P_{dB\_noise}}) \tag{6-215}$$

对于任意指定的门限范围 $2\Delta P_{dB}$，设置模拟域功率控制门限为

$$\begin{cases} P_{dB\_G1} = P_{dB\_obj} + \Delta P_{dB} \\ P_{dB\_G2} = P_{dB\_obj} - \Delta P_{dB} \end{cases} \tag{6-216}$$

转换至数字域后，存在

$$\begin{cases} P_{DG1} = \text{int}\left[RC_p 10^{0.1\times(P_{dB\_G1}-30)}\right] \\ P_{DG2} = \text{int}\left[RC_p 10^{0.1\times(P_{dB\_G2}-30)}\right] \end{cases} \tag{6-217}$$

式中，$R=50\ \Omega$ 为输入阻抗。

综上，根据 $x_G(m)$ 的功率统计结果 P_D 及门限 P_{DG1} 与 P_{DG2}，循环控制前级可控增益放大器，直至满足 $P_D \in [P_{DG1}, P_{DG2}]$，从而实现功放工作点的粗调，方法如下：

① 若 $P_D < P_{DG1}$，设置模拟域可控增益放大器的对数增益为 $G_{dB0} = G_{dB0} + \Delta G_{dB}$，直至满足条件 $P_D \in [P_{DG1}, P_{DG2}]$。

② 若 $P_D > P_{DG1}$，设置模拟域可控增益放大器的对数增益为 $G_{dB0} = G_{dB0} - \Delta G_{dB}$，直至满足条件 $P_D \in [P_{DG1}, P_{DG2}]$。

其中，ΔG_{dB} 为可控增益放大器的对数增益调整步进。

对已粗调完成的数字信号 $x_G(m)$ 按下式进行功率微调，可产生功放工作点精确调整完成的数字信号

$$x(m) = \text{int}\left\lfloor \frac{F_N \times x_G(m)}{2^{N_F}} \right\rfloor \tag{6-218}$$

式中，F_N 为量化后的功率微调因子，即

$$F_N = \text{int}\left[F \times 2^{N_F}\right] = \text{int}\left[\frac{\sqrt{2R \times 10^{\frac{P_{dB\_obj}-30}{10}}}}{\sqrt{\frac{2P_D}{C_p}}} \times 2^{N_F} \right] \tag{6-219}$$

式中，F 为量化前功率微调因子，N_F 为功率微调因子的扩位位数。

2. 有限字长效应下功放非线性模拟实现原理

设功放工作点已精确调整完成的信号为

$$\begin{aligned} x(m) &= x_I(m) + jx_Q(m) \\ &= \text{int}\left[\frac{x_{t\_I}(mT_s)}{V_{ref}} \times 2^{N_{sig}}\right] + j\text{int}\left[\frac{x_{t\_Q}(mT_s)}{V_{ref}} \times 2^{N_{sig}}\right] \end{aligned} \tag{6-220}$$

对 $x(m)$ 进行直角坐标至极坐标转换，则其模为

$$|x(m)| = \text{int}\left[\sqrt{x_I(m)^2 + x_Q(m)^2}\right] \cong \text{int}\left[|x_t(mT_s)| \times \frac{2^{N_{sig}}}{V_{ref}}\right] \tag{6-221}$$

其瞬时辐角为

$$\varphi_x(m) = \text{int}\left\{\arctan\left[\frac{x_Q(m)}{x_I(m)}\right] \times 2^{N_{LUT}}\right\} \tag{6-222}$$

式中,定义 $\arctan[*]$ 函数输出范围为 $[-\pi,\pi]$。为了保证 $\varphi_x(m)$ 与后续 AM-PM 查找表输出具有相同的数字表征,则 $\varphi_x(m)$ 按 LUT 扩位位数 N_{LUT} 进行处理。

根据基本原理可知,功放非线性模拟通过查表实现 AM-AM 与 AM-PM 非线性变换,以最终产生功放非线性模拟输出信号。因此,下面介绍有限字长条件下 LUT 地址计算方法及 AM-AM 与 AM-PM 曲线 LUT 量化方法。

若假设量化前 LUT 输入幅度范围为 $A_{in}(k)\in[A_{min},A_{max}]$,LUT 地址线宽度为 W,则 LUT 输入幅度可表示为

$$A_{in}(k)=A_{min}+k\times\frac{A_{max}-A_{min}}{2^W},k\in[0,2^W-1] \qquad (6-223)$$

对于任意时刻的 $|x_t(mT_s)|$,LUT 地址可按下式计算

$$k(m)=int\left[\frac{|x_t(mT_s)|-A_{min}}{A_{max}-A_{min}}\times 2^W\right] \qquad (6-224)$$

若考虑 A/D 量化的影响,$|x_t(mT_s)|$ 按照 A/D 量化关系转换为 $|x(m)|$,同样 LUT 输入幅度范围也将转换为

$$A_{N\_in}(k)\in[A_{N\_min},A_{N\_max}] \qquad (6-225)$$

式中

$$\begin{cases}A_{N\_min}=A_{min}\times 2^{N_{sig}}/V_{ref}\\A_{N\_max}=A_{max}\times 2^{N_{sig}}/V_{ref}\end{cases} \qquad (6-226)$$

根据式(6-221)、式(6-224)和式(6-226)可知,LUT 查表地址可重写为

$$k(m)=int\left[\frac{|x(m)|-A_{N\_min}}{A_{N\_max}-A_{N\_min}}\times 2^W\right]=int[|x(m)|\times C_1-C_2] \qquad (6-227)$$

式中,常系数 C_1 和 C_2 为

$$\begin{cases}C_1=\dfrac{2^W}{A_{N\_max}-A_{N\_min}}\\C_2=\dfrac{A_{N\_min}\times 2^W}{A_{N\_max}-A_{N\_min}}\end{cases} \qquad (6-228)$$

在有限字长条件下,常系数 C_1 和 C_2 同样需要进行量化处理。若假设以相同的扩位位数 N_c 进行处理,则两者量化为

$$\begin{cases}C_{N1}=int[C_1\times 2^{N_c}]\\C_{N2}=int[C_2\times 2^{N_c}]\end{cases} \qquad (6-229)$$

根据式(6-227)与式(6-229)可知,有限字长条件下 LUT 地址可根据信号的模和常系数按下式计算:

$$k_N(m)=int\left[\frac{|x(m)|\times C_{N1}-C_{N2}}{2^{N_c}}\right],\quad k_N(m)\in[0,2^W-1] \qquad (6-230)$$

对于 AM – AM 曲线 LUT 量化而言，原始输出幅度 $A_{out}(k)$（单位为 V）可按 A/D 量化原理进行量化。若假设 LUT 扩位位数为 N_{LUT}，则 AM – AM 曲线 LUT 输出幅度可量化为

$$A_{N\_out}(k) = \text{int}\left[\frac{A_{out}(k)}{V_{ref}} \times 2^{N_{LUT}}\right], \quad k \in [0, 2^W - 1] \qquad (6-231)$$

AM – PM 曲线 LUT 输出直接按 N_{LUT} 进行量化，即

$$\varphi_{N\_out}(k) = \text{int}\left[\varphi_{out}(k) \times 2^{N_{LUT}}\right] \qquad (6-232)$$

式中，$\varphi_{out}(k)$ 为原始 AM – PM 查找表输出相位，单位为 rad。

根据当前输入信号的模 $|x(m)|$ 按式（6 – 230）计算 LUT 地址 $k_N(m)$ 并进行查表，即可得到模拟输出复信号 $y(m)$ 的瞬时模值

$$|y(m)| = A_{N\_out}(k)|_{k = k_N(m)} \qquad (6-233)$$

为了计算模拟输出复信号的辐角 $\varphi_y(m)$，需先计算中间结果

$$\varphi_T(m) = \varphi_x(m) + \varphi_{N\_out}(k)|_{k = k_N(m)} \qquad (6-234)$$

再根据中间结果进行判断，以确保产生 $\varphi_y(m) \in [-\pi, \pi]$，即

$$\varphi_y(m) = \begin{cases} \varphi_T(m), & \varphi_T(m) \in [-\pi, \pi] \times 2^{N_{LUT}} \\ \varphi_T(m) - \varphi_0, & \varphi_T(m) \in (\pi, 3\pi] \times 2^{N_{LUT}} \end{cases} \qquad (6-235)$$

式中，$\varphi_0 = \text{int}[2\pi \times 2^{N_{LUT}}]$。

综上，功放非线性模拟输出的 I、Q 两路信号可按下式计算：

$$\begin{cases} y_I(m) = \text{int}\left[|y(m)| \times \text{int}\left[\cos\left(\frac{\varphi_y(m)}{2^{N_{LUT}}}\right) \times 2^{N_{cos}}\right] / 2^{N_{cos} + N_{LUT} - N_{sig}}\right] \\ y_Q(m) = \text{int}\left[|y(m)| \times \text{int}\left[\sin\left(\frac{\varphi_y(m)}{2^{N_{LUT}}}\right) \times 2^{N_{cos}}\right] / 2^{N_{cos} + N_{LUT} - N_{sig}}\right] \end{cases}$$

$$(6-236)$$

式中，余弦和正弦函数的相位按 N_{LUT} 进行扩位处理，余弦和正弦函数值按 N_{cos} 进行扩位处理。若按 $N_{cos} + N_{LUT} - N_{sig}$ 进行转换后，$y_I(m)$ 和 $y_Q(m)$ 将最终表示成以 A/D 有效位 N_{sig} 衡量的功放非线性模拟输出结果。

6.7 群时延特性模拟实现原理

中继卫星转发器自身器件的非理想特性会不可避免的导致工作带宽内出现幅度和相位（或群时延）失真。为构造出与中继卫星转发器相一致的带内幅度和相位失真特性，本节介绍一种基于复系数 FIR 滤波器的中继卫星转发器幅相失真模拟实现原理。

在理想条件下，中继卫星转发器工作带宽 $\omega \in [\omega_{min}, \omega_{max}]$ 范围内应具有如下频

率特性

$$H_1(\omega) = K\exp(-j\omega\tau) \tag{6-237}$$

式中，$|H_1(\omega)| \equiv K$ 为常数，$\arg[H_1(\omega)] = -\omega\tau_0$ 为过零频的线性相位。然而，由于滤波器、变频器及功放等器件非理想特性的影响，带内频率特性将变为

$$\begin{aligned} H_R(\omega) &= H_1(\omega)H_\xi(\omega) \\ &= K\xi_A(\omega)\exp\{-j[\omega\tau - \xi_\varphi(\omega)]\} \end{aligned} \tag{6-238}$$

式中，$H_\xi(\omega)$ 为器件非理想特性引起的幅度和相位失真，表示为

$$H_\xi(\omega) = \xi_A(\omega)\exp[j\xi_\varphi(\omega)] \tag{6-239}$$

式中，$\xi_A(\omega)$ 为带内幅度失真，$\xi_\varphi(\omega)$ 为带内相位失真，对应的带内群时延失真为

$$\xi_\tau(\omega) = -\frac{d\xi_\varphi(\omega)}{d\omega} \tag{6-240}$$

为了实现中继卫星转发器带内幅度和相位失真特性的模拟，可在复基带构造出与 $H_\xi(\omega)$ 等效的因果稳定系统，将其级联至中继卫星系统信道模拟设备的输入与输出信号之间。本节采用复系数 FIR 滤波器逼近频响 $H_\xi(\omega)$，介绍一种基于频域加权最小二乘法的复系数 FIR 滤波器设计方法。

设长度为 N 的复系数 FIR 滤波器的频率响应为

$$\hat{H}(\omega) = \sum_{n=0}^{N-1} h(n)e^{-j\omega nT} = \boldsymbol{a}(\omega)\boldsymbol{h} \tag{6-241}$$

式中，T 为采样周期，$\boldsymbol{h} = [h(0) \quad h(1) \quad \cdots \quad h(n-1)]^T$ 为系数向量，$\boldsymbol{a}(\omega)$ 为相移向量

$$\boldsymbol{a}(\omega) = [1 \quad \exp(-j\omega T) \quad \cdots \quad \exp\{-j\omega(N-1)T\}] \tag{6-242}$$

由于复系数 FIR 滤波器会不可避免地引入群时延，因此可将 $H_\xi(\omega)$ 修正为

$$H(\omega) = H_\xi(\omega)\exp(-j\omega DT) \tag{6-243}$$

式中，指定修正延时 D 为

$$D = \frac{N-1}{2} \tag{6-244}$$

其影响可在时延模拟时扣除。

对 $H(\omega)$ 在 $[0,2\pi]$ 范围内按 M 点进行离散化处理，得到

$$H(m), \quad m = 0,1,\cdots,M-1 \tag{6-245}$$

同时，将复系数 FIR 滤波器的频响 $\hat{H}(\omega)$ 进行相同点数的离散化处理，可得

$$\hat{H}(m) = \sum_{n=0}^{N-1} h(n)e^{-j\frac{2\pi mn}{M}} = \boldsymbol{a}(m)\boldsymbol{h}, \quad m = 0,1,\cdots,M-1 \tag{6-246}$$

式中

$$\boldsymbol{a}(m) = \left[1 \quad \exp\left(-j\frac{2\pi m}{M}\right) \quad \cdots \quad \exp\left(-j\frac{2\pi m(N-1)}{M}\right)\right], \quad m = 0,1,\cdots,M-1 \tag{6-247}$$

定义频域误差函数为

$$E(m) = H(m) - \hat{H}(m) = H(m) - a(m)h, \quad m = 0, 1, \cdots, M-1$$

$$(6-248)$$

表示成矩阵形式为

$$\boldsymbol{E} = \boldsymbol{H} - \boldsymbol{Ah} \tag{6-249}$$

式中

$$\boldsymbol{E} = [E(0) \quad E(1) \quad \cdots \quad E(M-1)]^{\mathrm{T}} \tag{6-250}$$

$$\boldsymbol{H} = [H(0) \quad H(1) \quad \cdots \quad H(M-1)]^{\mathrm{T}} \tag{6-251}$$

$$\boldsymbol{A} = \begin{bmatrix} \boldsymbol{a}(0) \\ \boldsymbol{a}(1) \\ \vdots \\ \boldsymbol{a}(M-1) \end{bmatrix} = \begin{bmatrix} 1 & 1 & \cdots & 1 \\ 1 & \exp\left(-\mathrm{j}\dfrac{2\pi}{M}\right) & \cdots & \exp\left(-\mathrm{j}\dfrac{2\pi(N-1)}{M}\right) \\ \vdots & \vdots & & \vdots \\ 1 & \exp\left(-\mathrm{j}\dfrac{2\pi(M-1)}{M}\right) & \cdots & \exp\left(-\mathrm{j}\dfrac{2\pi(M-1)(N-1)}{M}\right) \end{bmatrix}$$

$$(6-252)$$

$M \times N$ 维矩阵 $\boldsymbol{A}$ 为频率因子阵，其任意第 $m+1$ 行，第 $n+1$ 列的元素为

$$(\boldsymbol{A})_{m+1, n+1} = \exp\left[-\mathrm{j}\frac{2\pi mn}{M}\right] \tag{6-253}$$

设 $\boldsymbol{W}$ 为 $M \times M$ 对角加权矩阵，其对角线元素 $W(m)$ 的大小定义了不同频点的逼近精度，则逼近滤波器的系数向量 $\boldsymbol{h}$ 可通过求解如下最优化问题得到，即

$$\boldsymbol{h} = \min_{\boldsymbol{h}} \sum_{m=0}^{M-1} |W(m)[H(m) - a(m)h]|^2 = \min_{\boldsymbol{h}} \|\boldsymbol{W}(\boldsymbol{H} - \boldsymbol{Ah})\|_2^2 \tag{6-254}$$

式中，$\| * \|_2$ 表示 2 范数操作。

经求解，最终逼近滤波器的系数向量将具有如下形式

$$\boldsymbol{h} = \boldsymbol{Q}^{-1} \boldsymbol{b} \tag{6-255}$$

式中

$$\boldsymbol{Q} = \boldsymbol{A}^{\mathrm{H}} \boldsymbol{W}^* \boldsymbol{W} \boldsymbol{A} \tag{6-256}$$

$$\boldsymbol{b} = \boldsymbol{A}^{\mathrm{H}} \boldsymbol{W}^* \boldsymbol{W} \boldsymbol{H} \tag{6-257}$$

$(*)^{\mathrm{H}}$ 表示共轭转置，$(*)^*$ 表示复共轭。$\boldsymbol{Q}$ 为 $N \times N$ 维矩阵，$\boldsymbol{b}$ 为 $N \times 1$ 维列向量，矩阵 $\boldsymbol{Q}$ 的任意第 $r+1$ 行、第 $c+1$ 列的元素和列向量 $\boldsymbol{b}$ 的第 $r+1$ 行元素分别为

$$(\boldsymbol{Q})_{r+1, c+1} = \sum_{n=0}^{M-1} |W(m)|^2 \exp\left[\frac{2\pi m(r-c)}{M}\right], \quad r, c = 0, 1, \cdots, N-1$$

$$(6-258)$$

$$(\boldsymbol{b})_{r+1} = \sum_{n=0}^{M-1} |W(m)|^2 H(m) \exp\left(\mathrm{j}\frac{2\pi mr}{M}\right), \quad r = 0, 1, \cdots, N-1$$

$$(6-259)$$

根据设定的带内幅度失真 $\xi_A(\omega)$ 和相位失真 $\xi_\varphi(\omega)$，按上述方法计算复系数 FIR 滤波器系数 **h**，并对输入信号滤波，可实现带内幅相失真特性的模拟。需要说明的是，为了保证幅相失真特性模拟的保真度，中继卫星系统信道模拟设备自身的带内非理想特性不可忽略，必须采用均衡技术进行校正。

参考文献

［1］周扬.通用化测控信道模拟器关键技术研究［D］.北京：北京理工大学，2014.

［2］郑哲，周扬，吴嗣亮，等.基于动态内插技术的通用化测控信道模拟方法［P］.中国专利：ZL 201318000478.0，2015.

［3］吴嗣亮，郑哲，周扬，等.基于高精度延时外放技术的通用化测控信道模拟方法［P］.中国专利：ZL 201318000477.6，2015.

［4］Vaelimaeki V，Haghparast A. Fractional delay filter design based on truncated lagrange interpolation［J］. IEEE Signal Processing Letters，2007，14(11)：816-819.

［5］lkkonen J T，Olkkonen H. Fractional delay filter based on the B-spline transform［J］. IEEE Signal Processing Letters，2007，14(2)：97-100.

［6］Tseng CC，Lee S L. Design of fractional delay filter using Hermite interpolation Method［J］. IEEE Transactions on Circuits and Systems-I：Regular Papers，2012，59(7)：1458-1471.

［7］Olkkonen J T，Olkkonen H. Fractional delay filter based on the B-spline transform［J］. IEEE Signal Processing Letters，2007，14(2)：97-100.

［8］Deng T B，Chivapreecha S，Dejhan K. Bi-Minimax design of even-order variable fractional delay FIR digital filters［J］. IEEE Transactions on Circuits and Systems-I：Regular Papers，2012，59(8)：1766-1774.

［9］Deng T B. Symmetric structures for odd-order maximally flat and weighted-least-squares variablefractional delay filters［J］. IEEE Transactions on Circuits and Systems-I：Regular Papers，2007，54(12)：2718-2732.

［10］陆绍中.航天无线电测量信道模拟关键技术研究［D］.北京：北京理工大学，2019.

［11］Cattell K，Muzio J C. Synthesis of one-dimensional linear hybrid cellular automata［J］. IEEE Transactions on Computer-Aided Design of Integrated Circuits and Systems，1996，15(3)：198-205.

［12］Pries W. Group properties of cellular automata and VLSI applications［J］. IEEE Transactions on Computer-Aided Design of Integrated Circuits and Systems，1986，35(12)：1013-1024.

[13] Cho S J，Choi U S，Kim H D，et al. New synthesis of one-dimensional 90/150 linear hybrid cellular automata[J]. IEEE Transactions on Computer-Aided Design of Integrated Circuits and Systems，2007，26(9)：352-360.

[14] Muller M E. A comparison of methods for generating normal deviates on digital computers[J]. Journal of the ACM，2004，6(3)：376～383.

[15] Xu Z W，Wu J，Wu Z S. A survey of ionospheric effects on space-based radar [J]. Waves in Random Media，2004，14(2)：S189-S273.

[16] Zhou Y，Zheng Z，Wu S L. A generalized ionospheric dispersion simulation method for wideband satellite-ground-link radio systems[J]. Journal of Beijing Institute of Technology，2015，24(4)：513-518.

[17] Zhao J X，Chang G，Zhang G S，et al. Research of ionospheric time-delay error simulation in high dynamic GPS signal simulator[J]. Chinese Journal of Aeronautics，2003，16(3)：169-176.

[18] Song C F，Teng J，Wang Y D，et al. Design and realization of GPS/GLONASS position emulator[J]. Journal of Beijing University of Aeronautics and Astronautics，2004，30(9)：872-875.

[19] 郑哲，周扬，吴嗣亮,等. 适用于宽带星地链路无线电系统的电离层色散模拟方法[P]. 中国专利：ZL 201318000079.4，2015.

[20] Park J，Muhammad K，Roy K. Efficient Modeling of noise usingmultirate process[J]. IEEE Transactions on Computer-Aided Design of Intergrated Circuits and Systems，2006，25(7)：1247-1255.

[21] Kasin N J. Discrete simulation of colored noise and stochastic processes and power law noisegeneration [J]. Porceeding of the IEEE，1995，83(5)：802-827.

[22] Narasimha R，Bandi S P，Rao R M,et al. Noise synthesis model in discrete-time for circuit simulation[J]. IEEE Transactions on Circuits and Systems-I，2005，52(6)：1104-1113.

[23] 周扬. 超宽带中继卫星系统信道模拟器关键技术研究[R]. 北京:北京理工大学，2016.

[24] Liu T J，Boumaiza S，Ghannouchi E M. Dynamic behavioral modeling of 3G power amplifiers using real-valued time-delay neural networks[J]. IEEE Transactions on Microwave Theory and Techniques，2004，52(3)：1023-1033.

[25] Morgan D R. A generalized memory polynomial model for digital predistortion of RF power amplifiers[J]. IEEE Transactions on Signal Processing，

2006，54(1)：158-165.

[26] Ku H，Kenney J S. Behavioral modeling of nonlinear RF power amplifiers considering memory effects[J]. IEEE Transactions on Microwave Theory and Techniques，2003，51(12)：2495-2503.

[27] Isaksson M，Wisell D，Ronnow D. Wide-band dynamic modeling of power amplifiers using radial-basis function neural networks[J]. IEEE Transactions on Microwave Theory and Techniques，2005，53(11)：3422-3428.

[28] 郑哲,单长胜,周扬,等.一种基于查找表的功放非线性模拟方法[P].中国专利：ZL 201611053481.8，2020.

[29] Wang X H，He Y G. Design of complex FIR filters with arbitrary magnitude and group delay responses[J]. Journal of Systems Engineering and Electronics，2009，20(5)：942-947.

[30] Lee W R,Caccetta L，Teo K L，et al. Weighted least squares approach to the design of FIR filters synthesized using the modified frequency response masking structure[J]. IEEE Transactions on Circuits and Systems-II：Express Briefs，2006，53(5)：379-383.

[31] Lee W R,Caccetta L，Teo K L，et al. Optimal design of complex FIR filters with arbitrary magnitude and group delay responses[J]. IEEE Transactions on Signal Processing，2006，54(5)：1617-1628.

[32] Lin Z P，Liu Y Z. Design of arbitrary complex coefficient WLS FIR filters with group delay constraints[J]. IEEE Transactions on Signal Processing，2009，57(8)：3274-3279.

第 7 章

基于信道模拟器的用户终端入网验证测试

用户终端入网验证是中继卫星系统应用的重要内容,现有中继卫星系统每年都承担大量的用户终端入网验证任务。若先接入实际中继卫星系统后再测试用户终端对中继卫星系统信道的适应性,必将极大地占用宝贵的中继卫星系统资源。因此,采用信道模拟设备构建入网验证系统,从而基本替代实际中继卫星系统开展用户终端入网验证,可最大限度地释放中继卫星系统资源,有助于测试用户终端的边界能力。

本章将介绍中继卫星系统信道模拟器的功能、设备组成和工作流程,以及基于信道模拟器的入网验证系统。

7.1 用户终端入网验证测试

7.1.1 用户终端的功能和分类

中继卫星系统的用户终端是指安装在用户目标(或用户平台)上,与中继卫星建立星间链路和保持跟踪通信的终端设备。其主要功能包括:

① 接收中继卫星转发来的前向指令或前向数据,并送给用户目标(或用户平台)的数据处理系统。

② 向中继卫星发送用户目标(或用户平台)产生的遥测、遥感或其他数据。

③ 当需要为用户目标(或用户平台)测定轨时,转发测距信息。

④ 与中继卫星系统配合建立星间链路,完成全程链路的数据中继传输任务。同时,对自身的工作参数和状态进行设置和监测。

用户终端可以按照装载平台、工作频段和信息速率等进行分类。根据装载平台的不同可分为航天器终端和非航天器终端。其中,航天器终端是指安装在中低轨卫星、载人/非载人飞船、航天飞机、运载火箭等航天器平台上的用户终端;非航天器终端是指安装在各种飞机、舰船、车辆等非航天器平台上的用户终端。根据工作频段及信息速率的不同可分为 S 频段终端、Ka/Ku 频段终端、S/Ka/Ku 多频段终端等。其中,S 频段用户终端主要传输低速率数据;Ka/Ku 频段用户终端适用于各种速率的数据传输,尤其可满足用户平台的中、高速数据传输。

7.1.2　入网验证的目的和内容

用户终端入网验证测试是指用户终端在接入实际中继卫星系统之前的测试,测试合格后才能加入中继卫星系统工作。用户终端入网验证测试的目的主要包括:

① 验证用户终端与中继卫星系统射频和数据格式的兼容性。

② 验证用户终端、中继卫星和地面系统接口的匹配性。

③ 检验用户终端的功能和性能。

④ 检验中继卫星系统对用户终端的支持能力。

根据中继卫星系统入网验证要求,用户终端入网验证测试必须在完成用户终端出厂测试且相关指标均测试合格的基础上进行,主要分为用户终端地面测试和大回路测试两个阶段。用户终端地面测试的目的是对用户终端的主要功能、性能、接口及软件进行测试。在用户终端地面测试合格后,才可开展用户终端与中继卫星系统间的大回路测试,目的在于验证用户终端与中继卫星系统间接口的匹配性和正确性。用户终端入网验证测试项目包括 4 个方面:射频发射特性测试、射频接收特性测试、数据处理与传输特性测试、天线与捕获跟踪性能测试。

7.2　信道模拟器的功能

中继卫星系统信道模拟器能够模拟"地面站–中继卫星–用户终端"的前/返向链路信道特性,可以全面检验中继卫星系统的性能边界,从而为系统应用能力提升和问题分析排查提供技术依据。其主要功能如下:

① 具有人机交互接口,接受用户对动态场景的想定,包括地面站位置、中继卫星及用户目标轨道参数、中继卫星与用户终端天线增益等;接受用户对中继卫星转发器特性的想定,包括群时延特性、相位噪声特性、幅频特性和功放非线性特性等;接受用户对空间信道特性的想定,包括信道衰落模型、信道噪声及降雨量等。

② 按用户设定生成控制参数,接收地面站/用户终端输出的信号,实时处理生成到达用户终端/地面站的模拟输出信号。模拟信号能够准确地与设定的动态场景、中继卫星转发器特性和空间信道特性等对信号的影响相对应。

基于通用化的中继卫星系统应用场景,信道模拟器主要技术指标如下:

(1) 时延模拟

模拟范围为 $7~\mu s \sim 1.2~s$,步进不大于 500 ps,模拟精度优于 500 ps。要求模拟的信号具有连续性。

(2) 信道噪声模拟

信道噪声模拟类型为高斯白噪声,模拟信噪比恶化范围 $0 \sim 30~dB$,步进不大于

1 dB,控制精度优于±0.5 dB。

（3）雨衰特性模拟

具备动态模拟雨衰特性的能力。雨衰特性可参考国际电联相关雨衰模型进行设计,地面站经纬度、天线仰角、频率等参数可由用户交互输入与存储,衰减模拟范围为 0～50 dB。

（4）多径模拟

信号传输路径数量不少于 4 条,且可配置。

（5）多普勒模拟（载波、数据、伪码）

频率动态范围为 0～±1.5 MHz,步进 1 Hz 可调;频率变化率动态范围为 0～±60 kHz/s,步进 1 Hz/s 可调,频率精度优于 0.1 Hz。

（6）多普勒频移特性类型

可模拟的多普勒频移类型包括线性、三角波、正弦曲线、二次曲线等,也可根据数据表生成。要求模拟信号的相位具有连续性。

（7）衰落模型

可模拟的衰落模型包含瑞利、莱斯、高斯和 Nakagami 等模型。

（8）幅频特性模拟

带内幅频特性模拟范围为±6.0 dB,步进 0.5 dB 可调,控制精度优于 0.5 dB;提供多种典型幅频特性供选择。

（9）相位噪声特性模拟

相位噪声模拟范围要求如表 7-1 所列,要求提供多种典型相位噪声特性供选择。

表 7-1　相位噪声模拟范围要求

偏离载波频率	相位噪声模拟范围/(dBc·Hz^{-1})
10 Hz	-60～-40
100 Hz	-80～-50
1 kHz	-90～-60
10 kHz	-100～-70
100 kHz	-110～-80
1 MHz 及以上	-120～-90

（10）群时延特性模拟

工作频带内群时延模拟范围为 0～150 ns,步进 1 ns 可调,控制精度优于±1 ns。此外,可提供多种典型群时延特性供选。

（11）功放非线性模拟

① AM‐AM 和 AM‐PM 曲线的输入信号动态范围:从饱和点以上 2 dB 至饱和点以下 18 dB。

② AM‐PM 模拟范围:0°/dB～10°/dB。

③ AM‐PM 模拟精度:在 1°/dB～3°/dB 范围内,模拟精度±1°/dB;在 3°/dB～10°/dB 范围内,模拟精度±0.5°/dB。

④ AM‐AM 模拟范围:0.4～1 dB/dB;

⑤ 通过对中继卫星 AM‐AM 和 AM‐PM 实测特性曲线的模拟,能够间接实现对三阶交调特性的模拟,三阶交调模拟范围:−6～−32 dBc。

7.3　信道模拟器的组成和工作流程

7.3.1　信道模拟器组成

中继卫星系统信道模拟器的组成如图 7‐1 所示。

信道模拟器主要由仿真运算与人机交互单元、仿真控制单元、频综单元、B 码授时守时与同步控制单元和 4 个独立的模拟通道等组成。其中,每个独立的模拟通道又包括射频接收单元、中频处理单元和射频发射单元,用于实现空间信道特性与中继卫星转发器特性的模拟。各单元功能如下:

1. 仿真运算与人机交互单元

仿真运算与人机交互单元的功能主要包括:

（1）仿真参数输入与解算功能

接受用户对 4 个独立模拟通道动态场景的设定,包括地面站位置、中继卫星轨道参数、用户终端卫星轨道参数、理想运动模型参数、电离层参数、雨衰参数、信噪比参数、多径参数、中继转发器幅频特性参数、群时延特性参数、功放非线性参数等,并依照想定场景计算出 4 个独立模拟通道所需的仿真控制参数。

（2）工作状态显示功能

将信道模拟器的工作状态以图形和数据的方式,实时显示到人机交互界面,显示内容主要包括:4 个独立模拟通道工作状态信息,以及当前模拟的时延、多普勒、衰减、信噪比、多径传输、幅频特性曲线、群时延特性曲线等模拟参数。

（3）模拟数据存储功能

存储当前的模拟数据,包括距离、速度、时标等数据。

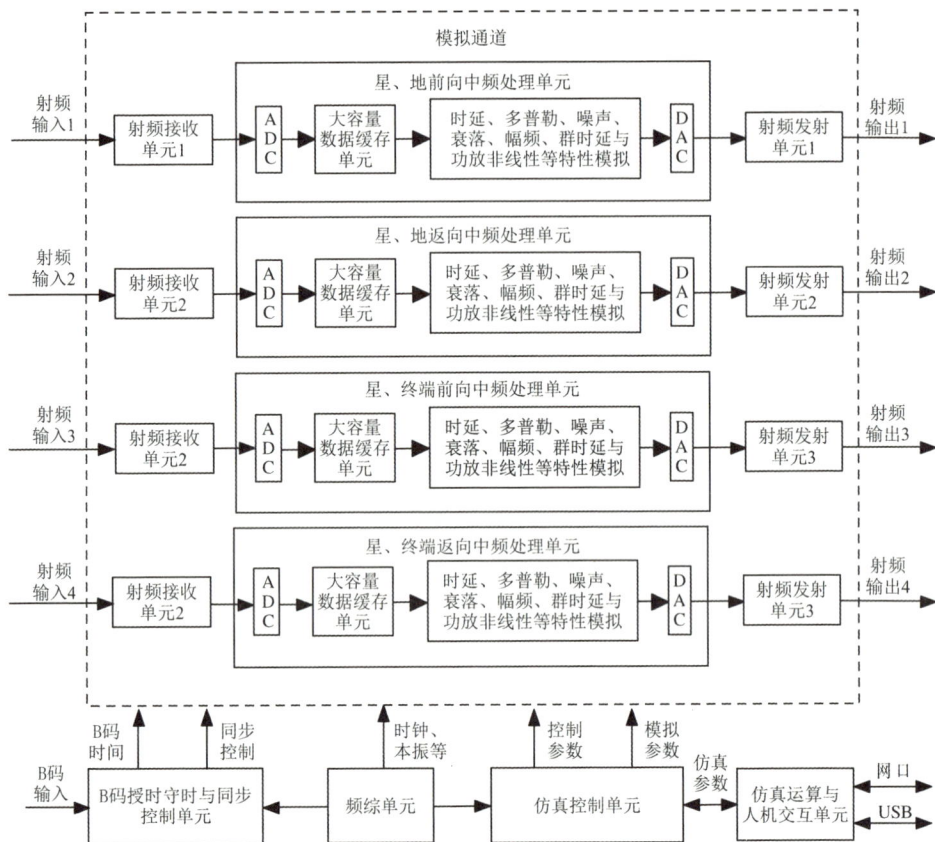

图 7-1　中继卫星系统信道模拟器的组成

（4）网络通信功能

实现用户对信道模拟器的远程控制。

2. 仿真控制单元

仿真控制单元功能如下：

（1）仿真参数二次解算功能

接收仿真运算与人机交互单元下传的一次解算参数并进行二次参数解算，计算生成 4 个独立模拟通道所需的时延、多普勒、衰减、信噪比、多径传输、中继转发器幅频特性、群时延特性、相位噪声特性、功放非线性特性等模拟控制参数，分别输出至 4 路中频处理单元。

（2）仿真参数修正功能

接收 4 路中频处理单元实时上传的距离、速度模拟参数，按当前模拟参数进行量化误差修正，消除量化误差积累效应对距离和速度模拟精度的影响。

（3）仿真控制功能

接收仿真运算与人机交互单元下发的控制参数,控制 4 路中频处理单元按设定流程实现空间信道特性和中继卫星转发器特性的模拟。

3．频综单元

支持内/外参考两种模式,利用自动选择的 10 MHz 频率参考,产生 4 路中频处理单元所需的高质量时钟信号和射频接收与发射单元所需本振信号。

4．B 码授时守时与同步控制单元

B 码授时守时与同步控制单元一方面接收外部输入的 B 码,对其进行解码操作,产生串行 B 码时间信息并分别输出至 4 路中频处理单元,实现标准时间信息的同步;另一方面,接收仿真控制单元下发的同步控制命令,控制 4 个独立通道同步模拟时延、多普勒、信噪比、多径传输、衰落、中继卫星转发器幅频、群时延、相位噪声和功放非线性等特性。

5．射频接收单元

射频接收单元 1～4 功能相同,接收射频输入信号,对其依次进行宽带预选滤波、AGC 控制、可变本振下变频、滤波及放大等处理,产生幅度恒定的中频信号,输出至 4 路中频处理单元。

6．中频处理单元

4 路中频处理单元功能相同,与地面站-中继卫星的双向星地链路和中继卫星-用户终端的双向星间链路等 4 条链路相对应。以其中 1 路为例,中频处理单元接收射频接收单元输出的中频信号,对其进行信号调理及 A/D 采样;对 A/D 采样信号进行功率统计与 AGC 控制,保证 A/D 采样信号功率位于设定的门限范围内;对已功率调整到位的数字信号进行高速、大容量数据存取控制操作;对已存储的数字信号进行正交解调及滤波操作,将其变频至复基带;接收仿真控制单元下发的控制参数,在复基带实现时延、多普勒、信噪比、多径传输、衰落、中继卫星转发器幅频、群时延、相位噪声和功放非线性等特性的模拟;对已叠加模拟信息的复基带信号进行正交上变频及 D/A 转换,产生中频模拟信号输出至相应的射频发射单元;接收仿真控制单元下发的控制参数,实现对射频接收与发射单元的控制。

7．射频发射单元

射频发射单元 1～4 功能相同,接收中频模拟信号,对其依次进行带通滤波、可变本振上变频、滤波及放大、数控衰减等处理,产生幅度可调的射频信号输出。

7.3.2　信道模拟器工作流程

当信道模拟器整机上电后,供电电源产生各功能单元所需的工作电源,频综单元为其他功能模块提供高准稳度的工作时钟和本振信号。在工作时,仿真运算与人机交互单元接受用户对 4 个独立模拟通道动态场景的想定,根据地面站位置、中继卫星轨道参数、用户终端卫星轨道参数、信噪比参数、多径参数、衰落参数、中继卫星转发器幅频特性参数、群时延特性参数、相位噪声参数、功放非线性参数等设定值,在时间推动下实时生成各模拟通道所需的仿真控制参数。

在信道模拟器接收射频输入信号后,对其依次进行宽带预选滤波、AGC 控制、可变本振下变频、滤波及放大等处理,产生幅度恒定的中频信号,输出至中频处理单元;根据仿真控制参数,中频处理单元进行中继卫星系统空间信道特性与中继卫星转发器特性的模拟,实时处理产生携带时延、多普勒频移、噪声、多径传输、衰落、幅频、群时延、相位噪声、功放非线性等信息的中频模拟信号;该信号在射频发射单元进行带通滤波、可变本振上变频、滤波及数控衰减等操作后,最终产生模拟信号输出。

除此之外,在信道特性模拟的同时,人机交互及仿真控制单元实时接收信道模拟器当前时刻的模拟状态与参数,以图形或数据的形式实时显示至人机交互界面,以供用户监测与分析。

7.4 基于信道模拟器的用户终端入网验证系统

中继卫星系统信道模拟器能够模拟实际的中继卫星系统信道,配合终端站模拟设备完成用户终端入网验证测试,验证用户终端与中继卫星系统信道的匹配性、协调性,确认用户终端的性能指标,从而最小化占用实际中继卫星系统资源,提高用户终端入网验证测试的效率。

7.4.1 基于信道模拟器的用户终端入网验证系统组成

基于信道模拟器的用户终端入网验证系统主要由终端站模拟设备、信道模拟器、中继卫星模拟转发器、用户终端、用户目标姿态模拟转台、监控测试子系统及仪器仪表等配套设施组成。各设备的具体功能如下:

① 终端站模拟设备用于模拟中继卫星地面终端站设备,包括中低速数传终端和高速数传终端等。

② 信道模拟器用于模拟前向/返向 SSA、KSA、SMA 链路空间传输信道特性。

③ 中继卫星模拟转发器用于模拟中继卫星前向/返向 SSA、KSA、SMA 转发器特性。

④ 用户目标姿态模拟转台用于模拟用户目标的俯仰、偏航、滚动三轴姿态运动特性。

⑤ 监控测试子系统由监控计算机和网络设备组成,对整个系统设备进行统一监

控,实时显示设备运行状态。

7.4.2　基于信道模拟器的用户终端入网验证系统工作模式

入网验证系统工作模式分为 3 种:静态条件下用户终端相关接口指标测试,星星地有线模拟条件下用户终端验证测试,星星地无线大回路条件下用户终端捕跟性能和验证补充测试。

1. 静态条件下用户终端相关接口指标测试

用户终端相关接口指标测试仅需监控测试子系统、仪器仪表和用户终端参与,主要完成对用户终端的链路收发频率、发射功率、链路带宽、接收信号灵敏度、电平动态范围、频率适应范围、AGC 电压,以及输出信号的幅频特性、群时延特性、相位噪声特性、带内寄生输出等接口指标进行测试。测试连接关系如图 7 - 2 所示。

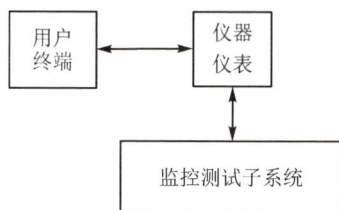

图 7 - 2　静态条件下用户终端相关接口指标测试连接关系图

将用户终端接入系统后,监控测试子系统首先向各设备和仪器发送指令,对设备和仪器的参数进行配置;其次,对用户终端的指标进行测试,采集各设备和仪器测试数据,生成测试报告,以便事后分析。

2. 星星地有线模拟条件下用户终端验证测试

星星地有线模拟条件下用户终端验证测试主要完成对用户终端的调制解调、扩频解扩、信道编译码、码型、数据速率、数据格式、误码率、信号捕获时间等指标的验证测试。此工作模式需监控测试子系统、中继卫星模拟转发器、信道模拟器、终端站模拟设备和仪器仪表参与,测试连接关系如图 7 - 3 所示。

星星地有线模拟条件下用户终端验证的流程为:制定测试计划,将计划分解为对用户终端、信道模拟器、中继卫星模拟转发器、终端站模拟设备和仪器仪表的参数控制指令,并下发到各设备和仪器;当各设备和仪器接收到指令后,对设备和仪器的参数进行配置;各个设备间配合进行数据收发,模拟仿真星星地测试;终端站模拟设备接收和解析信号,并向监控测试子系统上报测试数据;监控测试子系统实时显示计划执行状态和测试数据,对数据进行分析,并生成测试报告以便事后分析。具体的星星地有线模拟条件下用户终端验证测试流程如图 7 - 4 所示。

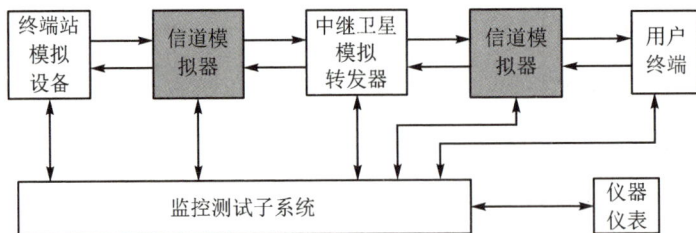

图 7 - 3　星星地有线模拟条件下用户终端验证测试连接关系图

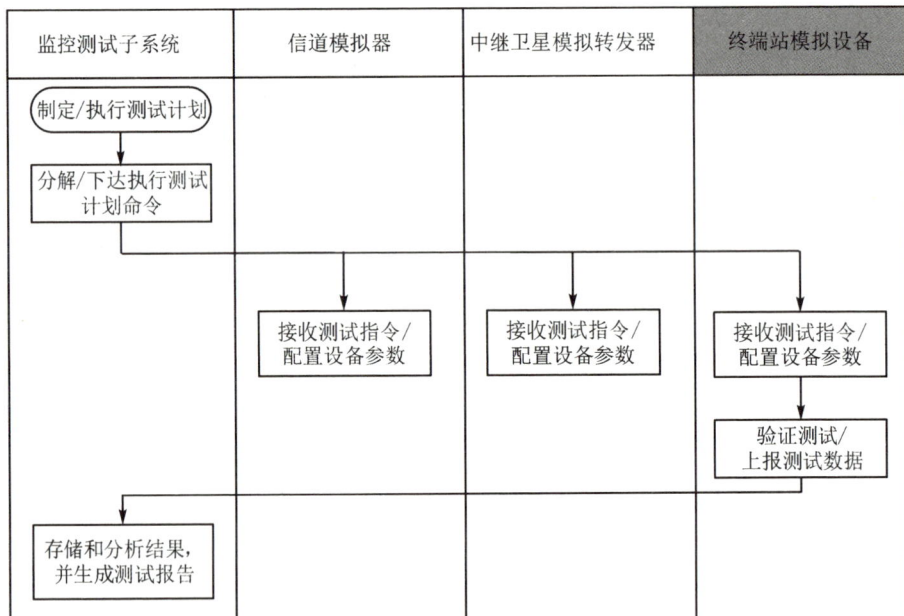

图 7 - 4　星星地有线模拟条件下用户终端验证测试流程

3. 星星地无线大回路条件下用户终端捕跟性能和验证补充测试

在进行星星地无线大回路条件下用户终端捕跟性能和验证补充测试时,用户终端安装在用户目标姿态模拟转台上,与中继卫星系统(含中继卫星、地面终端站)构成星星地无线大回路,如图 7 - 5 所示。通过监控测试子系统配置姿态模拟转台有关参数,模拟用户平台姿态变化,对用户终端的捕获跟踪设备(尤其是 Ka/Ku 信标接收系统)捕获中继卫星概率、时间、跟踪精度等性能

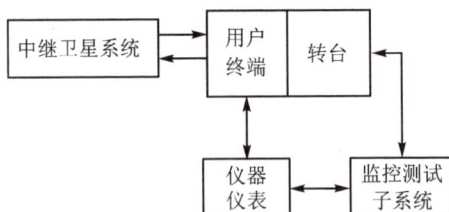

图 7 - 5　星星地无线大回路条件下用户终端捕跟性能和验证补充测试连接关系图

进行测试；同时补充验证用户终端与实际中继卫星系统的匹配性。

　　此工作模式需监控测试子系统、用户目标姿态模拟转台、用户终端、中继卫星系统和仪器仪表参与。通过监控测试子系统对用户目标姿态模拟转台和仪器仪表的参数进行配置，实现用户终端与中继卫星系统的无线通信并进行相关测试。在测试过程中，由用户终端向监控测试子系统实时上传设备状态和相关数据，监控测试子系统对设备状态及数据实时进行显示，对数据进行分析，并生成测试报告以便事后分析。

附　录

缩略语列表

PCM	脉冲编码
FDM	频分多路复用
FM	调频
PM	调相
FSK	V 频移键控
PSK	相移键控
ASK	幅移键控
MFSK	多进制数字频率调制
TT&C	跟踪、遥测和遥控
DS	直接序列扩频
FH	频率跳变扩频
TH	时间跳变扩频
DPSK	差分移相键控
BPSK	二进制相移键控
SQPSK	交错四相键控
QPSK	四进制相移键控
UQPSK	非平衡四相键控
8PSK	八进制相移键控
VCO	压控振荡器
FIR	有限冲激响应
IIR	无限冲激响应